"十四五"国家重点出版物出版规划项目

国家出版基金项目
NATIONAL PUBLICATION FOUNDATION

生态环境损害鉴定评估系列丛书　总主编　高振会

环境污染与人体健康基础理论

主　编　许　群　李学文

副主编　赵梅朵　邹慧云　梅亚园

参　编　王　雪　刘佳琪　李　昂　李　凯

李雁冰　谷丛丛　杨成霞　张　慧

孟　晨　周　全　周紫玉　姜匀婷

赵　倩　赵　凌　赵嘉欣　夏慧禹

殷国桓　葛晓玉

主　审　张元勋

山东大学出版社
SHANDONG UNIVERSITY PRESS

·济南·

内容简介

本书介绍了不同环境因素(如物理性、化学性、生物性环境因素)对人体健康产生的影响,讲述了人与环境的辩证统一关系以及环境因素对人群心血管、呼吸系统、内分泌及代谢的影响。本书分析了不同环境因素与人体健康的关系,进行了科学的健康危险度评价,对早期发现和预防环境污染、保护敏感人群具有重要意义。

本书可供生态环境损害科研院所研究人员参考使用,也可作为高等院校环境类相关专业本科生、研究生教材,还可作为生态环境损害司法鉴定人员资格考试培训教材。

图书在版编目(CIP)数据

环境污染与人体健康基础理论/许群,李学文主编
.—济南:山东大学出版社,2024.10
(生态环境损害鉴定评估系列丛书 / 高振会总主编)
ISBN 978-7-5607-7525-8

Ⅰ. ①环… Ⅱ. ①许… ②李… Ⅲ. ①环境污染—关系—健康—危害性—评估—教材 Ⅳ. ①X5 ②R16

中国国家版本馆 CIP 数据核字(2023)第 104327 号

责任编辑 祝清亮
文案编辑 曲文蕾
封面设计 王秋忆

环境污染与人体健康基础理论
HUANJING WURAN YU RENTI JIANKANG JICHU LILUN

出版发行	山东大学出版社
社 址	山东省济南市山大南路 20 号
邮政编码	250100
发行热线	(0531)88363008
经 销	新华书店
印 刷	济南乾丰云印刷科技有限公司
规 格	787 毫米×1092 毫米 1/16
	14 印张 277 千字
版 次	2024 年 10 月第 1 版
印 次	2024 年 10 月第 1 次印刷
定 价	56.00 元

生态环境损害鉴定评估系列丛书
编委会

总　序

生态环境损害责任追究和赔偿制度是生态文明制度体系的重要组成部分,有关部门正在逐步建立和完善包括生态环境损害调查、鉴定评估、修复方案编制、修复效果评估等内容的生态环境损害鉴定评估政策体系、技术体系和标准体系。目前,国家已经出台了关于生态环境损害司法鉴定机构和司法鉴定人员的管理制度,颁布了一系列生态环境损害鉴定评估技术指南,为生态环境损害追责和赔偿制度的实施提供了快速定性和精准定量的技术指导,这也有利于促进我国生态环境损害司法鉴定评估工作的快速和高质量发展。

生态环境损害涉及污染环境、破坏生态造成大气、地表水、地下水、土壤、森林、海洋等环境要素和植物、动物、微生物等生物要素的不利改变,以及上述要素构成的生态系统功能退化。因此,生态环境损害司法鉴定评估涉及的知识结构和技术体系异常复杂,包括分析化学、地球化学、生物学、生态学、大气科学、环境毒理学、水文地质学、法律法规、健康风险以及社会经济等,呈现出典型的多学科交叉、融合特征。然而,我国生态环境司法鉴定评估体系建设总体处于起步阶段,在学科建设、知识体系构建、技术方法开发等方面尚不完善,人才队伍、研究条件相对薄弱,需要从基础理论研究、鉴定评估技术研发、高水平人才培养等方面持续发力,以满足生态环境损害司法鉴定科学、公正、高效的需求。

为适应国家生态环境损害司法鉴定评估工作对专业技术人员数量和质量的迫切需求,司法部生态环境损害司法鉴定理论研究与实践基地、山东大学生态环境损害鉴定研究院、中国环境科学学会环境损害鉴定评估专业委员会组织编写了生态环境损害鉴定评估系列丛书。本丛书共十二册,涵盖了污染物性质鉴定、地表水与沉积物环境损害鉴定、空气污染环境损害鉴定、土壤与地下水环境损害鉴定、海洋环境损害鉴定、生态系统环境损害鉴定、其他环境损害鉴定及相关法律法规等,内容丰富,知识系统全面,理论与实践相结合,可供环境法医学、环境科学与工程、生态学、法学等相关专业研究人员及学生使用,也可作为环境损害司法鉴定人、环境损害司法鉴定管理者、环境资源政府主管部门相关人员、公检法工作人员、律师、保险从业人员等人员继续教育的培训教材。

鉴于编者水平有限,书中难免有不当之处,敬请批评指正。

2023 年 12 月

前　言

改革开放四十多年来，我国社会经济取得了举世瞩目的成就。然而在过去，若干行业追求经济发展过程中存在高投入、高能耗、高排放、低效率的特点，出现环境保护与经济发展不协调、不平衡的情况。近年来，我国环境污染与治理呈现出新的发展态势和需求，由环境污染所造成的健康问题已引起人们的重视。环境污染造成的健康损害鉴定是环境损害赔偿诉讼中的重要内容，也是现在及未来环境污染健康损害诉讼和鉴定评估的实际需求。

本书基于国内外环境污染的特点、环境污染性疾病的发生案例、环境污染健康效应的研究现状，结合编者的研究实践编写，目的是为从事司法鉴定的专业人员提供理论依据和案例参考，亦可为相关业务的公检法办案人员、律师提供理论支撑。本书可作为环境法医学、环境科学与工程、生态学、法学等相关专业的教材，也可作为环境损害司法鉴定人、环境损害司法鉴定管理者、环境资源政府主管部门等生态环境损害相关人员的培训教材。

本书共分七章，第一章介绍了环境污染与人体健康的基础理论和基本概述；第二章介绍了环境因素对心血管疾病的影响及作用机理，有助于开发新的预防和治疗策略，以减轻日益严重的全球心血管疾病负担；第三章阐述了环境因素暴露对呼吸系统疾病的影响和潜在机制；第四章介绍了影响人类和动物体内激素水平、干扰机体内正常内分泌物质合成与代谢、激活或抑制内分泌系统功能的环境因素；第五章介绍了物理性环境因素和化学性环境因素对肿瘤的影响与作用机制；第六章介绍了环境因素对神经系统、泌尿生殖系统、免疫系统、消化系统以及骨骼系统产生的健康危害;第七章介绍了日本发生水俣病的过程、起因及公害病鉴定与赔偿的案例。

本书在编写过程中得到了中国医学科学院基础医学研究所、中国医学科学院北京协和医院、山东大学公共卫生学院、山东大学环境损害司法鉴定研究院的大力支持,司法部门及相关领域专家也给出了悉心指导。同时,山东大学公共卫生学院环境与健康学系提供了许多实际环境污染性疾病的过往案例。在此一并表示感谢。

由于时间关系以及作者的理论水平有限,书中难免存在不足之处,恳请广大读者批评指正。

作 者

2023 年 12 月

目　录

第1章　环境污染与人群健康概述

　　人类既是环境的创造物，又是环境的塑造者。环境除了给予人类维持生存的条件，还在智力、道德、社会和精神等方面给人类提供了发展机会。但是，人类为了满足自身对物质、文化的需求，在漫长而曲折的进化过程中，用无数方法，以空前的规模改造了环境。人类不当或轻率地改造环境，会导致水、空气、土壤中污染物水平达到危害健康的程度，甚至出现环境污染性疾病，给人类健康带来严重损害。环境是人类的生存之本，健康是人类文明发展的基本条件，保护人类的生存环境，创造适宜人类生存与发展的环境条件，保证人类的生命健康，已成为迫切需要解决的问题。

　　环境通常包括自然环境和生活环境，前者有大气圈、水圈、土壤岩石圈和生物圈等；后者主要指人类为更好地生活而建立起来的居住、工作和娱乐环境，以及有关的生活环境因素（如家用化学品等）。自然环境和生活环境是人类生存的必要条件，是由各种环境要素构成的综合体，其组分和质量的优劣与人体健康密切相关。环境因素通过环境介质的载体作用或参与环境介质的组成，直接或间接对人体起作用。需要特别指出的是，各种环境因素中既有对人体健康有利的因素，也有对人体健康有害的因素。

　　环境污染物是多种环境介质综合作用的产物。环境污染物种类繁多，按其属性通常分为化学性、物理性和生物性三类。由于环境污染物的理化特性、生物学效应、接触途径、暴露剂量和强度以及人体的自身状况等不同，因此产生的有害效应也不同，这些有害效应的靶部位可以是人体任何器官系统。研究环境污染物对人体健康的影响时，既要重视环境污染物的急性影响，又要重视其慢性危害，特别是致癌、致畸、致突变等效应；既要重视环境污染物的早期效应，又要关注其长期效应；既要考虑单一环境污染物暴露的健康效应，又要考虑多种环境污染物暴露的联合效应。人们已发现，在同一暴露条件下，不同个体对环境污染物的反应会有较大差别，这主要受个体自身状况（如年龄、性别、营养、遗传特征、健康状况等）多方面的影响，其中遗传学特征（即基因多态性）起重要作用。因此，通过环境流行病学方法和环境毒理学方法进行宏观和微观研究，及时识别环境污染物的暴露生物标志、效应生物标志和易感性生物标志，进行科学的健康危险度评价，对早期发现和预防环境污染、保护敏感人群具有重要价值。

1.1 环境因素的概念与分类

1.1.1 环境因素的概念

对于人类而言,环境是指围绕人群的空间及其中能直接或间接影响人类生存和发展的各种因素的总体,是一个非常复杂的庞大系统,由多种环境介质(environmental media)和环境因素(environmental factors)组成。环境介质是人类赖以生存的物质环境条件,是指自然环境中各个独立组成部分中所具有的物质,通常以气态、液态和固态三种物质形态存在,能够容纳和运载各种环境因素。环境因素是被环境介质容纳和运载的成分,或介质中各种无机和有机的组成成分。环境因素通过环境介质的载体作用或参与环境介质的组成,直接或间接对人体起作用。

自然环境和生活环境是人类生存的必要条件,是由各种环境要素构成的综合体。自然环境和生活环境的结构及质量与人体健康有着极为密切的关系。人类既可发挥主观能动性改善环境,避免或减轻恶劣环境条件对人类的影响,也可破坏环境,给人类带来巨大灾难。因此,人类与环境在历史进程中必须协调发展,构建环境友好型社会。

1.1.2 环境因素的分类

在人类生存的自然环境和生活环境中,各种环境因素可按其属性分为物理性、化学性和生物性三类。

1.1.2.1 物理性环境因素

物理性环境因素主要包括气象条件、噪声、振动、电磁辐射等。根据世界卫生组织统计,世界范围内每年由于气候变化导致的死亡人数有 30 多万。环境噪声不仅会妨碍人们正常的工作、学习及睡眠,而且会对听觉等许多生理功能产生明显影响。非电离辐射按波长分为紫外线、可见光、红外线、由通信设备等产生的射频电磁辐射(如微波辐射)等。其中,紫外线具有杀菌、抗佝偻病和增强机体免疫力等作用,但过量接触紫外线则对人体健康有害。红外线具有致热等生物学效应,但强烈的红外辐射可致皮肤灼伤、诱发白内障等。微波辐射可对神经系统、心血管系统、生殖系统等多个系统产生影响。除某些地区外,环境中的电离辐射主要来自人为活动排放的放射性废弃物。除此之外,某些建筑材料中含有较多的放射性物质(如氡),它们是室内放射性污染的主要来源,会给居住者的健康造成危害。

1.1.2.2　化学性环境因素

化学性环境因素成分复杂、种类繁多。大气、水、土壤中含有各种无机和有机化学物质,其中许多成分的含量适宜是人类生存和维持身体健康所必不可少的。但是,在生产和生活活动中,人们将大量化学物质排放到环境中,造成了严重的环境污染。已知当今世界上有 1300 多万种合成的或已鉴定的化学物质,常用的有 6.5 万~8.5 万种,每年约有 1000 种新化学物质推向市场。每年约有 3 亿吨有机化学物质排放到环境中,其种类达 10 万种之多。2014 年,我国排放的废气中,二氧化硫排放总量为 1974 万吨,氮氧化物排放总量为 2078 万吨;烟(粉)尘排放总量为 1741 万吨,其中工业烟(粉)尘排放总量为 1456 万吨,城镇生活烟(粉)尘排放总量为 227 万吨,机动车烟(粉)尘排放总量为 57 万吨;全国废水排放总量为 716 亿吨,其中工业废水排放总量为 205.3 亿吨,城镇生活污水排放总量为 510.3 亿吨;工业固体废物产生量为 32.6 亿吨,综合利用量为 20.4 亿吨,处置量为 8.0 亿吨。据我国公安部统计,截至 2019 年年底,全国机动车保有量达 3.48 亿辆,其中汽车 2.6 亿辆(私家车总量超过 2 亿辆)。机动车污染日益严重,其中尾气排放已成为我国大中城市空气污染的主要来源之一。

近年来,我国长江每年接纳的生活污水和工业废水约 167 亿吨,每分钟就要接纳 3 万多吨污水。整个长江流域有 10 万多家企业,每年接纳的有毒、有害物质达 200 多万吨,包括有机物、重金属、酚和氰、石油及其制品等。目前,全世界约有 7000 种化学物质经过了动物致癌实验,其中 1700 多种呈阳性反应。2016 年,国际癌症研究机构(international agency of research on cancer,IARC)对 989 种化学物质的致癌性评价结果进行了分类:对人类有致癌性的化学物质(Ⅰ类)有 118 种,对人类很可能有致癌性的化学物质(ⅡA 类)有 79 种,对人类可能有致癌性的化学物质(ⅡB 类)有 290 种,对人类致癌性尚不能分类的化学物质(Ⅲ类)有 501 种,对人类可能没有致癌性的化学物质(Ⅳ类)有 1 种。人们还发现,有 30~40 种人类致畸物,1000 多种神经毒物。

《斯德哥尔摩公约》(Stockholm Convention)规定的需要优先控制或消除的持久性有机污染物总数已达 23 种。我国已于 2004 年 11 月 11 日正式履行该公约。近年来,人们陆续发现许多环境化学物质(如有机氯化合物、二噁英、毒杀酚、五氯酚钠及某些重金属等)会对维持机体内环境稳态和调节发育过程的体内天然激素的生成、释放、转运、代谢、结合、发挥效应造成严重的影响,这些物质被称为"内分泌干扰化学物"(endocrine disrupting chemicals,EDC),其对人类健康的危害已成为环境卫生领域的一个研究热点。现已知约有 500 种化学物质具有内分泌干扰效应。

环境中的化学污染物有的是燃料的燃烧产物,有的存在于废水、废气、废渣中,可通过多种途径在环境中迁移、转化。根据化学污染物进入环境后其理化性质是否改变,可将污染物分为一次污染物(primary pollutant)和二次污染物(secondary pollutant)。一次污染物是指由污染源直接排入环境且未发生变化的污染物。二次污染物是指某些一次污染物进入环境后,在物理、化学或生物作用下,或与其他物质发生反应,形成的与初始污染物完全不同的新污染物。典型的二次污染物(如光化学烟雾)主要是由汽车尾气中的氮氧化物和挥发性有机化合物在强烈的太阳紫外线照射下,经过一系列化学反应而形成的,其成分复杂,包括臭氧、过氧酰基硝酸酯(peroxyacyl nitrates,PANs)和醛类等多种成分。

环境中的化学物质可通过多种途径进入人体,影响人体健康,其产生的危害类型和程度与污染物的理化特性、生物学效应、接触途径、暴露频率和强度以及人体的自身状况等多种因素有关。许多环境污染物既可能引起急性中毒,也可能造成慢性危害,甚至导致公害病的发生。有些污染物不仅会引起急性中毒、慢性中毒或死亡,而且还具有致癌、致畸、致突变等远期效应,危害当代及后代人的健康。

1.1.2.3　生物性环境因素

生物性环境因素主要包括环境中的细菌、真菌、病毒、寄生虫及它们产生的毒性代谢产物(如黄曲霉毒素)和生物性变应原(如植物花粉、真菌孢子、尘螨和动物皮屑)等。在正常情况下,空气、水、土壤中均存在着大量微生物,它们对维持生态系统平衡具有重要作用。但当环境中的生物种群发生异常变化或环境中有生物性污染时,有些微生物及其产物会对人体健康产生直接、间接或潜在的有害影响,例如附着于动物皮毛上的炭疽芽孢杆菌、布鲁氏菌,蜱媒森林脑炎病毒、支原体、衣原体、钩端螺旋体,孳生于霉变蔗渣和草尘上的真菌或真菌孢子等致病微生物及其毒性产物。另外,某些动物、植物产生的刺激性、毒性或变态反应性生物活性物质(如鳞片、粉末、毛发、粪便、毒性分泌物、酶或蛋白质和花粉等)也具有类似的效应。

生物基因工程技术的发展在为人类创造巨大财富的同时,其伴随而来的基因重组和基因突变也会产生新的生物致病原,造成潜在危害。在发达国家,生物性污染已不是突出的环境问题;但在发展中国家,生物性污染仍广泛存在,并可能引起相关疾病的暴发流行。根据世界卫生组织统计,2010 年 1 月,海地发生里氏 7.0 级地震,除造成 50 余万人死伤外,还引发了传染病暴发流行,共有 17 万人感染霍乱,其中 3600 多人死亡。2019 年,世界卫生组织指出,不安全的饮水和食品污染每年可导致 130 万～540 万霍乱病例,以及 2.1 万～14.3 万人死亡。世界卫生组织的资料显示,当前发展中国家有 10 亿多人正受到介水传染病的威胁,每年有 500 多万人死于水传播疾病。2014 年 2 月,非洲暴发埃博拉病毒(Ebola virus)出血热疫情,波及几内亚、利比里亚等多个国家。世界卫生组织报道,2007 年 1 月 1 日至 2018 年 7 月 20 日,寨卡病毒(Zika virus)在全球 86 个国家和地区出现传播,感染者达数万例,主要症状有发热、头痛、皮疹、肌肉酸痛等。孕妇感染寨卡病毒后还可影响胎儿大脑发育,引起小头畸形。2009 年,世界卫生组织指出,居住在潮湿或真菌滋生的公共建筑内,个体罹患呼吸道疾病和哮喘的危险度会增加 75%。对生物性污染引起的疾病及其防治措施的研究仍然是环境与人群健康领域中的重要研究内容之一。

1.2　人与环境的辩证统一关系

人类从诞生于这个世界的那一天开始,就会与周围的各种环境发生密切的关系。人类既是环境的产物,也是环境的塑造者。人的自然属性使人与环境之间统一起来:人类可以作用于环境,环境也可以反作用于人类。人类的生产和生活活动需要不断地从周围环境获取物质和能量,同时又将废弃物排放入环境。但人类不可能无止境地向环境索取,也不可能永远不加限制地向环境排放废弃物。自然界的变化可以直接或间接影响人类,一旦超过某个限度,人类也将面临环境带来的各种危害。人改变着环境,环境也改变着人;人类的活动可以破坏环境,环境改变也可给人类带来灾难,两者在本质上是统一的,但又是对立的。

随着现代科学技术的发展,现代化、工业化的进程突飞猛进,人类对自然界的改造和索取已远远超过了自然界本身自我净化的能力。自然界净化能力的失衡已经造成了严重的后果,各种空气污染、水污染、土壤污染接踵而至。人的社会属性决定了人与环境之间必然存在着矛盾,当然并非人类的一切活动都会破坏环境,人还可以改良与美化环境。在生物进化过程中,生物与环境既相互适应又相互矛盾,在这种对立统一的法则下,生命不断发展,从低级到高级,从简单到复杂,从单一性到多样性,时至今日,多达数百万种生物和谐共存于同一个地球环境中。人与环境的关系是生物发展史上长期形成的一种既相互对立、相互制约,又相互依存、相互转化的辩证统一关系。

1.2.1　人与环境在物质上的统一性

人与环境在物质上存在统一性规律。人类生存环境中的各种物质都是由化学元素组成的。人体通过新陈代谢与外界环境不断进行着物质交换和能量流动,机体的结构组分与环境的物质成分保持着动态平衡,形成人与环境之间相互依存、相互联系的复杂统一整体。人类为了更好地生存和发展,必须尽快适应外界环境条件的变化,不断从环境中摄入某些元素以满足机体完成自身生命活动的需要。生物在从低级到高级的进化过程中,对其生存环境中某些至关重要的元素进行选择,以保证其能够顺利地向更高级的方向演化,因而这些元素就成了维持人类生存、繁衍等生命过程必不可少的物质成分。

人类在地球上已有300万年以上的历史,在这个漫长的历史进程中,人与环境之间在物质上形成了统一性。此外,由于地壳元素的地区分布差异,导致长期生活在某一地区的人群缺乏或过多摄入某些微量元素。正是因为人与环境具有物质统一性,生物地球化学性疾病(如碘缺乏病、地方性氟中毒、地方性砷中毒等)才不断影响人类健康,这些都表明机体与环境之间存在物质上的统一性。

1.2.2 人对环境的适应性

适应性是指生物体与环境表现相适合的现象。适应性是生物体通过长期自然选择形成的,比如应激性的结果是使生物适应环境,可见它是生物适应性的一种表现形式。但生物体的有些适应特征(如北极熊的白色、绿草地中蚱蜢的绿色等)是通过遗传传给子代的,并非生物体接受某种刺激后才能产生,这与应激性是不同的。在人类长期进化发展的过程中,各种环境条件是经常变动的,人体也在不断调整以适应这些变化。自然环境的昼夜变化、四季交替是极有规律的,人类已形成了一种与其相协调的对应关系。人类的行为特征与其形态结构和生理特点一样,都是适应特定环境的结果。人体的气候适应、热适应、光适应等都是机体对外界环境适应的最好例证。反复的炎热暴露可使机体对热环境产生热适应,此后机体的体温调节、汗腺分泌、水盐代谢、心血管系统、神经系统、内分泌功能等都得到相应的改善。热适应是一种本能的生理反应,是人体自身提供的一种自我保护机制,以抗拒外界环境变化带来的伤害。

水、空气、食物和环境是生命存活的四大条件。在数十亿年的生命进化史上,生命总是朝着不断适应环境的方向进化。在几百万年的人类历史中,人类的发展一直是适应自然、利用自然、改造自然的。长期生活在不同地区的人群,对各种异常的外界环境有着不同的适应性。例如,在高原环境下生活的人们,由于当地大气中氧含量稀少,人体通过增加呼吸空气量、加快血液循环、增加红细胞数量或血红蛋白含量以提高机体的携氧能力,适应缺氧环境,维持机体正常的生理活动。机体受到外界因素的影响后,其正常功能会出现一些适应性变化(如机体的解毒排泄功能)以清除进入人体内的有毒物质。此外,当环境因素引起机体遗传物质发生损伤后,机体可以启动一系列DNA修复机制,修复损伤的DNA,维持遗传的稳定性。当然,人体对环境变化的这种适应能力是有一定限度的,如果环境条件发生剧烈的异常变化(如气象条件的剧变、突发性的自然灾害或人为的严重污染等),超越了人类正常的生理调节范围,就会引起人体某些功能、结构出现异常,使人体出现疾病甚至导致死亡。

1.2.3　环境因素对人体影响的双重性

自然环境和生活环境中存在着许多人类生存和身体健康所必需的有利因素,例如清洁和成分正常的水、空气、土壤,充足的阳光照射,适宜的气候,优美的植被,秀丽的风光,优雅舒适的居住条件等。这些都是人类和其他生物能够很好地在地球上生存的根本原因。但与此同时,环境中也存在一些对人体健康和生存不利的有害因素,如恶劣的气候、自然灾害、环境中某种元素过少或过多等。加之人类在生产和生活活动中产生了大量有害物质,造成了环境破坏和环境污染,更加重了环境有害因素对人类健康危害的程度。

许多环境因素对机体健康的影响同时具有有利和有害两方面特性。例如,适宜的气温是人类生存和生产必不可少的,但极端气象条件(如热浪袭人的酷暑)可使死亡率显著增加,而严寒天气可能诱发心血管疾病(如冠心病等)。适度的光照是人类生产和生活所必需的,但过度的光刺激可使人出现闪光盲等症状,对眼睛产生不良影响。紫外线具有杀菌、抗佝偻病和增强机体免疫力等作用,但过量的紫外线照射则具有致红斑作用、使皮肤色素沉着甚至产生致癌效应,增加白内障的发病风险。微量元素对人体健康的双重性影响已成共识,其含量过高或过低对人体的健康都是不利的,可引起微量元素中毒或缺乏。

近些年的研究发现,即使许多在传统意义上被人们认为是有毒的物质,在极低剂量下也会表现出对机体有益的效应,一般称为"毒物兴奋效应"(又称"Hormesis 效应"),即某些物质在低剂量时对生物系统具有刺激作用,而在高剂量时具有抑制作用,其剂量-反应关系以双相曲线为特征。例如,少量饮酒可减少人类冠心病和脑卒中的发生,降低总死亡率;而大量地长期饮酒可增加患食管癌、肝癌和肝硬化的风险,增加总死亡率。二噁英及其同类物是地球上毒性最强的化合物之一,即使饮水中含有 ppb 级(10^{-9}数量级)的二噁英也会增加肝癌的发病风险,但更微量时则可抑制肿瘤的发生。低剂量的三氧化二砷在临床上已被广泛使用,可有效治疗白血病,而稍高剂量的三氧化二砷则会危害健康甚至导致死亡。到目前为止,在各类生物(包括动物、植物、微生物)、各类毒物(包括致癌物、非致癌物,致癌物又包括遗传毒性致癌物与非遗传毒性致癌物)及各类生命现象(包括肿瘤形成、生殖、生长、寿命及代谢等)中都发现了 Hormesis 现象,其范围几乎涵盖了包括重金属化合物、氰化物、多环芳烃(PAHs)、多氯联苯(PCBs)、有机砷化物、农药和一些抗生素在内的所有有毒物质。一般来说,人们认为毒物刺激作用显示了一种过度补偿效应,而低剂量有害物质会刺激机体产生有益反应,使正常功能得以加强,让机体更好地抵御以后的刺激。因此,对客观事物的认识(包括环境因素对机体的影响)不能绝对化,要用辩证统一的思维方法去理解、分析和判别。

1.2.4 人体与环境之间的生态平衡

广义上,生态系统是由生物因素(包括人和其他生物)和非生物因素(主要指空气、水、土壤、阳光等)组成的。但人与其他生物不同的是,人具有主观能动性,人可以通过自身的活动去影响生态系统,造成生态系统的健康或恶化。一方面,人类通过合理开发、利用环境中的有益因素,使人类的生活更加舒适,生活环境更加美丽,人与环境及其他生物处于和谐的状态;另一方面,过度地开采和消耗环境资源、大量排放污染物和废弃物、肆意捕杀生物等,会导致生态系统失衡,造成人类生活环境恶化,影响人类的生存和发展。

人与环境之间不断地进行着物质、能量、信息的交换,这些交换使人与环境保持着动态平衡,成为不可分割的统一体,从而实现了人与环境的和谐统一。人从环境中摄取空气、水和食物,这些物质进入机体后经过消化、分解、吸收、同化等过程,组成了机体细胞和组织的各种成分,提供机体所需的能量,维持机体正常的生命活动(繁衍、生长、发育、工作、生活等)。同时,机体将不需要的物质和代谢废物排入环境,在环境中又进一步地变化,作为其他生物的营养物质,通过生物链的传递再被人体所摄取。人与环境之间进行的物质与能量交换以及环境中各种因素(物理性、化学性、生物性因素)对人体的作用,保持着相对的稳定(即人与环境之间的生态平衡)。这种平衡不是一成不变的,而是经常处于变动之中的,是一种动态平衡。自然界是在不断变化的,环境的任何改变都会不同程度地影响人体正常生理功能的发挥,人体又利用机体内部的调节机制以及人类特有的改造客观环境的主观能动性改造客观世界,以适应外界环境的变化,维持人与环境之间的生态平衡,这种平衡的实现是保持人与环境和谐统一的基本条件。

由于客观环境的多样性和复杂性以及人类特有的改造和利用环境的主观能动性,使人类与环境呈现出极其复杂的关系。因此,人类与环境在历史的进程中必须共同协调发展,在当代尤其要保持经济效益、社会效益、生态效益的高度统一。只有这样才能保证人类的可持续发展。

1.2.5 人与环境相互作用的生物学基础

环境中存在着各种有益和有害因素,这些因素时刻作用于人体,通过复杂的生物学途径直接或间接影响着人类健康、生存和发展。同样,在长期的发展过程中,人体也通过复杂的生物学机制不断进行调整,使自身更加适应环境,以维持自身的健康与发展。环境与人体之间相互作用、相互影响,在健康的维系和疾病的发生、发展过程中发挥着重要作用。

1.2.5.1　环境对人体的影响

环境因素对人体的作用十分复杂,有直接作用和间接作用、急性作用和慢性作用、全身作用和局部作用、特异性作用和非特异性作用、简单作用和复杂作用等。例如,高温环境可以干扰机体的体温调节机制而使人中暑;过强的紫外线照射可引起皮肤和黏膜的损伤,引发皮肤癌和白内障等疾病;环境中的病原微生物可在免疫调节紊乱时入侵人体,或通过生物毒素的直接作用而引发传染病。环境污染物对人体的影响尤为复杂,其过程涉及污染物的环境行为(如迁移、转化、转归、生物放大作用等)、机体行为(如吸收、分布、代谢、排泄、蓄积等)、污染物在靶器官中的存在状态以及对靶分子的作用等。短期高暴露可导致急性中毒,而长期低暴露则会引发慢性疾病,如黄曲霉毒素在高剂量时可引起急性肝损伤,而低剂量长期暴露可引发肝癌。

在现实环境中,往往多种因素共存,这些因素可以通过联合作用影响疾病发生的性质、程度和进程。研究发现,环境中许多化学物可以影响代谢酶的表达和活性,并通过改变其他有毒物质的代谢特征而影响其毒性效应。对于短期暴露所引发的机体损伤,其环境病因较易明确。但慢性疾病与环境的关系很难确定,如环境与人群肿瘤的关系。慢性疾病发病时间长、机制复杂、影响因素众多,给研究带来了很大的不确定性。

1.2.5.2　人体对环境的反应

机体有一整套防御体系,常常通过一系列的生物学过程和机制代偿来修复环境因素所造成的损伤,以维持机体的稳态。如果环境因素的损伤作用超出了人体的代偿能力,则会引发健康危害。例如,在高温环境下,机体的体温调节机制可以通过扩张血管、增加出汗等途径来维持正常体温。电离辐射可引起 DNA 损伤,而人体可通过免疫系统识别异常 DNA 并及时清除,也可通过激活 DNA 修复酶及相关机制来修复受损 DNA,以维持遗传物质的稳定性。环境致癌物的致癌能力是有限的。通常情况下,环境致癌物在激活原癌基因的同时,人体会通过增加抑癌基因的活性,而延缓或阻止肿瘤的发生。多数环境化学物进入人体后可直接以原形通过肾脏排出体外,但有些脂溶性化学物(如持久性有机污染物)往往较易蓄积在体内,导致慢性损伤。对于这类化学物,人体往往通过代谢增加其极性,使其转化为水溶性的代谢产物而及时排出体外,减少其对人体的持续损伤。但由于这些化学物在环境中的持久性,长期作用可能会超出人体的代偿能力而引发疾病。因此,人体对环境的承受是有限度的。

1.2.5.3　环境与人体的交互作用

人类基因组计划（human genome project，HGP）历时 13 年，顺利完成了人类约 3 万个基因的 30 亿个碱基对的测序。随后，与人的重要生命功能和重要疾病相关的基因被不断发现，多种人类单基因遗传病和一些严重危害人类健康的多基因病有可能因此得到诊断、治疗和预防。近年来，功能基因组学或后基因组学（包括蛋白质组学、转录组学、表观遗传组学、代谢组学等）的研究工作进展迅速，对于认识疾病的发生、发展规律具有重要意义。人们已经认识到，人类的健康、疾病、寿命都是环境因素与机体内因（遗传因素）相互作用的结果。因此，更应该强调个体遗传背景的重要性。

苯丙酮尿症是一种典型的环境因素与人体相互作用而产生的疾病。它是一种常染色体隐性遗传病，同时又是先天性氨基酸代谢障碍病。此病患者体内缺乏将苯丙氨酸转化为酪氨酸的代谢酶——苯丙氨酸羟化酶，使苯丙氨酸在血液、脑脊液、各种组织液和尿液中的浓度极度增大；同时，产生了大量苯丙酮酸、苯乙酸、苯乳酸和对羟基苯乙酸等旁路代谢产物，自尿中排出。高浓度的苯丙氨酸及其旁路代谢物可导致脑细胞受损。由于酪氨酸来源减少，致使甲状腺素、肾上腺素和黑色素等合成不足而产生一系列的损害。细胞色素 P450（cytochrome P450，CYP）是一个可以催化代谢环境化学物的代谢酶家族，且常常受化学物的诱导或抑制，影响其对机体的作用。有些环境化学物既是 CYP 酶的底物，又是酶的诱导剂，可显著增强 CYP 酶的代谢能力，表现出显著的增毒或减毒效应。环境化学物与 CYP 酶相互作用，可影响环境化学物对机体的作用。

近年来，人们已认识到许多疾病的发生都与基因多态性（gene polymorphism）有关。由于个体携带的基因不同而呈现出多态性，它将影响有害因素的作用方式和作用环节。对化学物而言，基因将影响其吸收、转运、分布、代谢、转化和排泄等过程的功能状态，因而不同个体所出现反应的表型不同。例如，CYP1A1 酶活性较高的个体在相同条件下更易患肺癌，N-乙酰基转移酶基因（NAT2）多态性与芳香胺暴露所导致的膀胱癌有密切关系。鉴于此，人们更加关注环境因素与机体的交互作用在毒性反应和人类环境暴露相关疾病中的重要性。很多学者将机体-环境暴露与健康的关系形象地比喻为"环境扣扳机"（environment pulls the trigger）效应。现在人们已经认识到，在动物实验和人群调查中经常见到的敏感个体，其生物学本质就是由遗传特征基因决定的。可以说，人类发展到今天高度文明的阶段也是环境与机体相互作用的结果。

人们一般认为，肿瘤的发生是环境因素与遗传因素相互作用的结果。人类 DNA 修复基因主要分为碱基切除修复（base excision repair，BER）基因、核苷酸切除修复（nucleotide excision repair，NER)基因、DNA 双链断裂修复(DNA double-strand break repair，DSBR)基因、错配修复(mismatch repair，MMR)基因和直接逆转损伤的修复基因等,其单核甘酸多态性是决定机体肿瘤易感性的重要因素之一。肿瘤的遗传易感性与代谢酶遗传多态性也有密切关系。一般说来,大多数致癌物的活化主要通过Ⅰ相代谢酶(如 CYP 酶),而致癌物的灭活主要通过Ⅱ相代谢酶(如谷胱甘肽-S-转移酶)。因此,Ⅰ相代谢酶和Ⅱ相代谢酶的多态性往往决定着肿瘤的发生风险及类型。

环境与机体之间的相互作用对健康的影响是不言而喻的,全面认识环境因素和机体的遗传易感性就可准确地对引起疾病的环境因素进行识别、评价,并采取积极措施避免有害因素的危害,也可以帮助敏感个体较准确地认识环境暴露可导致的健康风险,更好地保护易感人群。科学家提出的“环境基因组计划”就是要着重研究环境暴露与遗传的相互作用对疾病的影响,其主要目标是鉴定出环境应答基因中具有重要功能基因的多态性,并确定其在环境暴露致病风险中的差异。目前,初步确定的环境应答基因包括外源化合物的代谢和解毒基因、激素代谢基因、受体基因、DNA 修复基因、细胞周期相关基因、细胞凋亡控制基因、参与免疫和感染反应的基因、参与氧化过程的基因以及与信号转导有关的基因等。

随着分子生物学理论和技术的发展,对人类疾病发生与基因多态性(易感基因)关系的研究逐渐成为当代环境与健康关系研究的热点。此外,对于环境与遗传交互作用的研究,传统的分层分析或析因设计已无法满足多种环境因素与遗传因子的交互作用研究需求,全基因组关联研究(genome-wide association study，GWAS)和全暴露组关联研究(exposure-wide association study，EWAS)正在为解析环境与机体的交互作用提供研究思路和技术支撑。这些研究通过生物信息学和高端统计分析,并结合功能研究,可发现影响人类健康和疾病的环境及遗传因素,有望阐明环境因素与机体相互作用的本质,为环境相关疾病的诊断、治疗和预防提供理论基础和技术支撑。

1.3　人群健康效应谱与生物标志物

人类生活离不开环境,与环境的关系也密不可分。生活在环境之中,人们的一举一动都影响着环境,同时环境也影响着人们的健康。当环境压力处于人体所能承受的范围之内时,人们的身心都会处于一个良好的状态;当环境压力超出人体所能承受的范围时,则易出现不良反应。随着现代生物医学的发展,治疗和预防疾病的有效手段越来越成熟,如何更早地发现疾病是目前公共卫生领域的一个研究热点。

1.3.1 健康效应谱

健康效应是指某种病原因子作用于人体后,使健康状况发生异常改变的一种效应。例如,毒物的毒性效应表现为中毒反应。

环境有害因素可引起不同程度的健康效应,效应从弱到强可分为五级:①第一级,污染物在体内负荷增加,但不引起生理功能和生化代谢的变化。②第二级,体内负荷进一步增加,出现某些生理功能和生化代谢异常变化,但这种变化多为生理代偿性的,非病理学改变。③第三级,引起某些生化代谢或生理功能的异常改变,这些改变已经对身体健康有不良影响,具有病理学意义。但当人体处于病理性代偿和调节状态时,无明显临床症状,可视为准病态(亚临床状态)。④第四级,机体功能失调,出现临床症状,引起临床性疾病。⑤第五级,导致严重中毒,出现死亡。

在有环境有害因素作用的人群中,由于个体暴露剂量水平、暴露时间存在差异,年龄、性别、生理状态以及对该有害因素的遗传易感性不同,会出现不同级别的效应,而每一级别的效应在人群中出现的比例不同,不同级别的效应在人群中的分布类似于金字塔,如图1.1所示。最严重的效应是死亡,所占比例很少,而最弱的效应所占比例最大。

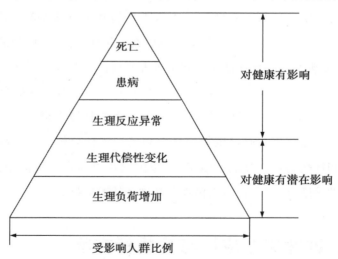

图 1.1　人群对环境异常变化的健康效应谱

(资料来源:杨克敌.环境卫生学[M].8 版.北京:人民卫生出版社,2017.)

不同级别的效应在人群中的分布称为"健康效应谱"(spectrum of health effect)。这种健康效应有"冰山现象"之称。临床所见的疾病患者和死亡者只是"冰山之巅",而不是冰山的全貌。从危险因素作用于机体到临床症状的出现有一个时间过程。根据危险因素的性质和接触的量不同,危险因素导致疾病发生的时间也有长有短,这给人们预防疾病提供了机会。

1.3.2　生物标志物

从环境暴露到机体中毒和疾病发生,是一个连续、渐进的过程。以往人们对这一变化的过程知之甚少。但随着现代医学和生命科学的飞速发展,人们对疾病的发生和发展有了进一步的认识,从而可以揭示疾病发生和发展过程中一系列与发病机制有关联的"关键事件"。对生物标志物的研究有助于早期识别外来化合物的生物学效应和易感人群,从而有利于评估毒物的危险度,为研究发病机理和防治效果提供帮助。

生物标志物是指可以标记系统、器官、组织、细胞及亚细胞结构或功能改变或可能发生改变的生化指标,是覆盖广泛的生化实体,如核酸、蛋白质、酶、糖类、活性分子以及体内肿瘤细胞等。研究生物标志物中的分子标志物时,着重研究外来因子与机体细胞,特别是生物大分子(如核酸、蛋白质)相互作用所引起的一切分子水平上的改变。分子流行病学可准确反映出暴露与反应两者的关系,常用于疾病诊断及分类,判断疾病分期、发展及严重程度,评价临床新药或新疗法的安全性和有效性,预测个体发病风险和用于高危人群临床筛查等,对早期预测环境有害因素对机体的损害,评价其危险度,及时提出切实可行的预防措施等有着重大意义。

1.3.2.1　生物标志物的分类

生物标志物可分为暴露生物标志物、效应生物标志物和易感性生物标志物三类。暴露生物标志物是指反映机体组织、体液或排泄物中的外源化学物质、代谢产物、与内源性物质相互作用产物数量的一类生物标志物,可用于估计内剂量或靶剂量,提供机体暴露于外源化学物质的信息。效应生物标志物是指可测定机体内生理、生化或其他方面改变的一类生物标志物。易感性生物标志物是指能够指示机体接触某种特定环境因子时反应能力的一类生物标志物。

1.3.2.2　生物标志物的选择原则

生物标志物的选择遵循以下原则:

(1)所选择的生物标志物必须具有一定的特异性。

(2)所选择的生物标志物必须具有足够的灵敏度,即选用的生物标志物的水平与外暴露水平要有剂量-反应关系,在无害效应接触水平下仍能维持这种关系。

（3）所选择的生物标志物分析的重复性及个体差异必须在可接受的范围内。

（4）所选择的生物标志物要有足够的稳定性，便于样品的运送、保存和分析。

（5）取样时最好对人体无损伤，能被受试者所接受。

1.3.2.3 生物标志物的应用

生物标志物对于疾病的诊断具有重要意义，可作为疾病的指征性指标。生物标志物的检测方法具有操作简便、检测快速、灵敏度高、选择性及特异性高等优点。传统检测方法以抗体为识别元件，操作复杂，检测时间长，容易受到背景基质等环境因素的影响。一些以新型抗体（如核酸适配体、单域抗体等）为识别元件的检测方法具有稳定性好、制备简便等优点，在生物标志物检测方面得到了广泛应用。总体上讲，生物标志物的应用范围与价值主要有以下几个方面。

（1）暴露的精确测量：从机体内生物材料中检测外源性化学物质或其代谢产物的含量，比通过询问所得的暴露情况或环境监测到的暴露水平要精确得多。致癌物（或代谢活化产物）与其靶分子 DNA 结合形成加合物，可提供其直接已作用到靶分子的准确测量，因此又被称为特定暴露的"指纹"（finger printing）。有研究表明，DNA 加合物能指示环境低剂量致癌暴露。血红蛋白加合物是某些致癌剂暴露替代性的生物有效剂量标志。此外，某些环境因素的暴露与特定的基因表达有关，随着基因芯片在检测基因表达方面的研究日趋完善，有望为环境化学暴露提供有效的生物标志。据此，司法工作人员可以通过生物标志物得到较为精确的暴露数据，从而得到准确的鉴定结果。

（2）揭示早期生物效应：生物效应包括从轻微效应到疾病发生过程中的各类效应。对于环境流行病学，更重要的是揭示早期效应。早期效应相距产生此效应的暴露时间间隔短，容易建立暴露-效应关系，可为采取预防干预措施赢得宝贵时间。

DNA 加合物属于一种 DNA 损伤标志物，其形成是化学致癌过程中的一个早期关键步骤，尤其是某些特殊类型或处于特殊位点的加合物与致突变/致癌效应密切相关。因此，DNA 加合物不仅是致癌物暴露的生物标志，而且可用于监测致癌剂的遗传毒性效应。

（3）判定宿主易感性：易感性是决定疾病发生与否的主要因素，其在从暴露到发病的每个阶段均起到重要作用。遗传易感个体可能产生结构上不同的蛋白，或产生蛋白的数量不同。例如，患有着色性干皮病的个体暴露于紫外线时发生皮肤癌的危险性增加，这是因为患者缺乏修复 DNA 损伤的修饰蛋白。遗传决定的易感性因素多数较稳定，而获得性易感因素（如生理变化、年龄、生活方式、膳食等）会随环境与时间的变化而变化。

1.3.2.4　应用分子生物标志物应注意的问题

　　随着各类组学技术的进展,越来越多的生物标志物被发现,这为阐释从环境暴露到致病的过程提供了多阶段与毒性作用机制相关联的信息。暴露组理念的引入,将系统的外暴露、内暴露与早期效应标志物关联起来,提供了在人群层面认识环境与健康的研究策略和技术路线框架,两者结合起来为解决复杂的环境暴露和健康效应带来了前所未有的机遇。但是,目前分子生物标志物研究依旧面临许多问题。

　　表观遗传学改变是基因调控的主要生物学机制之一,也是机体对环境反应的重要生物标志物产生机制。表观遗传调控的最重要特征是具有靶器官(组织)特异性。但是,在很多以血液为生物样本的生物标志物研究中,没有考虑与靶组织 DNA 甲基化调控、组蛋白乙酰化和非编码 RNA 等表观遗传改变的关系。例如,使用外周血 DNA 测定甲基化改变来推断肺组织中的生物学改变存在很多未知因素,且多数研究未能提供替代组织 DNA 甲基化与肺组织 DNA 甲基化间的关联。肺组织与血液中有核细胞的遗传学组成完全相同,正是由于分化发育过程中的表观遗传学调控导致这些细胞发育成具有不同功能的组织和器官。此外,甲基化候选基因的选择研究仍然采用与多态性关联研究类似的方法,这导致研究结果很难用于了解暴露和疾病间的因果联系。因此,迫切需要开展基于靶组织细胞的表观遗传流行病学研究,采用前瞻性设计,分析与疾病有明确关联的表观遗传学标志物与环境污染间的关系。

　　1987 年,美国全国科学理事会生物标志物委员会将生物标志物描述为反映生物系统或样本中所发生事件的指标,并将其视为探索接触外源化学物与健康损害之间关系的工具,是测定生物系统与外源化学物之间相互作用的一种特异测量指标。随着各类组学技术的发展,不断衍生出数万种生物标志物。在应用这些标志物之前,关键步骤是对其有效性进行验证。在验证生物标志物时,需要分析其在生物系统中与特定事件之间的关联。例如,对于暴露生物标志物,需要评估其与环境接触水平之间的一致性,以及环境暴露的背景水平和混杂因素;对于效应生物标志物和疾病标志物,需要评价其与风险增加的一致性,以及混杂因素带来的影响;对于易感性标志物,需要评价其在区分与特定暴露因素有关的高危人群中的效率。由于研究设计等因素的限制,导致大多数生物标志物都没有经过系统的验证,其应用受到很大限制。

　　生物标志物的作用是毋庸置疑的,但目前敏感、特异、操作简便易行的生物标志物不多,特别是致癌物以外某些危害大的毒物暴露和效应评价的分子生物标志物很少。

1.3.3 人群健康效应与生物标志物

1.3.3.1 常见的可测定的生物标志物

从暴露到疾病发生前各阶段可测定的生物标志物如表 1.1 所示。

表 1.1 从暴露到疾病发生前各阶段可测定的生物标志

生物标志物分类	生物标志物	暴露	生物介质
暴露生物标志物	可铁宁	香烟	体液
	苯乙烯、铅、镉、砷	苯乙烯、铅、镉、砷	血液
	多氯联苯、DDT、DDE、TCDD	多氯联苯、DDT、DDE、TCDD	脂肪组织
	致突变物	化学致突变物	体液
	DNA 加合物	各种烷化剂、多环芳烃、芳香胺、黄曲霉毒素等	淋巴细胞、白细胞、红细胞
	蛋白质加合物(Hb)	多环芳烃、芳香胺等	血清
	蛋白质加合物(白蛋白)	黄曲霉毒素	血清
	DNA-蛋白质交联物	紫外线、电离辐射、烷化剂等	血清
早期生物效应分子标志物	DNA 链断裂、链内和链间交联等	各种诱变剂	细胞
	癌基因激活与抑癌基因失活	化学致癌物	细胞
	染色体畸变、SCE、微核	致突变物	淋巴细胞
	点突变,如 HGPRT、胸苷激酶及其他靶基因突变等	致突变物	体细胞
	生化酶活性改变	铅、有机磷、肝损害等	血清
易感生物标志物	药物/毒物代谢酶多态,如 P450、乙酰化酶	致突变、致癌化学物及其他毒物	体细胞

注:1.DDT 又名滴滴涕,是有机氯类杀虫剂;DDE 是 DDT 的代谢产物;TCDD 是一种剧毒除草剂。

2.SCE 是"姐妹染色单体互换"的缩写,HGPRT 是"体外哺乳类细胞基因突变"的缩写。

1.3.3.2　苯接触人群的健康效应与生物标志物

苯是工业生产中重要的生产原料和有机溶剂。长期慢性接触苯对机体健康的损害呈现多器官系统化和多样化。除了对血液系统造成损害外,苯还会导致神经系统、血液系统、免疫系统、生殖系统、内分泌系统、心血管系统和呼吸系统等许多重要系统非癌症性的功能失常。实验表明,无苯接触工人体内的苯氧化物(血红蛋白加合物和白蛋白加合物)水平低于苯接触工人。以无苯接触工人为对照,对高浓度苯接触工人进行血液学研究,发现其体内白细胞(WBC)、淋巴细胞、血小板、红细胞(RBC)等显著降低。苯氧化物与血红蛋白或白蛋白与血液学指标可能是苯的特异性标志物。

1.3.3.3　砷接触人群的健康效应与生物标志物

地方性砷中毒是环境中高浓度砷引起的生物地球化学性疾病,临床症状以皮肤损害为主,并累及人体诸多器官。近年来,分子生物学的不断发展为地方性砷中毒病因学研究提供了新的机遇和手段。

(1)砷的暴露标志物:①血砷。血砷的半衰期约为 60 h,砷进入人体血液后会以较快速率从血浆中清除,所以血砷仅仅用作短期监测。②发砷、指甲砷。富含巯基的头发和指甲对三价砷有较强亲和力,是砷的富集场所。砷中毒患者和病区健康人群的电镜扫描结果中,均发现有不同程度的毛小皮排列紊乱、脱落的现象。指甲中砷含量较高的人群患黑色素瘤的风险也相对较高,发砷和指甲砷可反映砷暴露的早期损害。③尿卟啉。砷有抑制血红素合成途径中一些酶的活性的作用,故而可导致尿卟啉堆积。

(2)砷的效应标志物:①8-羟基脱氧鸟苷(8-OHdG)。8-羟基脱氧鸟苷是活性氧致DNA 损伤的主要标志物。砷中毒患者的尿砷浓度和尿中 8-羟基脱氧鸟苷浓度明显高于正常范围,因此 8-羟基脱氧鸟苷浓度检测可用于地方性砷中毒的早期监测。②DNA-蛋白质交联(DPC)。DNA-蛋白质交联物是 DNA 与蛋白质形成的稳定共价化合物,由于其可以破坏染色体结构,导致 DNA 复制期间序列缺失,因此在肿瘤激发以及促进阶段起重要作用。相关体外实验证实,DPC 水平和细胞内砷浓度呈线性关系,随着 DPC 水平的增高,染色体断裂也会不断增多,因此 DPC 可作为判断病情严重程度的指标。

生物标志物可反映机体对外源性物质的暴露程度、早期毒效应以及不同个体对外源物质及其代谢物的易感性差异。人们应用现代分子生物学技术检测分析疾病的相关危险因素,从生物统计学和遗传流行病学等方面综合分析生物标志物与疾病的关系,为揭示疾病的分子机制和寻找特异、敏感、快速的生物标志物奠定了基础,为全面了解疾病的早期诊断防治及预后危险度评价提供了可靠的理论依据。

1.4 环境污染物对人体健康产生危害的影响因素

环境污染物对人体健康的影响是多方面的,也是错综复杂的。在世界上一些著名的公害病案例中,如伦敦烟雾事件、熊本县水俣病、四日市哮喘、洛杉矶光化学烟雾事件、富山县痛痛病(又称"骨癌病")以及我国江苏启东肝癌等,环境污染物对不同人群的健康危害存在差异,研究人员尝试通过一系列的实验研究和流行病学调查来确定影响因素。因此,当环境污染物的危害暴露时,对整个过程进行合理评估,调查研究阐明大气、水、土壤等环境中的理化致病因素与人体健康、疾病、死亡间的关系,可为消除病因、保护人群健康提供科学依据。

影响环境污染物对人体健康危害作用的因素主要有三大类,分别为污染物因素、机体因素和环境条件。下面将从这三个方面阐述环境污染物对人体健康产生危害的影响因素。

1.4.1 污染物因素

1.4.1.1 环境污染物的理化性质

当环境受到某些化学物质污染后,虽然这些化学物质的浓度很低或污染量很小,但当污染物的毒性较大时,会对人体造成一定的危害。例如,氰化物属于剧毒物质,一旦污染水源,即使含量很低,也会产生明显的危害作用。大部分有机污染物在生物体内可被分解为简单的化合物并被重新排放到环境中,但有些物质在生物体内可以转化成新的有毒物质而增加毒性。例如,汞在环境中经过生物转化可形成毒性更强的甲基汞。还有些污染物(如砷、铅、铬、有机氯等)污染水体时虽然浓度较低,但这些物质通过生物富集作用会在水生生物体内聚集。例如,海洋中大型鱼类体内的含汞量比海水中汞的浓度高出数千倍甚至数万倍,人类食用后会对机体产生较大的影响。此外,污染物的水溶性、脂溶性等理化性质也会影响其在不同环境介质中的迁移和稳定性,对人体健康产生一定影响。

1.4.1.2 环境污染物的暴露途径与反应

(1)暴露途径:环境污染物可以经呼吸道、消化道、皮肤等暴露途径进入人体,在研究环境因素与健康危害效应的关系时,必须注意不同暴露途径可能产生的影响。污染物的暴露途径可以通过以下方式影响健康危害效应的产生。

①影响总暴露剂量:在污染水平一定的情况下,污染物的暴露途径越多,总暴露量可能越大,产生的效应也越明显。许多环境污染物可以同时通过多种暴露途径进入人体,如铅及其化合物可以通过饮水、食物经口摄入,通过呼吸室内外空气经呼吸道吸入,通过暴露于尘土或涂料经皮肤吸收。在环境污染物的暴露评价中,必须考虑多种暴露途径,反映总体暴露水平。

②影响吸收率:在不同暴露途径下,人体对污染物的吸收率不同。当吸收率高、吸收量大时,污染物的效应越强,危害也越大。例如,汞的消化道吸收率低,呼吸道吸收率高,因此经口摄入时对人体危害通常较小,但以汞蒸气的形式吸入时危害较大。

③改变作用靶:环境污染物进入体内的途径不同,首先到达的器官和组织不同,作用的机制也不同。例如,硝酸盐经口摄入时,在肠道菌的作用下可被还原成亚硝酸盐,引起高铁血红蛋白症;但可以被肝脏解毒的物质,其经口摄入的毒性就相对较低。

(2)环境污染物的剂量-反应关系:剂量通常指进入机体的物质的量。与机体出现各种有害效应关系最为密切的是有害物质到达机体靶器官或靶组织的量。但是,测定靶器官和靶组织中的剂量较困难,因而在实践中常用环境外暴露量来反映人体接触环境污染物的剂量。环境有害因素作用于机体可引起生化代谢改变、生理功能障碍、死亡等多种生物学效应。随着暴露剂量的变化,产生的反应随之改变的相关关系称为"剂量-反应关系"。

产生某一反应的临界剂量值称为该反应的"阈值"。一般认为,化学物的一般毒性(器官毒性)和致畸作用的剂量-反应关系是有阈值的(非零阈值),而遗传毒性致癌物和性细胞致突变物的剂量-反应关系是否存在阈值仍有争论,通常认为是无阈值(即零阈值)的。因此,剂量-反应曲线分为无阈值和有阈值两种类型,其环境毒理学特征不同。

①无阈值化合物:无阈值化合物是指在大于零的剂量暴露下,均可能发生有害效应的化合物,其剂量-反应曲线的延长线通过坐标原点,一般认为这类化合物无安全剂量。在健康危险度评价实践中,遗传毒性致癌物均被视为无阈值化合物。

②有阈值化合物:除了遗传毒性致癌物,一般化合物的剂量-反应曲线都存在阈值,有些化合物有两个阈值。有些化合物仅在达到或大于某剂量(阈剂量)时才产生效应,低于阈剂量则不产生效应,这类物质属于单阈值化合物,其剂量-反应曲线多呈"S"形或抛物线形。有两个阈值的化合物主要有必需微量元素或必需营养素。其中,必需微量元素的剂量-反应曲线的形状在整个剂量范围内呈"U"形。

阈值理论是制定环境卫生标准的重要理论基础。从保护和增进人群健康的角度出发,在制定环境卫生标准时,对于单阈值化合物,其浓度应低于阈剂量;对于有两个阈值的化合物(如必需微量元素),应考虑"适宜浓度"范围,既不得低于较低的一个阈值,又不得超过另一个较高的阈值。

(3)作用时间:作用剂量不仅与环境介质中的物质浓度有关,而且与作用时间有关。污染物的有害作用可以是一次短时间的,也可以是多次长期的或者无限期持续性的。污染物重复作用的时间包括作用频度和作用持续期两个要素,作用频度越高(即间隔期短),靶部位浓度蓄积到有害水平的时间越短。相反,作用频度越低,靶部位浓度蓄积到有害水平的时间越长。

(4)生物半减期:生物半减期是指由于生物的代谢作用,环境污染物在机体或器官内的量减少到原有量的一半所需要的时间,又称"代谢半减期"或"生物半衰期"。同一环境污染物在不同组织器官内的消除情况存在差异,因此又可分为全身生物半减期和某一器官生物半减期。生物半减期是评定环境污染物毒性蓄积的重要指标,它以化学物质在体内的数量为基础来表示蓄积性。但是,只有环境污染物的消除量接近简单一级指数函数时,生物半减期才具有这种意义。

确定环境污染物的生物半减期并不容易。一方面,在一定时间内外来化学物质不断进入机体,在体内的数量将不断增加;另一方面,在同一时间内由于代谢转化和排泄,体内化学物质的量还在不断减少。环境污染物的摄入量、被摄入物质的体内原有水平、体内其他物质的存在情况、物质本身的消除情况以及体内某些特殊的生理功能等都能对生物半减期有影响,从而使环境污染物的衰减不按照简单的指数函数,而是按照较复杂的幂函数形式进行。因此,环境污染物的生物半减期严格来讲并不是一个简单的常数。一般来说,若要体内污染物蓄积到最大蓄积量,至少需要六个生物半减期。

在参照生物半减期评定环境污染物对人体健康的损害和确定人体摄入量限值时,应该考虑生物半减期的个体差异。在有害物质摄入量完全相等的情况下,生物半减期长的人中毒的风险比生物半减期短的人大。对于同一机体,生物半减期长的器官也更可能受到损害。因此,在实际中,人们应当尽可能选择生物半减期的最大值作为评价依据。例如,汞在大脑中的生物半减期比在其他器官中长,甲基汞的全身半减期并不能反映体内具体器官的汞蓄积情况,故制定甲基汞摄入量标准时,应主要考虑大脑的生物半减期。

(5)环境污染物的联合作用:环境有害因素可分为物理性、化学性和生物性因素,每一大类又包含许多亚类和具体的因素。以化学物质为例,目前已知的化合物有数百万种,致癌物和致畸物有数千种这些物质存在于人类暴露的各种环境介质中。同时,人类生产和生活活动排放的污染物(如烟道废气、汽车尾气、工业废水、烹调油烟等)都是复杂的混合物,这些物质均可进入各种环境介质。因此,人体暴露的污染物并非单一的,而是多种物质同时存在,并且在体内呈现十分复杂的联合作用,影响生物转运、转化、蛋白结合或排泄过程,使机体的毒性效应发生改变。两种或两种以上的化学物质同时或短期内先后作用于机体所产生的综合毒性作用称为"联合毒性作用"。随着外环境污染日益增多,联合毒性作用的危害已引起人们的高度关注。

根据多种化学物质同时作用于机体时所产生的毒性反应性质,可将化学物的联合作用分为下列几类。

①相加作用:交互作用的各种化合物在化学结构上为同系物,或者其作用的靶器官相同,则其对机体产生的总效应等于各个化合物成分单独效应的总和,这种现象就是化合物的相加作用。已知有些化合物的交互作用呈相加作用,如大部分刺激性气体的刺激作用一般呈相加作用;两种有机磷农药同时进入机体时,其抑制胆碱酯酶的作用常是相加作用。

②独立作用:当有两种或两种以上的化合物作用于机体时,由于其各自作用的受体、部位、靶细胞或靶器官等不同,所引发的生物效应无相互干扰,其交互作用表现为化合物各自的毒性效应,这种现象就是化合物的独立作用。当化合物的联合作用表现为独立作用时,若以半数致死量为观察指标,则往往不易与相加作用相区别,必须深入探讨才能确定其独立作用。例如酒精与氯乙烯的联合作用,在大鼠接触上述两种化合物之后的一定时间内,肝匀浆脂质过氧化增加,且呈现明确的相加作用。但在亚细胞水平研究中,就显现出酒精引起的是线粒体脂质过氧化,而氯乙烯引起的是微粒体脂质过氧化,两种化合物在一定剂量下无明显的交互作用,而是独立作用。

③协同作用:各化合物交互作用引起的毒性增强,即联合作用所引起的总效应大于各个化合物单独效应的总和,这种现象即为化合物的协同作用。多个化合物之间发生协同作用的机制复杂而多样,可能与化合物之间影响吸收速率,促使吸收加快、排出延缓,干扰体内降解过程和改变体内的代谢动力学过程等有关。例如,马拉硫磷与苯硫磷的联合作用为协同作用,其机制是苯硫磷会抑制肝脏降解马拉硫磷的酯酶。

④增强作用:一种化合物对某器官或系统并无毒性,但与另一种化合物同时或先后作用时其毒性效应增强,这种现象即为化合物的增强作用。例如,异丙醇对肝脏无毒,但当其与四氯化碳同时进入机体时,则可使四氯化碳的毒性大大高于其单独作用的毒性。

⑤拮抗作用:各化合物在机体内交互作用的总效应低于各化合物单独效应的总和,这种现象即为化合物的拮抗作用。化合物在体内产生拮抗作用可能有多种形式:第一种是化合物之间的竞争作用,如肟类化合物和有机磷化合物会竞争与胆碱酯酶结合,致使有机磷化合物毒性效应减弱;第二种是化合物会引起机体内代谢过程的变化,如1,2,4-三溴苯、1,2,4-三氯苯等卤代苯类化合物能引起某些有机磷化合物的代谢诱导,使其毒性减弱;第三种是功能性或效应性拮抗,如一些中毒治疗药物(如阿托品等)可对抗有机磷化合物引起的毒蕈碱症状等。

环境中大量共存因素之间存在交互作用,其类型和机制的复杂性可能远远超过人类的认识。对于某些环境化合物或污染物长时间作用所致的健康效应或疾病,其病因学及联合作用的特征仍未有明确解释。因此,在开展环境司法鉴定工作时,无论是阐明环境因素对人体健康的影响,还是制定环境混合污染物的卫生标准,开展多种有害因素共同作用的危险度评价,采取防治对策,都需要充分考虑多种环境因素的联合作用,而不是仅研究单一因素。

1.4.2 机体因素

在相同环境因素暴露条件下,有的人反应强烈,出现疾病甚至死亡,有的人则反应不大。易受环境因素损害的这部分人群称为"敏感人群",敏感人群的剂量-反应曲线如图1.2所示。

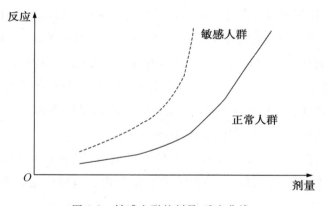

图 1.2 敏感人群的剂量-反应曲线

影响人群易感性的因素可以分为非遗传因素和遗传因素两大类。一方面,健康效应与年龄、健康状态等非遗传因素有关;另一方面,在非遗传因素大体相似的普通健康人群中,即使在相同环境暴露条件下,不同的人对环境污染物的反应仍有明显差异,造成这种易感性差异的原因是机体的环境应答基因具有多态性,此类因素被称为"遗传因素"。

1.4.2.1 非遗传因素

(1)特定人群:在整个生命过程中,人们在一些特定时期会对某些环境因素的有害作用特别敏感,例如胎儿和新生儿体内解毒酶系统尚未成熟,儿童的血清免疫球蛋白水平比成人低。

(2)营养状况:营养缺乏可以加剧某些污染物的毒性,例如膳食中钙、铁不足可显著增加铅的毒性。

（3）生理状况：慢性心肺病患者（尤其是老年人）对二氧化硫污染特别敏感，这在历次的伦敦烟雾事件中已得到证明。

（4）生活习惯：个人的生活习惯是影响污染物接触的一个重要因素。例如，吸烟者会额外接触多种致癌物（如多环芳烃、铅、亚硝胺等）；云南省宣威市居民常在室内燃煤并且通风不畅，造成当地肺癌高发。

1.4.2.2　遗传因素

某些遗传缺陷或遗传病的发生可能与机体对有毒物质的敏感性增强有关。例如，有葡萄糖-6-磷酸脱氢酶缺陷的人在接触氧化剂时，体内还原型谷胱甘肽难以维持正常水平，从而使红细胞膜的脆性增加，有造成溶血的危险。

1.4.3　环境条件

1.4.3.1　气象因素

在干旱或者丰水期时，水体中污染物浓度都会产生变化，其对机体的效应也会发生改变。在雾霾天气，出现冷锋过境或者大风天气时，可以驱散大部分雾霾颗粒物，减少雾霾对人体健康的影响。

1.4.3.2　地形地貌因素

在复杂地形的情况下，污染物扩散受到地物类型、体积等因素的影响。例如，山脉、河流、沟谷的走向对主导风向有较大影响，气流将沿山脉、河谷流动；山脉的阻滞作用对风速也有很大影响，尤其是在封闭的山谷盆地，受四周群山屏障的影响，静风、小风往往占很大比例，不利于大气污染物的扩散；城市中的高层建筑物、体形大的建筑物和构筑物都能使气流在小范围内产生涡流，阻碍污染物质扩散，使其停滞在某一地段，加重污染，造成更大的健康危害。

1.5　环境与健康研究的基本方法及其健康危险度评价

在研究环境因素（特别是环境污染物与人健康关系的研究）的过程中，人们还需要进行宏观和微观的研究，主要采用环境流行病学和环境毒理学方法对环境有害因素进行系统、综合的健康危险度评价。

1.5.1 环境流行病学研究方法

环境流行病学是应用传统流行病学的方法，结合环境与人群健康关系的特点，从宏观角度研究外环境因素与人体健康关系的科学。

1.5.1.1 环境流行病学研究的基本内容和方法

（1）环境流行病学研究的基本内容主要有以下三个方面。

①研究已知环境暴露因素对人群的健康效应，如存在磷肥厂氟污染大气、含铬废水污染水体等情况时，对其接触的居民进行健康影响调查。由于环境因素对人群健康的影响具有较广的健康效应谱，因此环境流行病学除了研究疾病的发生，还应关注发病前处于亚临床状态人群的一系列健康效应，包括生理功能、生化代谢的改变，以揭示环境污染或自然环境因素变化引起的不同级别的效应在整个人群中的分布情况。

②探索引起健康异常的环境有害因素，如国内外学者对宣威肺癌、启东肝癌、水俣病、痛痛病等环境流行病学的研究，可以提供健康异常与可疑的环境有害因素之间的相关性资料，找到环境病因学线索。若要确切阐明健康异常与环境有害因素之间的因果关系，往往需要采用多种研究手段，进行长期探索，才能获得最终突破。

③暴露剂量-反应关系的研究，其主要研究人群暴露剂量的大小与群体中特定效应出现频率之间的关系。在环境流行病学研究中，人们需关注暴露剂量-反应关系的研究，因为剂量-反应关系是研究暴露与效应依存性的重要依据，是对暴露剂量与所产生效应之间的定量描述，可为制定环境卫生标准、法规以及进行环境危险度评价提供重要依据。

（2）环境流行病学研究方法与传统流行病学研究所使用的方法相同，通常采用描述性（包括生态和现况）研究、分析性（病例-对照、定群）研究以及实验研究等方法。研究人员需根据环境流行病学研究的内容选用不同的流行病学方法。例如，已知环境暴露因素，欲研究其对人体健康的危害，可采用现况研究、定群研究及实验研究。出现健康异常或临床表现后探索环境致病因素时，可以先进行现况研究和病例-对照研究，获得暴露与健康效应的联系，找出导致异常和临床表现的主要危险因素后，再选择定群研究或实验研究加以证实。

1.5.1.2 环境暴露与健康效应的测量

在进行环境流行病学研究时，环境暴露测量和人群健康效应测量也是最基本、最重要的研究内容，只有在获得这两方面科学、准确的数据资料后，才能够将暴露与健康效应联系起来进行分析、判断并得出正确结论。

(1)暴露测量:环境污染物存在于空气、水、土壤等环境介质中,可通过呼吸道、消化道、皮肤或胎盘(母婴垂直传递)等途径进入机体,经代谢,转运到作用的靶器官,从而产生有害效应。人体接触某一环境有害因素的过程称为暴露。环境暴露水平是指人体接触某一环境有害因素的浓度或剂量。在暴露测量中,被检测的剂量有三种,分别为外剂量、内剂量和生物有效剂量。

(2)健康效应测量:环境流行病学调查应根据研究的目的和需要、各项健康效应的持续时间、受影响的范围和人数以及危害程度等,选取恰当的调查对象和健康效应指标进行测量和评价。从保护人群健康的角度出发,除了对患病率的测量以外,还应当选择人体中仅产生体内负荷增加或出现轻微生理功能、生化代谢改变的指标作为健康效应调查、测量和评价的依据。

在健康效应测量过程中,调查人群的选择可采用两种方法:①如果能筛选出高危人群,可以用较小样本的特定人群来进行研究。高危人群特指出现某一效应风险较大的人群,多为高暴露和(或)易感人群。例如,对某甲基汞污染区的居民进行健康调查时,可选择食用含甲基汞的鱼较多或头发甲基汞含量高的居民作为调查对象。②采用抽样调查,即对从研究总体中随机抽取部分研究单位所组成的样本进行调查,进而由样本调查结果来推论总体。抽样调查要求样本能代表总体,并遵循随机抽样原则。

健康效应测量的内容主要包括疾病频率测量及生理和生化功能测量。①疾病频率测量常用的指标有发病率、患病率、死亡率、各种疾病的专率、各种症状或功能异常的发生率以及各种人群的专率(如年龄或性别的专率、某职业人群患某病的专率等)。②生理和生化功能测量的指标和方法有很多,按其手段类型可分为生理、生化、影像学、遗传学等检测指标和方法,按人体器官系统可分为呼吸系统、免疫系统、心血管系统等功能检测。在测量过程中,测量人员还应不断吸收和利用环境毒理学、基础和临床医学的研究成果,解决其健康效应的测量问题,丰富和发展环境流行病学,并通过作用机制的研究建立有害健康效应的生物标志物,提高检测的特异性和敏感性。

(3)暴露与健康效应关系评价:暴露与健康效应测量结果的分析应采用正确的流行病学和卫生统计学的方法进行,并根据分析数据和科学原则给出正确评价,其中需要特别注意的是混杂因素控制和因果关系判断。

当研究暴露于某一因素与疾病发生的关系时,会受到一个或多个既与疾病有制约关系,又与暴露因素密切相关的外来因素的影响,其会掩盖或放大所研究的暴露因素与疾病的联系,因此这些外来因素被称为"混杂因素"。从研究设计到资料的收集和分析阶段,均应注意控制混杂因素。在资料分析阶段,研究者可以对可疑混杂因素的不同水平进行分层分析。

探索引起健康异常的环境有害因素、确定因果关系时必需十分慎重,通常需要参照以下几点:①关联的强度。用相对危险度(RR)表示关联强度时,RR值超过3～4则表示两者关联强。②关联的稳定性。例如,可以从多个独立研究中得出类似的结果。③关联的时序性。通常,病因发生在前而人群反应的结果在后。④分布的符合性。确定因果关系时,应考虑污染因子与发病在时间、空间、人群的分布等方面是否相符。⑤医学及生物学的合理性。因果关系应与已有科学理论或解释相符合。⑥剂量-反应关系。确定因果关系时,应考虑剂量-反应关系。

1.5.2 环境毒理学研究方法

环境毒理学是利用毒理学方法研究环境(特别是空气、水和土壤)中已存在或即将进入的有毒化学物质及其在环境中的转化产物,以及它们对人体健康的有害影响及其作用规律的一门科学。环境毒理学既是环境科学和生态毒理学的重要组成部分,又是目前毒理学中一个发展迅速的分支学科。

1.5.2.1 环境毒理学研究的主要任务和内容

环境毒理学的主要任务有:

(1)研究环境污染物及其在环境中的降解和转化产物对机体造成的损害和作用机理。

(2)探索环境污染物对人体健康损害的早期观察指标,即用最灵敏的探测手段,找出环境污染物作用于机体后最初出现的生物学变化,并利用这些指标来预测环境污染物对人群的危害,以便于及时采取防治措施。

(3)定量评定有毒环境污染物对机体的影响,确定其剂量-反应关系,为制定环境卫生标准提供依据。

环境毒理学的主要内容是:

(1)环境毒理学的概念、基础理论。

(2)环境污染物及其在环境中的降解和转化产物与机体相互作用的一般规律,包括毒物在体内的吸收、分布和排泄等生物转运和生物转化过程,剂量与作用的关系,毒物化学结构和毒性以及影响毒性的因素。

(3)环境污染物毒性评定方法(即环境毒理学研究方法),包括动物的一般毒性试验(急性、亚急性和慢性试验)、致突变试验、致畸试验、致癌试验等。

(4)重要的环境污染物和有害物理因素对机体的危害及其作用机理,重要的环境污染物包括各种有害金属、各种有害气体、农药、常见的致癌性化学物及环境内分泌干扰物等。有害物理因素包括噪声、射频电磁辐射及电离辐射等。

1.5.2.2　一般毒性测试的研究方法

一般毒性测试的研究内容和方法如图 1.3 所示。其中,急性毒性试验是给动物一次或 24 h 内多次染毒的试验。急性毒性试验主要是测定半数致死量(浓度)、急性阈剂量(浓度),观察急性中毒表现,毒物的经皮肤吸收能力以及对皮肤、黏膜和眼部有无局部刺激作用等,以提供受试毒物的急性毒性资料,确定毒作用方式和中毒反应,并为亚慢性和慢性毒性试验的观察指标及剂量分组提供参考。

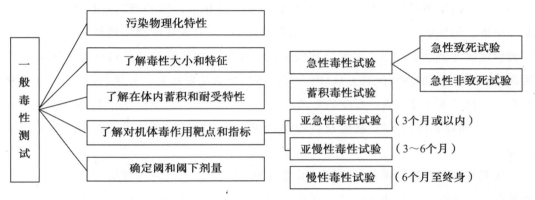

图 1.3　一般毒性测试的研究内容和方法

(资料来源:杨克敌.环境卫生学[M].8 版.北京:人民卫生出版社,2017.)

慢性毒性试验是研究在较长时期内以小剂量反复染毒后所引起的毒性作用的试验,其目的是评价化学污染物在长期小剂量作用下对机体产生的损害及特点,获得剂量-反应关系,并根据剂量-反应关系确定最大无作用剂量和最小作用剂量,将其分别当作未观察到有害作用剂量和最低观察到有害效应剂量。以最大无作用剂量作为外推到人体暴露安全剂量的基础,根据受试物毒作用性质和特点,选择适宜的方法外推到人,再换算成不同环境介质中的限制浓度。此浓度可作为环境有害物质的基准值,为制定该物质的环境卫生标准提供依据。

1.5.2.3　遗传毒性研究方法

目前已有遗传毒理学实验 200 多种,可按其检测的终点分成四类:反映原始 DNA 损伤的实验、反映基因突变的实验、反映染色体结构改变的实验和反映非整倍体性的实验。遗传毒性检测的主要用途之一是致癌性筛选。常规筛选试验主要有污染物致突变(Ames)试验、微核试验、染色体畸变分析、姐妹染色单体交换(SEC)试验、显性致死试验等。

随着分子生物学、生物化学、免疫学技术应用于毒理学研究,逐渐形成了一些更加精确、灵敏的环境遗传毒性研究的新技术,如聚合酶链反应技术、单细胞凝胶电泳、荧光原位杂交、转基因小鼠突变试验、基因芯片技术等。

1.5.2.4 致癌性和致畸性测试

(1)致癌性测试:致癌性测试是检验受试物及其代谢产物是否具有致癌或诱发肿瘤作用的慢性毒性试验方法,有时可与其他慢性毒性试验同时进行。

通过一组短期遗传毒理学实验的检测,人们可对化学污染物进行致癌性初筛,若在初筛中得到阳性结果,则需要对其进行致癌性确认,并应进行动物致癌试验。动物致癌实验包括短期诱癌实验和长期动物致癌实验。长期动物致癌实验是目前鉴定致癌物最可靠、使用最广泛的一种经典方法,因为这种方法能满足癌症发生有较长潜伏期、易于控制各种干扰因素及模拟人群暴露等要求。

(2)致畸性测试:致畸性测验是检测受试物能否通过妊娠母体引起胚胎畸形的一种试验方法。

致畸性测试方法主要包括三段试验及体外致畸试验。国内外常用三段试验来确认和筛选环境化学污染物的致畸性。近些年来,体外致畸试验发展很快,主要用于研究致畸机制及筛选化学致畸物。体外致畸试验种类很多,常见的主要有全胚胎培养、器官培养和细胞培养三个层次的试验。后来,为观察低剂量外源性暴露对胚胎发育期中枢神经系统的影响,人们又设计了行为致畸试验。

1.5.2.5 环境生物监测方法

传统的环境监测主要采用理化方法测定介质中污染物的含量,从而间接判断该污染物影响人群健康的可能性。环境生物监测可以迅速反映污染物能否对生物体(特别是体内的遗传物质)产生影响,因此,环境理化监测结合生物监测将是今后环境监测的趋势。同时,环境污染物种类繁多,常常综合作用于机体,单一的化学检测难以反映总体污染水平和可能产生的危害,而环境生物监测则有可能解决这一问题。由于环境污染物与生物体之间的相互作用都始于生物分子,而且生物体之间的共性往往在分子水平上最大,因此分子生物监测具有更重要的意义。目前利用毒理学方法进行的环境生物监测主要有现场生物监测和环境样品生物监测两大类。

(1)现场生物监测:现场生物监测是指对环境中的植物、动物或微生物进行细胞遗传学或分子毒理学的直接监测。

①植物细胞遗传学监测:此类监测有利用水花生根尖细胞微核试验监测水体污染情况,利用海带、大米草的微核试验监测海水中的诱变剂浓度变化情况等。

②水生物的分子生物学监测:对水体中被污染的敏感品种(如鱼类、贝类等水生生物)进行监测,以此来评价水体是否发生化学诱变或致癌污染,如采用^{32}P后标法检测贝类鳃中DNA加合物的含量。

③土壤微生物的分子生物学监测:土壤污染物会首先作用于土壤中的微生物,可以通过土壤微生物的反应(如微生物数量、细菌谱、代谢有机物酶的活性等)来评价土壤污染情况。

(2)环境样品生物监测:环境样品生物监测主要通过收集环境介质(如空气、水、土壤)和固体废弃物等环境样品进行生物测试,以了解环境是否被污染。收集和制备环境样品时,根据不同地区、污染程度、污染物的特征及环境介质等差异,采取浓缩、萃取等不同处理方法。然后,利用处理后的样品分别对微生物、高等植物、水生生物、哺乳动物或人体细胞进行体外或整体毒理学实验,以了解环境是否被污染。环境样品生物监测既可对环境样品的混合物进行测试,也可分离出单个污染物后进行测试。

环境样品的毒理学测试方法很多,现行的毒理学测试方法都可采用。测试的内容包括一般毒理、免疫毒性、致癌性、致畸性、致突变性、生殖和发育毒性等。浓缩、萃取的环境样品获取量比较少,多用作特殊毒性试验,并以体外试验为主。

1.5.3 环境流行病学与环境毒理学方法的联系和应用实践

(1)环境健康的研究需在环境流行病学和环境毒理学方法相结合的基础上进行。

由于环境污染物种类繁多,作用方式和作用机制复杂,导致环境健康的研究会出现许多新问题,将面临诸多困难和挑战。因此,研究者需要同时应用环境流行病学和环境毒理学的研究方法及其相关理论和技术去解决这些问题,并通过微观的方法阐明多种环境因素对机体的影响,揭示污染物在体内的动态变化、代谢途径及对机体的作用特点和机制等。微观方法在研究新化学物质的健康效应上具有重要作用,但是将细胞、动物等人体以外的试验材料的微观研究所得结果直接推论到人群会有很大的不确定性。采用宏观和微观相结合的研究方法能更全面地揭示环境因素对整体人群健康影响的真实情况。宏观研究与微观研究相结合可以发挥相辅相成的作用。

(2)环境流行病学和环境毒理学研究方法具有互补性。

要研究环境因素对人群健康的影响,必须先使用环境流行病学方法,从宏观上探讨相关环境因素对人群健康的危害在空间、时间和人群分布上的规律,获得环境因素与健康效应的相关性资料。环境与健康研究的最终目标是保护人类健康。为了防止危害健康,研究者需要采取干预措施,对干预效果的评定也需要应用环境流行病学的方法。同时,某些效应(如对人群智力、心理、感觉等的影响)很难或无法通过动物或细胞试验获得。因此,环境流行病学在环境与健康研究中具有十分重要的作用。然而,环境流行病学研究存在许多局限性,包括:①环境暴露因素往往不明确。②暴露水平(剂量)定量困难。③混杂因素较多。④弱效应难以评价。⑤某些危害(如致癌)间隔期太长,暴露-反应的关系难于建立。⑥获取资料或样本受道德、法律和隐私的限制。这些局限性常常限制着环境流行病学研究的进行。

环境毒理学的研究方法具有多种可弥补环境流行病学方法局限性的优点,包括:①可根据研究目的和要求,人为地控制暴露水平和强度,使研究因素单一、准确,规避人群调查研究中的诸多干扰因素。②效应观察指标不受限制,能利用实验动物的任何组织和器官,观察从分子到整体动物水平的各种效应,以便了解环境污染物在体内作用的靶部位及作用机制。③可应用特殊基因型的细胞、转基因动物等材料,引入相关学科的新技术,深入研究。许多环境卫生标准和环境危险度评价的剂量-反应关系的资料及对作用机制的解释都是毒理学研究提供的。但是,环境毒理学的研究方法也有其缺点,主要是因为实验动物和人体在代谢和反应性上存在差异性。例如,反应停和无机砷对常用实验动物的致畸性和致癌性为阴性,但不能认为它们对人无致畸性和致癌性。鉴于环境流行病学和环境毒理学研究方法的互补性,在开展环境与健康研究时必须将两者结合起来。

(3)环境流行病学方法和环境毒理学方法相结合的应用实践有很多。

在开展人群健康危害的病因研究及环境健康危险度评价时,需采用环境流行病学和环境毒理学方法相结合的研究策略。在环境致病因素的流行病学研究中,环境毒理学可用于鉴定环境可疑致病因素、复制有害效应或疾病的相关模型,水俣病、痛痛病、宣威肺癌的病因学研究就是这方面的典型案例。

在进行环境有害因素的健康危险度评价时,仅凭环境流行病学方法或环境毒理学方法往往难以获得完整的研究资料,需将两者结合起来。例如,在致癌危险度评价中,由于人群中肿瘤的发生属于少发事件,致癌因素的暴露距肿瘤发生的间隔期长,混杂因素多,通过人群的流行病学调查很难得到剂量-反应关系,其剂量-反应关系的建立常需要通过动物致癌实验来获得。然而,实验动物和人体在代谢和反应性上存在差异,从动物实验得到的致癌性结果必须在人群流行病学研究中得到证实,才能将致癌因素定义为人类致癌物。

1.5.4 健康危险度评价

健康危险度评价(health risk assessment,HRA)是按一定的准则,应用毒理学研究和流行病学调查的资料,系统、科学地表征有害环境因素暴露对人类和生态的潜在损害作用,并对产生这种损害作用证据的强度或充分性进行评定,对危险性评估相关的不确定性进行评价。健康危险度评价的主要特点包括:①可转变健康保护的观念。安全是相对的,人们只能逐步控制污染,使之对健康的影响处于一般人可接受的危险水平。②把环境污染对人体健康的影响定量化。如已知某化学污染物具有致癌性,它所能引发的癌症在该化学物进入人类环境前就已在人群中存在,那么该污染物进入环境后可能增加这种危害的强度和发病频率。人们期待通过致癌危险度评价,预估由于污染物暴露所增加的癌症发生频率和可能增加的患癌人数,便于人们对健康危害的经济代价和社会经济利益进行选择与权衡,有助于危险度管理。

目前,世界各国多以美国提出的《危险度评价和危险度管理的基本组成》和《环境污染物健康危险度评价指南》为基础开展环境健康危险度评价。美国会定期对《环境污染物健康危险度评价指南》进行修订并公布。目前该指南有 10 个组成部分,分别为《致癌物危险度评价指南》(2005 年)、《暴露估计指南》(1992 年)、《致突变性危险度评价指南》(1986 年)、《可疑发育毒物健康危险度评价指南》(1991 年)、《化学混合物健康危险度评价指南》(2000 年)、《生态风险评价指南》(1998 年)、《神经毒物健康危险度评价指南》(1998 年)、《微生物健康危险度评价指南》(2009 年)、《生殖毒物健康危险度评价指南》(1996 年)和《致癌物生命早期暴露的易感性评价指南》(2005 年)。

1.5.4.1　健康危险度评价的基本内容和方法

健康危险度评价需要用到毒理学、流行病学、统计学以及监测学等多学科发展起来的最新成果和技术,是一门跨学科的方法学。健康危险度评价是由多个步骤有机组织起来的系统的科学方法,其主要步骤有以下几个。

(1)危害鉴定(hazard identification):危害鉴定是健康危险度评价的首要步骤,属于定性评价阶段。危险鉴定的目的是确定在一定的接触条件下被评价的化合物是否会产生健康危害,是否出现有害效应的特征。

危害鉴定的依据主要来自流行病学和毒理学的研究资料。一般来讲,在方法学上常用病例收集、结构毒理学、短期简易测试系统(如 Ames 试验、微核试验)、长期动物试验以及流行病学调查等方法来进行危害鉴定。但是,在程序上可先进行筛选性研究(如急性毒性测定),继而做预测性测试(包括慢性实验、三致实验和致敏作用测试等),进而进行确定性测试(包括现场研究或微观研究等),最后进行监测性研究(以确保在实际条件下的安全性)。此外,在鉴定时,研究人员还要根据各种法令与管理规则的不同要求,选用不同的侧重点,如在控制饮用水和空气污染时,宜侧重神经毒作用。例如,对己二醇实施管理时,主要基于小剂量接触引起致畸效应来进行鉴定,而不是鉴定大剂量误服后导致肾损害。从环境保护的角度来说,研究人员常需要考虑污染物能否引起自然生态系统改变或已引起了哪些改变。实际上,该阶段的工作是对风险度的定性评定。2008 年,我国发布的《环境影响评价技术导则 人体健康》征求意见稿中将综合风险信息系统(IRIS)数据库作为主要参考资料。另外,《污染场地风险评估技术导则》(HJ 25.3—2014)也公布了部分污染物毒性参数等资料。一般来说,国际权威机构已对许多常见化合物的致癌性作出了评价,人们可直接应用其结果。对于国际癌症研究机构中已列为 Ⅰ 类、ⅡA类和ⅡB类的化合物,则不必再进行危害鉴定。若被评价的化学物在一定的暴露条件下不会产生健康危害,则其评价工作就此终止,否则按评价程序继续逐步进行。

(2)剂量-反应关系评定(dose-response assessment):剂量-反应关系评定是指在一定污染物暴露水平下,人们对暴露人群中不良健康效应发生率与暴露水平关系的定量估算。它主要研究的是有害效应与剂量之间的定量关系。剂量-反应关系评定是进行风险评定的定量依据,也是环境健康危险度评价的关键步骤,通常通过人群研究或动物实验的资料来确定适用于人的剂量-反应曲线,并由此计算出危险人群在某种暴露剂量下危险度的基准值。

有阈化合物(如非致癌和非致突变物)的剂量-反应评定一般采用无可见有害作用水平(NOAEL)法进行,通常采用人类终生每日摄入该外来化合物而不引起任何可见损害作用的剂量(ADI)作为指标。但 NOAEL 法只强调没有观察到有害作用的一个实验剂量,忽略了剂量-反应曲线的形状,高度依赖实验剂量的设计、样本量大小,不能确定一定剂量(尤其是高于参考剂量)所产生的风险。目前,人们常使用数学模拟的方法来估计有效剂量,以取代 NOAEL 法的结果作为参考剂量的起始值。目前,使用最广泛的模拟方法是基准剂量(benchmark dose,BMD)法。BMD 为某种物质引起机体不良效应的反应率升高到某一特定水平(如 1%、5%或 10%的反应率)时的剂量,是通过对观察资料进行数学模型拟合后估算得到的数值。

无阈化合物主要指具有遗传毒性的致癌物及致突变物,评定其剂量-反应关系的关键是通过一些数学模型外推低剂量范围内的剂量-反应关系,并由此推算出终生暴露于某个单位剂量化合物造成的超额危险度。从高剂量向低剂量外推时,可选用的模型有 Probit 模型、Logit 模型、Weibull 模型、Ohehit 模型、Multi-hit 模型、Mulbistage 模型等。目前,这些模型都还不成熟,在进行致癌剂量外推时的适用范围及适用程度还在比较和研究中。目前,Mulbistage 模型在管理部门(特别是美国环保局)使用得较多。美国环保局公布的《致癌物危险度评价指南》中推荐使用线性外推法进行剂量-反应关系评定,并推荐使用致癌强度系数(carcinogenic potency factor,CPF)作为致癌物危险度的估计值。

(3)暴露评价(exposure assessment):作为危险度评价的一个主要步骤,暴露评价起着至关重要的作用。它不仅要给出个体或群体暴露于某种有害因素的准确估计值,而且要提供暴露的特征(如暴露的时间、方式、强度和持续频率等),以分析危险度特征。

暴露评价首先要确定化学物在各种环境介质中的浓度及人群的可能接触途径,然后估算出每种途径的接触量,再得出总的接触量。暴露剂量分为外暴露剂量和内暴露剂量。确定外暴露剂量时,首先应通过调查和检测明确暴露特征,如有毒物质的理化特性及排放情况、在环境介质中的转移及分布规律、暴露途径、暴露浓度、暴露持续时间等。一种暴露途径的暴露剂量可用相应途径的环境介质中的测定浓度估计,多种暴露途径的暴露剂量应根据对多种环境介质的测定值计算总暴露剂量。内暴露剂量可通过测定内暴露剂量的生物标志物来确定,或者根据外暴露剂量推算(内暴露剂量＝摄入量×吸收率)。内暴露剂量比外暴露剂量更能反映人体暴露的真实性,可提供更为科学的基础资料。暴露人群的特征包括人群的年龄、性别、职业、易感性等情况。

(4)危险度特征分析(risk characterization):危险度特征分析是危险度评定的最后步骤。它通过综合前面三个步骤所获取的数据,估算不同接触条件下,人群发生某种危害的强度或可能性大小,并对其可信程度或不确定性加以阐述,最终以正规文件的形式提供给危险管理人员,作为他们进行管理决策的依据。危险度特征分析的主要内容是根据所提供资料与数据的性质、可靠程度、所存在的不确定因素以及在推导和估计中所作的各种假设来进行分析和权衡的。资料的充足与否关系到危险度特征分析结果的可靠性,如只有实验动物的资料而没有人的资料、环境流行病学调查资料在某方面不充足等,都会影响危险度特征分析的可信度。

对于有阈化合物,人们通常把参考剂量相对应的可接受危险度定为 10^{-6}(10^{-6}指社会公认可接受的不良健康效应的概率,可因条件的改变而改变,波动范围为 $10^{-6} \sim 10^{-3}$ 或 $10^{-7} \sim 10^{-4}$),并计算出人群终生超额危险度、人群年超额危险度、人群年超额病例数。

对于无阈化合物,人们通过分析计算出人群终生患癌超额危险度、人均患癌年超额危险度、人群超额患癌病例数。

1.5.4.2 健康危险度评价的应用

健康危险度评价已成为许多国家环保及卫生部门管理决策的重要依据,在保护环境及人群健康、制定卫生标准及进行卫生监督、确定防治对策等方面起着十分重要的作用。现行的健康危险度评价主要应用在以下几个方面。

(1)预测在特定环境因素暴露条件下,暴露人群终生发病或死亡的概率。

(2)对各种有害化学物或其他因素的危险度进行比较评价,排列治理次序。

（3）用于新型化学物的筛选，并从公共卫生、经济、社会和政治等方面进行论证，进行各种经济效益分析、利弊分析，为环境管理决策提供科学依据。

（4）为建立有害物质及致癌物环境卫生标准，提出环境中有害化学物及致癌物的可接受浓度，同时为出台有关法规、管理条例，监督卫生工作提供依据。

1.5.4.3 我国环境健康风险评价的发展趋势

相对于生态风险评价，人体健康风险评价的方法已基本定型。我国环境健康风险评价研究主要有以下发展趋势。

（1）由单一污染物的健康风险评价进一步发展到考虑复合污染的健康风险评价，由单环境介质行为向多介质作用过程的方向发展。近年来，国际上已经有致力于不同环境介质中两种以上复合污染物的拮抗、协同等作用的研究，但对于其对应的剂量-反应关系或毒理学效应的研究仍然薄弱。

（2）人体环境污染的暴露途径多样，生物放大效应较复杂，而目前我国的环境健康风险评价研究尚未考虑食物链生物放大作用。未来，我国的环境健康风险评价研究中将会考虑食物链生物放大作用。

（3）化合物总是以不同的形态存在于环境中，国际上很多报道都指出，并不是化合物的所有形态都会对生物体产生影响或危害，但在评估其健康风险时应考虑污染物不同形态对人体健康的影响。

（4）人们已将健康风险评价的范围扩大到生物层面，提出了"行为生态毒理学"的概念，并对多种生物在不同条件（包括自然条件变化和人为影响等）下的生活习性及行为变化进行了研究。

（5）目前国际上多对有毒、有害化合物进行环境健康风险评价，此后应深入考虑非化学因子污染对生物健康效应的影响。

（6）目前人们正深入开展风险评价不确定性的研究，试图制定合适的最大可接受风险标准。

（7）环境健康风险评价与生态风险评价逐渐统一。在健康风险评价中，靶器官的暴露浓度和毒性作用是其评价的基础，将造成生物健康效应的暴露剂量与靶器官暴露浓度联系起来可为生态风险评价提供基础数据，也是目前国际上环境健康风险评价研究中的重要发展方向之一。

（8）由于健康风险评价的历史较短，因此在目前的研究中，暴露数据和毒理学数据十分有限，未来应深入开展这方面的研究工作，建立适合实际情况的数据库和健康风险评价模型。

思考题

1.环境因素的定义是什么？

2.对人体健康可能造成损害的环境因素主要有哪些？

3.为什么说人与环境之间在物质上具有统一性？

4.人对环境具有适应性表现在哪些方面？请举例说明。

5.什么是 Hormesis 现象？

6.简述人与环境的辩证统一关系。

7.预防窗口期的重要作用有哪些？

8.讨论生物标志物在司法鉴定中的作用。

9.影响环境污染物对人体健康危害作用的因素主要分哪几种？

10.敏感人群的定义是什么？

11.急性毒性试验结果能否对受试物作出全面评价？为什么？

12.健康风险评价有哪几个步骤？

13.对环境污染物进行安全性评价时需要注意哪些问题？

第2章　环境因素对心血管系统的影响

心血管系统是一个封闭的管道系统,由心脏和血管组成。其中,心脏是动力器官,血管是运输血液的管道。通过规律性收缩与舒张,心脏推动血液在血管中按照一定的方向不停地循环流动,人们称之为"血液循环"。血液循环是机体生存最重要的生理机能之一。由于血液循环,血液的全部机能才得以实现,并随时调整血量分配,以适应活动着的器官、组织的需要,从而保证机体内环境的相对恒定和新陈代谢的正常进行。目前,人们已发现许多环境因素会增加心血管疾病(cardiovascular disease,CVD)的患病风险并加速其进展。个体周围环境的变化,例如迁移、生活方式改变以及社会政策和文化习俗的改变所导致的环境变化,会改变心血管疾病的患病风险,这种作用是独立于遗传因素的。

环境因素是心血管疾病发展进程中重要但较少被重视的危险因素。心血管系统极易受到多种环境因素的影响,例如空气污染,金属砷、镉和铅排放等,这些都是需要广泛研究的因素。与传统危险因素(如吸烟、糖尿病)一样,这些暴露会通过增加或引发与心血管疾病相关的病理生理过程(包括血压控制、血管功能衰退、动脉粥样硬化)而导致心血管疾病的恶化,最终导致患者死亡。另外,目前的研究一致表明,居住在污染严重的地区与心血管疾病的高风险有关,但暴露在低于当前相关监管标准的环境中,也会对心血管系统健康产生不利影响。

由于人类生态系统、历史变化、社会结构和个体选择的多样性,导致人类环境的自然属性、社会属性和个体属性是高度可变的。自然环境因素是指一切非人类创造的直接和间接影响人类生活和生产环境的,自然界中各个独立的、性质不同而又有总体演化规律的基本物质组分,包括水、大气、生物、阳光、土壤、岩石等。自然环境各要素之间相互影响、相互制约,并通过物质转换和能量传递两种方式密切联系,其相互影响和相互作用的范围下至岩石圈表层,上至大气圈下部的对流层,包括全部的水圈和生物圈。社会环境是人类生活的直接环境。具体来讲,社会环境是指在自然环境的基础上,人类通过长期有意识的社会劳动加工和改造了的自然物质、创造的物质生产体系、积累的物质文化等所形成的环境体系,是与自然环境相对的概念。越来越多的证据表明:自然环境和社会环境是影响心血管健康的重要因素。

了解环境的不同领域是如何影响心血管疾病的发展的，可以更好地评估心血管疾病现状，并有助于开发新的预防和治疗策略，以减轻日益严重的全球心血管疾病负担。因此，本章主要从自然环境因素（如昼夜节律、日照时间、季节、温度、海拔和绿地等）和社会环境因素（如大气颗粒污染物、气态污染物、室内污染物、噪声、重金属污染、化学污染物、社会经济状况、社会网络和建筑物周围环境等）两个方面，阐述环境因素暴露对心血管疾病的影响（如发病、患病和相关生物标志物）和潜在机制。

2.1　物理性因素对心血管系统的影响

2.1.1　昼夜节律

2.1.1.1　基本概述

昼夜节律是地球自转产生的自然环境中的基本特征。地球上的生命（包括动物、植物、真菌等）在可预测的白天与夜晚的周期变化中调节不同的活动模式，如 24 h 禁食/进食和休息/活动周期，以匹配这些可预测的环境变化。动物生理功能的昼夜节律器官分布在全身各处。例如，在人类和其他哺乳动物中，主要的昼夜节律起搏器是下丘脑的视交叉上核（suprachiasmatic nucleus，SCN）。视交叉上核节律主要是视网膜下丘脑束通过光与环境同步。即使在体外，SCN 也是一个自主的"振荡器"。此外，分离的 SCN 细胞在体外培养中也有节律性，这表明节律性是一种细胞特性。昼夜节律以 24 h 为单位将生物功能与有规律和可预测的环境模式结合起来，有助于保持健康的身体状态。

2.1.1.2　昼夜节律影响心血管疾病的机制

为了评估内源性昼夜节律系统对心血管疾病的影响，有研究人员使用两种经典的方案，从节律性行为和环境效应中分离昼夜节律的时钟效应。第一种方案是使受试者在光线暗淡、温度恒定、没有外部时间提示的条件下，半卧位躺着，每 2 h 吃相同热量的零食，保持清醒状态。研究人员在许多变量中观察到清晰的昼夜节律，但也有由累积睡眠损失引起的潜在变化。第二种方案是强制性同步，该方案在数天内实施，并避免了积累睡眠损失的问题。受试者生活在非 24 h 的睡眠和清醒周期中，周期距离 24 h 足够远，以致他们的内部时钟无法与强加的人工白昼长度同步。因此，这些行为（睡眠/唤醒、禁食/进食、不活动/活动）与正常的 24 h 时间表不同步，从而与内源性生物钟不同步。在人群研究中,这些方案中摄入食物的时间似乎不会影响昼夜节律,但对脂肪组织或肝脏等器官的影响尚不清楚。

2.1.1.3 昼夜节律对心血管疾病的影响

昼夜节律影响心血管系统的健康和功能,具体可表现为夜间和睡眠时心率和血压最低,醒来前开始升高。昼夜节律信号会调节心血管基因的表达、心血管蛋白的丰度以及影响心血管功能的神经激素水平(如血管紧张素Ⅱ、肾素、醛固酮、生长激素和心房钠尿肽)。因此,心血管不良事件的发生率会随着时间的变化而变化。心肌梗死多发生在清晨,而且发生在清晨的可能性是夜间的3倍。心血管不良事件发生的时间与内在的时钟机制有关,但与醒来时的压力无关。

昼夜节律不仅会影响心血管疾病的发病情况,也会影响其严重程度。已有研究证实,对于发生在夜间的心血管不良事件,其危害程度高于日间的危害程度,如发生于夜间的心肌梗死危害更大,血管成形术成功率较低。事实上,昼夜节律在不同程度上被干扰的人群(如轮班工人、跨界航班机组人员、睡眠呼吸暂停或其他睡眠障碍患者)更容易患糖尿病、肥胖症、高血压,即使是短期的昼夜节律失调也会增加血压、餐后血糖和胰岛素水平,引起炎症。虽然昼夜节律被打乱后发生心血管事件风险增大的机制仍不清楚,但研究者已可以得出明确结论,即健康的心血管系统可能来源于正常的昼夜节律。

2.1.2 日照时间

心血管疾病死亡是发达国家的首要死因。在中低收入国家,心血管疾病死亡率正逐年增加。心血管疾病是遗传易感性和环境因素之间复杂的相互作用,导致心血管系统的结构和功能逐渐恶化而引起的疾病。众多自然环境因素会对心血管健康产生严重影响,而日照是影响心血管健康的风险因素之一。

2.1.2.1 日照与心血管系统疾病

日照对心血管系统的作用受肤色、一天的时间、季节和纬度等因素影响。低日照暴露对心血管疾病的影响与吸烟对心血管疾病的影响程度相似。一项对英国200个地区的代表性人群的调查发现,每年的日照小时数与心血管疾病死亡率呈负相关。日照可能通过生成维生素D来影响心血管健康。维生素D只能在阳光作用下合成,这一过程的效率取决于穿透内皮细胞的光子数量,而这又受皮肤黑色素的数量以及中波紫外线(ultra-violet B, UVB)辐射暴露量的影响。与肤色较深的个体相比,肤色较浅的个体吸收阳光的效率更高。中波紫外线辐射暴露量则受到一天的时间、季节和纬度的影响。太阳直射时的入射辐射高于太阳处于低空(冬季或一天的清晨和傍晚)时的入射辐射。随着与赤道距离的增加,人们的血压逐渐升高,高血压的流行呈现出相似的纬度分布。

2.1.2.2 日照与心血管疾病关联的潜在机制

日照对心血管健康影响的作用机制如图 2.1 所示,日照可能通过调节生物节律、维生素 D 合成以及血压高低来影响心血管疾病的发生和发展。与夏季和春季相比,秋季和冬季更容易出现维生素 D 缺乏症,人群的血压值也更高。但已有研究表明,暴露于中波紫外线辐射、晒黑或服用大剂量维生素 D 可能会降低血压。

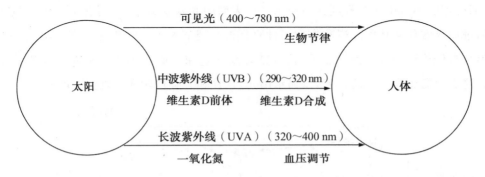

图 2.1 日照影响心血管健康的作用机制

除了调节血压,维生素 D 还能调节其他心血管功能。所有心血管组织均表达维生素 D 受体,维生素 D 受体调节约 200 个基因的表达。总的来说,3% 的人类基因组是由维生素 D 调控的。在小鼠中,缺乏功能性维生素 D 受体不仅会导致骨骼和生长板变形,还会导致高血压、心肌肥厚和血栓形成增加。在人类中,维生素 D 缺乏与不良心血管事件的风险增加有关。在一项研究的荟萃分析(Meta 分析)中,基线维生素 D 每增加 10 ng/mL,发生高血压的风险降低 12%。一项孟德尔随机化研究发现,基因决定的维生素 D 水平的增加与高血压风险的降低有关。然而,维生素 D 补充剂的随机对照试验结果并不一致。虽然关于早期对照试验的 Meta 分析显示,维生素 D 的摄入(大于 500 IU/d)能降低心血管疾病的死亡率,但后来的试验结果没有发现明显的影响。随机对照试验的不一致结果可能归因于方法学问题,如剂量不当、没有测量干预后维生素 D 水平、没有考虑受试者的维生素 D 状况等。因此,需要设计良好的大型多中心随机对照试验来解决这些问题。

尽管日照和维生素 D 之间的关联研究已经很充分,但是维生素 D 水平能否反映一般健康状况?是否还有其他未确认的因素能将日照与心血管健康联系起来?一项研究表明,健康在短暂的长波紫外线(ultraviolet A,UVA)全身照射后,血压将快速且持续下降。已经有人提出,长波紫外线诱导释放的一氧化氮不会扩散到更深的组织层,而是提高了局部亚稳态亚硝基化合物(如 s-亚硝基谷胱甘肽)的水平,然后通过血液循环分布,引发系统反应(如血压下降等)。人体皮肤含有大量的亚硝酸盐和亚硝基硫醇,由于长波紫外线能穿透表皮到达皮肤内部,因此原则上可以通过这一机制在血液中产生大量的亚硝酸盐,这也解释了日照为什么会对血压产生影响。

一氧化氮导致血管扩张的机制如图 2.2 所示,空气中一氧化氮的轻度增加有益于心血管健康。在动物模型中,一氧化氮可预防心肌缺血损伤和饮食诱导的肥胖。据报道,紫外线辐射可减少体重增加,减轻代谢综合征(Metabdic syndrome),但在使用一氧化氮补充剂处理的小鼠中未观察到这一作用。这表明阳光暴露减少时,可能会降低一氧化氮水平,进而导致代谢功能障碍和疾病。日照是否会调节人体一氧化氮的产生仍然是未知的,但来自优秀运动员的数据显示,长波紫外线辐射和口服亚硝酸盐补充剂能改善运动表现,这表明需要进一步的研究,以揭示阳光、饮食和心脏代谢健康之间的联系。

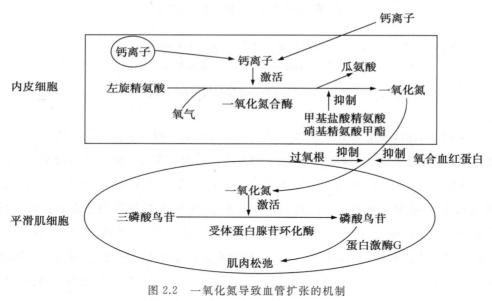

图 2.2　一氧化氮导致血管扩张的机制

2.1.3　季节

2.1.3.1　基本概述

季节是每年循环出现的地理景观相差比较大的几个时间段。在不同的地区,季节的划分也是不同的。就中国的气候而言,一年分为四季,即春季、夏季、秋季、冬季。而对于热带草原,只有旱季和雨季。在寒带,并非只有冬季,即使在南北两极亦能分出四季。季节有两个主要特性:一是季节变换的周期性,二是季节之间的差异性。在同一地区,不同季节的气候有较大的差异性,主要表现在气温、降雨量等方面。这些差异的主要成因是日照不同。四季轮换反映了物候、气候等多方面的变化规律。我国南方地区(低纬地区)多雨、多风暴、光照充足,季节转换时降雨量、风暴、光照等变化明显;我国北方地区(中纬地区)少雨、少风暴,季节转换时变化最明显的是气温。不同季节之间的差异会引起各种气候因素的差异,进而对健康造成重要的影响。

2.1.3.2 季节对健康的影响

在大多数地方,自然环境不仅仅以昼夜节律为特征,而且以季节变化为特征。季节变化会导致温度、湿度以及白天的长度变化很大。季节改变同样会引起阳光暴露、人类活动和进食行为的改变,还会改变生理反应和新陈代谢,进而会影响心血管功能,引发疾病。

寒冷季节与心血管疾病发病有关,天气寒冷是导致冠心病发病和死亡的重要诱因。有研究报道了不同类型的急性冠脉综合征(ACS)与天气状况的相关性:最低气温每降低 1 ℃,米兰和罗马地区 ACS 入院人数分别增加 0.42% 和 0.71%。与较高气温相比,较气温下这两个地区的每日急性 ST 段抬高心肌梗死(STEMI)的发病率也升高。较低气温引起 STEMI 发病率升高与性别、年龄、糖尿病、高血压、肾功能不全和用药情况无关。在我国不同城市的研究中,研究人员得出了类似的结果。北京地区的多项研究显示:寒冷季节急性心肌梗死患者的发病率显著提高,当一周平均最低气温低于某一气温时,冠心病的发病率升高并显著高于基线发病率。发病率随着气温的降低而升高,表明低温是诱发冠心病的主要气象因素。

有研究证明,接受他汀类药物治疗的患者在夏季比冬季能更快地达到目标低密度脂蛋白(LDL)水平,这表明人类的血浆脂蛋白代谢可能受到季节的影响。另外,研究人员还观察到纤维蛋白原、组织型纤溶酶原激活剂(tPA)抗原和血管性血友病因子的季节性变化。这些都有力地支持了季节会对健康(特别是对心血管疾病)产生重要影响的观点。

2.1.3.3 季节与心血管疾病

几乎所有疾病都受到季节变化的影响,或在某一特定季节发病率增高,或使病情恶化。与气象有密切关系的疾病(即受气象诸条件影响的疾病)称为"气象病",与季节有关的疾病则称为"季节病"。已有的研究表明,心血管疾病危险因素的季节性变化与心血管患者死亡率的变化有关。有研究表明,冬季的心血管疾病患者死亡率明显高于夏季,且冬季高峰和夏季低谷之间的差异可能很大。国外的研究数据显示,在英格兰和威尔士,冬季高峰期的死亡病例比夏季高峰期增加了约 2 万例;在美国,冬季报告的心肌梗死病例比夏季多 53%。心血管疾病发病率在冬季有所上升,可能是因为冬季老年人先前存在的疾病恶化,或冬季易于引发急性阶段反应的呼吸道感染。在冬季,年轻人和老年人的死亡率都会上升,关于此现象的另一种解释是寒冷气温会引起血流动力学变化,使脆弱的病变不稳定,导致斑块破裂和闭塞性血栓形成比夏季更频繁。另外,暴露在寒冷气温下会增加血管阻力。未来还需要进一步研究温度和季节对心血管疾病患者死亡率的影响,但现有数据支持几乎所有疾病都受季节变化的影响。

不同的季节往往伴随着环境温度的变化,以及随着剧烈环境温度变化而带来的极端天气。尽管环境低温常与急性心血管疾病发病事件联系在一起,但高温也可能同样重要。

2.1.4 温度

2.1.4.1 基本概述

温度是表示物体冷热程度的物理量。气温是大气层中气体的温度,是气象学常用名词。气温是一个与健康直接相关的因素,它直接受日照影响。人们常说的"地面气温"是指离地面约 1.5 m 处百叶箱中的温度。大量的研究表明,温度与人体健康息息相关,高温和低温环境均不利于人体健康,其中寒潮和热浪等极端天气是影响人类健康的重要因素。寒潮是冬季的一种灾害性天气,人们习惯把寒潮称为"寒流"。所谓寒潮,是指来自高纬度地区的寒冷空气,在特定的天气形势下迅速加强并向中低纬度地区侵入,造成沿途地区大范围剧烈降温、大风和雨雪的极端天气。若冷空气侵入造成的降温一天内达到 10 ℃以上,而且最低气温在 5 ℃以下,则称此冷空气暴发过程为一次寒潮过程。与寒潮相对应的是热浪,热浪是指天气持续地保持过度炎热,也有可能伴随很高的湿度。一些地区比较容易受到热浪的袭击,例如夏干冬湿的地中海气候地区。不论是寒潮还是热浪,它们都是影响健康的危险因素。

2.1.4.2 温度对健康的影响

合适的温度对人体健康是有益的,但极端天气对人体健康往往是有害的。气象要素反映大气的物理状态和物理现象,而环境温度与人类生存和人群健康都有直接关系。有研究结果显示,温度保持在 25 ℃左右的环境最适合人类居住和生活。人体温度一般在 37 ℃左右,如果大于 41 ℃,主要器官(如肝脏、肾脏和大脑等)就会出现功能紊乱。在高温条件下,人体会感到不适,工作效率降低,中暑、胃肠道疾病、心血管疾病的患病人数急剧增加,机体抵抗力较差的老人、病人因高温导致的死亡数会快速增加。寒潮能造成较大规模的自然灾害,严重危害人类健康。以往研究表明,在日平均气温为 23 ℃的条件下,我国居民因各种疾病而死亡的风险最低。

2.1.4.3　温度对心血管疾病的影响

环境气象剧烈变化或极端温度条件会导致患者受到刺激而使血压升高,异常升高的血压可能会导致脑出血。特别是由于人们对极端气候的适应能力较弱,各季节异常极端天气均可能对人体造成较大的不利影响。不利的极端温度会增加脑血管疾病发病率。异常的温度不仅以升高血压的方式影响患者,而且通过改变血液成分和心理应激反应变化,促使血小板聚集,导致血栓形成,进而影响人体内部结构,增加缺血性脑血管病的发病率。既往研究已经证明,极端温度经常与急性心血管疾病联系在一起。现有的文献表明,心血管效应不仅与极端温度有关,还与温度的转变有关。例如,有研究人员发现,某地气温升高 12.2 ℃时,住院、缺血性心脏病(IHD)和缺血性脑卒中的风险也会增加。现在,地球表面的平均温度比过去 10 万年来都要高。气温的升高可能会影响全球气候模式,增加温度波动,导致粮食生产以及社会和经济条件发生变化,这可能会大大增加全球心血管疾病的负担。

环境温度与人类生存和人群健康都有直接关系。有很多研究结果都提示,高温环境下人体主要器官(如肝脏、肾脏和大脑等)都会出现功能紊乱,在理想环境温度下,人们思维敏捷,器官功能活跃。预计全球平均气温将持续上升,随之而来的是人们会有抑郁不适的感觉。压抑的情绪使人神经紧张,肾上腺素释放,心率加快,呼吸急促,血压升高。

2.1.4.4　高温和低温对心血管疾病的影响

高温炎热天气及冷空气活动的持续均会导致患病率和死亡率的明显上升,其中冷空气活动对患者影响更明显。寒潮天气会对心脑血管疾病的死亡率产生明显影响。每日最高温度与最低温度的差值能够说明全球存在区域性气候变化。国外学者进行了日温差与每日死亡率的研究,发现日温差增大可能增加居民的死亡风险。研究结果显示,日温差升高1 ℃时,总死亡风险增加1.4%,其中心血管疾病死亡风险增加1.9%。如果气温骤降、气压升高,容易造成脑出血;如果气温骤升、气压下降,容易诱发心血管疾病。气团是形成热浪的主要原因,而气团又是高温度与高湿度聚集造成的。湿热气团导致的每日超额死亡率为 16%～28%。有数据显示,居民死亡人数与热浪有关,特别是心肺疾病死亡。冷锋和冷高压都是由冷气团控制的天气形势,冷锋、冷高压经过时,气象要素会发生剧变,导致大幅度降温,湿度骤降,气压升高,常常还会带来较强的冷风。众多研究表明,冷空气的活动会影响心脑血管疾病的发病率和死亡率。

与冷锋不同,暖锋过境后,气温上升,气压下降,天气转晴。研究表明,心血管疾病的发病还与暖锋气象有关。暖锋过境时降水强度变小,影响范围广,持续时间长,此时的心脑血管发病入院人数会增多。有研究指出,脑梗死的发病率升高常常与夏季最高气温不低于 34 ℃、气压低有关,这时也易引起心脏病发作。当气温骤降、气压剧升时常发生脑出血,这也说明高温、高湿、低气压天气易使心血管疾病发生。还有研究结果显示,日平均相对湿度大于 70% 时,会增加患急性心肌梗死的风险;高温高湿的条件会诱发冠心病发作。总而言之,高温或低温都与心血管疾病的发病和进展有着密切关系。

2.1.4.5　温度影响心血管疾病的可能机制

对于低温而言,它影响心血管疾病发生的可能机制为:气温骤降,风速增大,气压上升时,人体血管收缩,血压升高,心率加快,心肌耗氧量增加。同时,在寒冷的刺激下,儿茶酚胺分泌增加,易使血小板聚集形成血栓,使血流变缓造成心肌缺氧,严重时可能导致冠状动脉痉挛及其他冠心病。气温的下降使人体内的肾上腺素水平上升,体表血管收缩以减少热量的散发,同时肾上腺素水平上升使得心率加快,心输出量增加,导致血压升高。因此,在寒冷空气影响下,高血压患者会因寒冷刺激而引发脑卒中。有研究表明,温度与死亡的关系是非线性关系,不同国家和地区每日温度与日死亡人数的曲线形状变化也不同。对于高温天气影响心血管疾病发病的可能机制,有学者通过动物实验研究发现,小鼠受到热刺激时,HSP60 及 TNF-α、sICAM-1 等炎性细胞因子显著升高,使得小鼠体内炎症反应加强,超氧化物歧化酶活性降低,血脂升高,导致血管硬化发生发展,这可能是热浪过程增加心血管疾病风险的一个诱因。与此同时,热刺激会诱使机体炎症标志物水平显著升高,可能会加重动脉粥样硬化疾病的发生和发展。而温度骤降将导致血管迅速收缩,促使动脉粥样硬化的加重和血栓的形成,这可能是最终导致心血管疾病发病和死亡的直接原因。

在致病机制方面,国外学者还发现气象要素的变化对心脑血管疾病的诱发有一定的滞后性。他们指出:高温或低温与心血管疾病死亡率的增加均相关,且高温对心肌梗死存在滞后 4~6 天的影响。当环境出现冷暖变化时,肾上腺会增加肾上腺素和去甲肾上腺素的分泌,交感神经活跃也同样会导致肾上腺素和去甲肾上腺素分泌增多,这些内分泌变化可以导致心排血量增加、血管收缩。有研究证实,温度、湿度、气压等气象要素与心血管疾病就诊数量变化有关,气温、气压变化剧烈时血压波动明显。气温升高时,人体汗液蒸发量增加,人体体温调节紊乱;气温降低时,自然风导致热对流速度提升,会增加心脏负荷。自然风对体温起着调节作用,会影响对流散热。光照可能影响人体内激素分泌,冬季光照时间短会导致生物节奏变化。值得注意的是,湿度会对人体的热感觉产生调节效应,老年心血管疾病发病风险在低温、低湿和高温、高湿时均有明显变化,其中低温效应更显著。目前,疾病与气象因子关系的研究以循环系统、呼吸系统疾病为主,而对其他疾病研究较少。心血管疾病的发生、发展受气候变化的影响,而心血管疾病又是人类健康的第一杀手。高温、冷空气和气压等气象要素对心脑血管疾病的影响机理十分复杂,除上述的机制外,血液黏度增加,红细胞数量和纤维蛋白原水平升高,外周血管收缩,血流阻力增加,血管痉挛,斑块破裂,血小板聚集形成血栓等因素或机制最终都可能导致心脑血管疾病发生。

2.1.5　海拔

2.1.5.1　基本概述

海拔是自然环境的一个重要组成方面,对人类健康有重要的影响。海拔的改变往往会影响一系列的自然环境因素变化,比如高海拔地区往往同时集合了低温低压、强紫外线、强日照等环境因素。除影响自然环境因素外,不同的海拔条件下(中等海拔为 1500～2500 m,高海拔为 2500～3500 m,极高海拔超过 3500 m),工作和居住条件、体力活动、吸烟和饮酒等行为模式以及医疗服务的可获得性都会受到一定影响。同时,世界上有接近 4 亿人永久居住在海拔 1500 m 以上的地区,高海拔地区的一系列自然和社会条件都有可能对这些地区人群的发病率和死亡率产生影响。在此主要汇总了海拔这一自然环境因素(尤其是高海拔因素)与心血管疾病关系的流行病学证据,并介绍了现有的相关机制研究,让读者对此有初步了解。

2.1.5.2　海拔对于心血管疾病的影响

长期居住在高海拔地区的人群患心血管疾病的风险和死亡率较低。在 20 世纪 70 年代,大量流行病学研究证实,居住在高海拔地区的人群死于冠心病的人数较少。在 1977 年,一篇相关研究表示,美国新墨西哥州海拔从 914 m 上升至 2135 m 以上时,人群中动脉粥样硬化性心脏病的死亡率连续下降,但这种死亡率下降主要是在男性中观察到的。而且,与海拔在 1220 m 以下的研究组相比,最高海拔组的人群死亡率为 72%。1967—1973 年在秘鲁开展的一项高血压调查发现,与生活在海平面水平的人群相比,居住在高海拔地区的秘鲁人高血压患病率极低。

随后的研究也证实了这些结论。一项对居住在安第斯山脉的人群的观察研究表明,冠心病和心肌梗死在高海拔地区的居民中并不常见。研究人员对居住在海拔大约4260 m的人群进行尸检,没有发现心肌梗死病例,甚至没有中度冠状动脉硬化疾病病例。在瑞士,男性冠心病的年龄标准化死亡率(10 万人/年)从海拔300 m以下的289 人(95%CI:275~304)下降到海拔1500 m以上的242 人(95%CI:193~290),而女性则从海拔300 m以下的104 人(95%CI:97~111)下降到海拔1500~1960 m 的74 人(95%CI:52~97)。而与冠心病相比,脑卒中死亡率的降低没有那么明显。在调整了年龄、性别、教育程度和城市化后,研究人员发现,海拔每升高1000 m,冠心病的死亡风险降低22%,脑卒中的死亡风险降低12%。同样,脑卒中死亡率的降低也不那么明显,而海拔在1500 m以下的死亡率在统计学上没有显著差异。

尽管以上的研究结论表明,居住在高海拔地区的人群心血管疾病的死亡率较低,但是在不同高原地区的人群中,不同机体对于疾病的反应表现出显著差异,这使得人们对海拔与心血管疾病进行关系、机制等方面研究的难度加大。例如,在几个高原人群中,藏族人和尼泊尔夏尔巴人对高海拔条件表现出最佳适应力。藏族人的祖先是最早生活在高海拔地区的人,经过世代的传承,他们对高海拔的适应程度很高,而他们很少表现出收缩期高血压,并且胆固醇和载脂蛋白B水平低于低海拔人群。同时,他们对运动的反应也表现出较低的肺动脉压,通气率增加较少,心输出量得到了更好的保护。相比之下,生活在高海拔地区历史较短的安第斯人适应能力较差,他们表现出远端肺动脉分支肌化程度更高和左心室肥厚。因此,即使越来越多的流行病学证据表明高海拔这一环境因素对心血管疾病表现出保护效应,但目前研究结论尚不完全一致,需进一步考虑特定人群的机体差异,并且需要进一步了解和证明海拔影响心血管健康的机制。

2.1.5.3　海拔影响心血管健康的可能机制

海拔是如何影响心血管疾病的? 饮食、体力活动、空气污染和紫外线水平的差异可能是海拔影响心血管健康的潜在原因。此外,生活在高海拔地区的人类已经对低温和低氧水平产生了显著的解剖学、生理学和新陈代谢适应,而这些变化也可能对心血管系统具有保护作用,例如海拔2500 m的中度缺氧刺激已被认为是对心血管健康有益的潜在因素。

饮食差异主要体现在高原地区和平原地区饮食结构的不同上。例如,在秘鲁的高海拔地区,当地的饮食结构主要由糖类和蛋白质组成,而这些地区的食物中矿物质含量高,如锌和其他微量元素,这被认为是高血压的保护因素。规律的体力活动可以降低传统风险因素对心血管疾病和脑卒中的影响,如低密度脂蛋白升高和高密度脂蛋白降低、甘油三酯水平升高、胰岛素抵抗和葡萄糖耐量异常。奥地利、法国、意大利和瑞士等国家的海拔较高地区通常位于山区,它们大多以丘陵和崎岖的地形为特征,这对当地居民在工作和休闲活动中的运动表现具有挑战,而且在山上锻炼可能有利于获得相对较高的健康水平,因为即使是缓慢地进行上坡行走也需要 5~7 个代谢当量。而相比于运动量低于 5 个代谢当量的受试者,经常在山上锻炼使得他们的死亡风险降低了 20%。如果在高海拔地区居住会增加体力活动和体能,这就能部分解释高海拔地区人群为何死亡率较低。

流行病学研究已经证明,暴露于空气污染(短期和长期)与心血管不良事件之间存在相关关系,相关机制可能包括凝血功能增强(血栓形成)、急性血管收缩、心律失常倾向以及促进动脉粥样硬化导致的全身性炎症反应。随着海拔的升高,空气污染减少可能是降低冠心病等心血管疾病死亡率的另一个潜在机制。

随着海拔的升高,紫外线辐射同样会进一步增强,其对心血管系统疾病的影响也显示出潜在的保护效应。有研究显示,海拔每升高 300 m,紫外线辐射水平会增加约 10%,并可能对心血管疾病死亡率产生深远影响。心脑血管疾病发病风险的增加可能是由于相关甲状旁腺激素增加引起的维生素 D 缺乏所致。甲状旁腺激素增加会引起胰岛素抵抗,并与糖尿病、高血压和炎症相关。而紫外线或日照时间的增加有助于体内合成维生素 D,从而降低了心血管疾病的发病风险。此外,有研究显示,紫外线对于心血管系统起保护作用的机制可能是较高浓度的维生素 D 可以降低血栓形成的风险。

尽管高海拔地区和低海拔地区自然环境的稳定差异可能很重要,但是以上因素并不能完全解释这种影响。正如一项瑞士研究表明,高海拔对心血管疾病有独立的有益影响。那些出生在高海拔地区然后搬到海拔较低地区的人,一生中的心血管疾病发病风险比那些一直生活在低海拔地区的人的发病风险要低。而另一项纳入了瑞士 420 万名 40~84 岁人群的研究发现,即使在对日照、降水、温度和道路距离等因素进行调整后,海拔与缺血性心脏病之间也存在负相关关系,这在一定程度上也印证了高海拔这一因素对心血管疾病具有独立的保护效应。因此,这需要进一步的研究来了解海拔是如何影响心血管健康的,以及为什么高海拔会降低心血管疾病的发病风险。

2.1.6　绿地

2.1.6.1　绿地的基本概念

绿地的定义目前是较为主观且差异较大的。但从广义上来讲,绿地包括具有自然植被(如草或树木等)的公众可达区域。绿地包括建筑环境特征(如城市公园等)和人们管理较少的区域(如林地和自然保护区)。因此,绿地这一概念主要可以从两大方面进行理解:一方面是指自然环境中的植被覆盖区域,比如亚马孙热带雨林等;另一方面是指人文环境中被改造后的植被覆盖区域。在人类的进化过程中,人们总是不断地改造自然,而与自然植被相互作用一直是人类生活环境的特征之一。随着城市化和工业化的进程不断加快,人们对于自然绿地的改造也在不断加速。同时,随着经济快速发展,人们也对健康的影响因素越来越重视。世界卫生组织提出了社会-生态模型,这个模型的一个核心组成部分是城市空间。城市空间是通过影响人类行为来影响公共健康的一个重要因素,这表明通过优化城市空间,可以降低人口的患病风险。而城市绿地被认为是重要的城市空间要素之一,越来越多的研究也关注城市绿地对公众产生的健康效应。有研究显示,居住在靠近植被的地方与较低的压力,较低的糖尿病、脑卒中和心血管疾病患病风险有关联。对于儿童来说,生活在绿地较多的地区发生儿童哮喘的风险较低;而在成年人中,住所靠近绿地与更好的一般健康水平、强化的社会支持和体力活动有关。关于对绿地健康效应的介绍,在此主要侧重于城市绿地对于心血管系统健康的影响。

2.1.6.2 绿地对于心血管疾病的影响

尽管目前相关研究在设计、研究人口、绿地相关指标测量等方面存在异质性,并且部分研究结论不一致,但是越来越多的研究结果表明,绿地这一环境因素与心血管疾病的发病风险、死亡率等指标都显著相关,并表现出一定的保护效应。有相关研究显示,居住在绿地面积覆盖较高的地区,可以降低死亡率,其中主要贡献是降低了心血管疾病的死亡率。在美国开展的一项关于缺血性卒中发病后全因死亡率的研究中,发现较低的死亡率与居住在绿地较多的地区相关,且随着绿地面积的增加,发生缺血性卒中的风险降低。澳大利亚的一项研究表明,与暴露于绿地水平较低的成年人相比,暴露于绿地水平较高的成年人因心脏病或脑卒中而住院的概率低37%。在我国,一项调查冬季哈尔滨市居民邻近绿地与心血管健康关系的研究结果显示,绿地比例不超过28%和绿色视觉指数不超过15%与体力活动缺乏、超重或肥胖、高血压和脑卒中的高风险有关,而绿地比例不低于28%、绿色视觉指数不低于15%和运动场活跃组的居民的心血管健康得分显著高于绿地比例不超过28%、绿色视觉指数不超过15%和运动场被动组的居民。根据以上的研究发现,研究人员不仅得到了绿地与心血管疾病的发病风险和死亡率降低有关的证据,同时也获得了绿地与特定心血管疾病(如高血压、缺血性脑卒中等)的关联。

2.1.6.3 绿地健康效应的机制

目前,对于绿地这一自然外部环境因素对于心血管疾病所产生健康效应的机制,科学家们还在不断探索中,而现有相关证据表明,绿地的健康效应主要通过以下四种机制实现。

第一种机制是自然外部环境本身具备的能够增强健康和幸福感的生态属性，即恢复理论。通过简单地观察自然外部环境，人们即可受益。这一属性在城市环境中所体现的一个功能是，提供视觉上复杂多样的环境享受。而当人们观看植物时，视觉复杂性可以从"定向注意力"中恢复过来，这种恢复有利于减轻人们的精神疲劳。

第二种机制是与绿地相关的健康环境带来的益处，主要表现为绿地的存在增加了生物多样性，而这会对免疫应答产生影响。同时，绿地附近的温度较低，减少了人们的热刺激。此外，绿地周围空气污染物浓度和噪声影响较低，从而为人的健康带来正面效应。

第三种机制是绿地使得人们进行体育锻炼的机会增大了，而体力活动的增加可能是心脏病、高血压、肥胖症、精神疾病和其他与久坐不动等生活方式相关的健康问题的保护因素。但是，这个机制也可能存在反向因果关系，即长期锻炼或具有锻炼习惯的人群更倾向于选择在周围绿地面积更大的环境中居住。

第四种机制是绿地等自然户外环境增强了社会互动，有利于改善人们的健康状况。这一机制主要是在健康的社会生态模型的框架下，从个人相关因素和环境相关因素角度进行阐释，包括人口学因素、生活背景和绿地特征等方面，如图 2.3 所示。

尽管现有研究中关于绿地对人体健康效应的结果并不一致，但是绿地对健康的潜在益处是多种多样的，并且通过许多直接和间接途径对人们机体、精神和社会健康产生益处。不过，现有的大多数研究对绿地的哪些部分能够提供哪些健康益处缺乏了解，而这阻碍了将绿地或自然户外环境的效益真正有效地纳入卫生政策中。因此，建议在绿地对健康效应的影响机制上进行更进一步的研究。

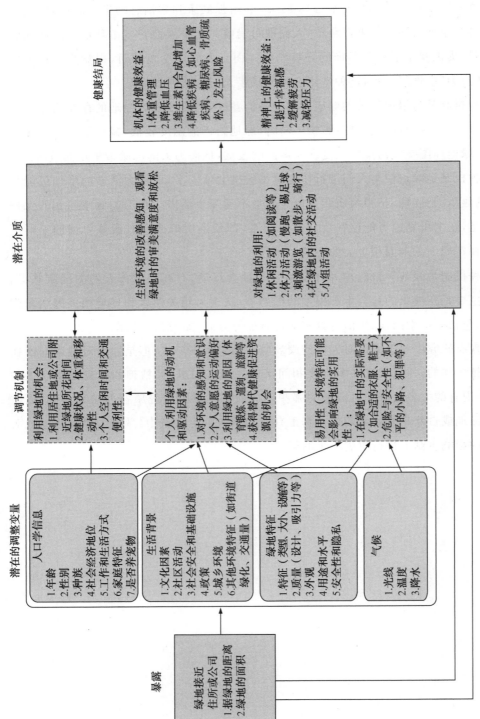

图2.3 绿地利用与健康之间关系的社会生态框架

2.1.7　噪声

2.1.7.1　基本概述

噪声是指人们所不愿意听到的声音。噪声同样是一种环境污染物。尽管人们可以精确地测量噪声的暴露情况,但是它对人体健康的影响常常被忽略,尤其是当人们习惯了噪声暴露之后。尽管人们倾向于习惯噪声暴露,但个体的适应程度并不完全相同,并且很少能完全适应。

如果噪声暴露是长期且超过一定水平的,则可以观察到负面的健康效应。噪声对健康的影响最先在职业环境(如织布厂)中得到确认,其中高水平的噪声与从业者的听力损失有关。在以往的研究中,职业噪声是研究最多的噪声暴露类型。但是目前研究重点已从职业噪声扩展到社会噪声(如酒吧或通过个人音乐播放器听到的噪声)和环境噪声(如来自公路、铁路和空中交通以及工业建筑的噪声)。这些噪声暴露与一系列非听觉健康影响有关,包括烦躁、睡眠障碍、心血管疾病和儿童认知能力的损害。

声压级是指声波在某一点产生的逾量瞬时压强的均方根值。空气中的参考声压为 $20\ \mu\text{Pa}(2\times10^{-5}\ \text{Pa})$,被认为是 1000 Hz 声频下的人类听力阈值。在噪声的相关研究中,相关的术语需要提前明确:$L_{\max}$ 是指在给定时间段内的最高声压级;L_{eq} 是指一定时间内的平均声压水平;L_{DEN} 表示昼夜声压水平,也称为 DENL,是经过 24 h 测量的经过 A 滤波的平均声压级,在夜间(23:00～07:00 或 22:00～06:00)会增加 10 dB 的损失,在晚上时段(19:00～23:00 或 18:00～22:00)会增加 5 dB 的损失,而白天(07:00～19:00 或 06:00～18:00)的平均水平不增加任何损失。

2.1.7.2　噪声对心血管系统的影响

(1)冠状动脉心脏疾病:研究表明,冠心病的明显增加与交通噪声有关。研究人员将多项研究进行整合分析发现,对于交通噪声,从 50 dB(A)开始,每增加 10 dB(A)L_{DEN},其相对风险(RR)为 1.06 (95%CI:1.03～1.09)。在模型中校正其他空气污染物(主要是一氧化氮或二氧化氮)之后,这种影响依然持续存在。有研究分析得出了类似的结论,从 52 dB(A)开始,每增加 10 dB(A)L_{DEN},其相对风险为 1.08 (95%CI:1.04～1.13)。在世界卫生组织于 2018 年发布的研究结果中,研究人员分析了基于人群的纵向数据,发现道路交通噪声始于 50 dB(A),每增加 10 dB(A),则使冠心病的发病率增加 8%(95%CI:1.01～1.15)。

由于交通流量的增加不仅代表噪声问题更加严重，而且导致更多的空气污染物被排放，因此有必要确定这两个变量的独立影响。尽管这两个变量之间具有很高的相关性，但仍假定噪声和空气污染物对心血管系统具有独立的负面影响。

（2）高血压：多项横断面研究发现，道路交通噪声与高血压的发病风险升高相关。但在横断面研究中，有关噪声的任何因果作用结论的效力都受到限制。然而，大量的前瞻性研究表明，飞机噪声和道路交通噪声暴露都与高血压发病风险增加有关，夜间飞机噪声的影响比道路交通噪声影响更大。

（3）脑卒中：在一项大型前瞻性队列研究中，从 55 dB（A）开始，每增加 10 dB（A）L_{DEN}，道路交通噪声将导致脑卒中的风险增加 14%。这种关联在校正了空气中 NO_x 的浓度、吸烟行为、营养状态和饮酒量后仍然存在，这也提示了道路交通噪声可能是引起脑卒中的独立风险因素。但是，在小于 64.5 岁的人群中未观察到这种关联。

一项在英国伦敦希思罗机场附近开展的包括 360 万居民的大型人群研究表明，在控制了年龄、性别和生活方式因素之后，飞机噪声与脑卒中导致的住院脑卒中相关。通过比较高噪声和低噪声暴露［夜间和白天高/低噪声暴露分组不同，夜间：噪声超过 55 dB（A）为高噪声暴露，噪声低于 50 dB（A）为低噪声暴露；白天：噪声超过 63 dB（A）为高噪声暴露，噪声低于 51 B（A）为低噪声暴露］时发现，夜间飞机噪声引起的住院风险比白天要高。该研究表明，飞机噪声，特别是夜间飞机噪声，会给心血管系统产生更大的压力。

在伦敦进行的另一项研究（包括 860 人）显示，在控制了微粒污染（$PM_{2.5}$）的影响之后，白天的道路交通噪声与 25～74 岁人群［RR 为 1.05（95%CI：1.02～1.09）］和 75 岁以上人群［RR 为 1.09（95%CI：1.04～1.14）］的脑卒中相关住院风险升高相关。此外，白天的道路交通噪声与总体死亡率显著相关［RR 为 1.04 ［（95%CI：1.00～1.07）］，但这种关联在心血管疾病的死亡中并不显著。

流行病学研究表明，飞机、道路交通和铁路交通产生的噪声是导致心血管疾病发展的重要风险因素。既往研究已经确定了噪声是引起心血管损伤的重要病理生理因子。确定病理生理因子将有助于制定药物治疗策略，以最大限度地减少噪声对人体的有害影响。从 50 dB（A）开始，噪声每增加 10 dB（A）L_{DEN}，冠心病发病的相对风险为 1.08 ［（95%CI：1.01～1.15）］。基于此，世界卫生组织制定了新的噪声准则，该准则建议降低白天和晚上的平均噪声水平［飞机噪声为 45 dB（A），道路交通为 53 dB（A），铁路交通为 54 dB（A）］。因此，迫切需要采取措施，充分保护人们免受环境噪声的负面影响。

2.2　化学性因素对心血管系统的影响

2.2.1　无机化合物对心血管系统的影响

我国环境保护部规定的大气环境污染物主要有六种,分别为颗粒物(粒径≤2.5 μm,PM$_{2.5}$)、颗粒物(粒径≤10 μm,PM$_{10}$)、二氧化氮(NO$_2$)、二氧化硫(SO$_2$)、一氧化碳(CO)和臭氧(O$_3$),其基本浓度限值如表 2.1 所示。

表 2.1　空气污染物的基本浓度限值

序号	污染物项目	平均时间	浓度限值		单位
			一级	二级	—
1	二氧化硫(SO$_2$)	年平均	20	60	μg/m^3
		24 h 平均	50	150	
		1 h 平均	150	500	
2	二氧化氮(NO$_2$)	年平均	40	40	
		24 h 平均	80	80	
		1 h 平均	200	200	
3	一氧化碳(CO)	24 h 平均	4	4	mg/m^3
		1 h 平均	10	10	
4	臭氧(O$_3$)	日最大 8 h 平均	100	160	
		1 h 平均	160	200	
5	颗粒物(粒径≤10 μm)	年平均	40	70	μg/m^3
		24 h 平均	50	150	
6	颗粒物(粒径≤2.5 μm)	年平均	15	35	
		24 h 平均	35	75	

资料来源:环境保护部.环境空气质量标准:GB 3095—2012[S].北京:中国环境科学出版社,2012.

2.2.1.1　大气颗粒污染物

颗粒物通常按尺寸分类为 PM_{10}（平均空气动力学直径大于 $10~\mu m$）、粗颗粒物（直径为 $2.5\sim10~\mu m$）、细颗粒（$PM_{2.5}$，直径为 $0.1\sim2.5~\mu m$）和超细颗粒（UFP，直径小于 $0.1~\mu m$）四类，颗粒物的尺寸分类如图 2.4 所示。刹车磨损和道路灰尘等非排放源会产生大部分道路 PM_{10}，而燃烧源（主要是车辆排放物）会生成 $PM_{2.5}$ 和 UFP。

颗粒物直径/μM

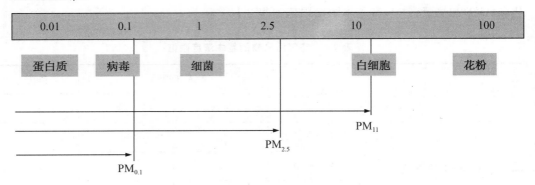

图 2.4　颗粒物的尺寸分类

（1）$PM_{2.5}$ 暴露对心血管疾病的影响：

①短期 $PM_{2.5}$ 暴露对心血管疾病的影响：死亡率和发病率升高还与城市空气污染的短期暴露有关。$PM_{2.5}$ 的短期暴露会导致心血管疾病住院风险增加。随着医疗水平的提高，对心血管疾病指标评估的改进使得短期暴露于空气污染有关的风险评估更加精确，在某些情况下甚至比以前的报告更加准确。目前鉴定出的亚临床损伤和病理学生物标志物使研究人员能够检测出污染物暴露的早期影响以及先前未知的影响。此外，随着疾病的诊断和分类的改进，人们可将暴露于空气污染的风险与特定的心血管疾病亚型相关联。例如，$PM_{2.5}$ 水平与 ST 段抬高急性心肌梗死的风险有关，与非 ST 段抬高急性心肌梗死的风险无关。空气污染对脑卒中住院和死亡的影响似乎也因临床亚组而异；城市空气污染水平的短期上升会影响缺血性脑卒中的发病风险，但不会影响出血性脑卒中的发病风险。研究结果表明，污染物水平的微小波动会对临床表现产生重大影响。例如，$PM_{2.5}$ 水平超过 $15~\mu g/m^3$ 的第二天，其急性缺血性脑卒中的发病风险要比 $PM_{2.5}$ 水平低于 $15~\mu g/m^3$ 的第二天高 34%。尽管在欧盟各国和美国进行的研究得出了相似结果，但是研究人员发现，中国污染物水平波动对发病风险的影响较小。有趣的是，研究数据表明，随着颗粒物含量的增加，描述剂量-反应关系的曲线变得平坦。

②长期 $PM_{2.5}$ 暴露对心血管疾病的影响：在 20 世纪 90 年代，两项大型队列研究首先

关注了城市空气污染物对人群死亡的影响。其后续研究结果表明,吸入污染物对心血管健康的影响尤为突出。$PM_{2.5}$ 的年均值每增加 10 $\mu g/m^3$,心肺疾病死亡风险增加 8%～28%。此后,相关研究的评估结果变得更加精确,但对效应大小的估计却仍然保持一致。2013 年发表的汇总分析估计表明,$PM_{2.5}$ 水平每升高 10 $\mu g/m^3$,心血管疾病死亡的超额风险为 11%,其中与缺血性心脏病(IHD)死亡率相关的关联更强。在高度污染的城市中,颗粒污染物的暴露对人群死亡的风险影响很大。而且有数据表明,在符合现行法规标准的暴露水平下,空气污染与发病率和死亡率之间然存在着重要的联系。但迄今为止,人们尚未发现长期 $PM_{2.5}$ 暴露对人群心血管健康影响效应的阈值。

长期 $PM_{2.5}$ 暴露对人群心血管系统的主要影响表现为心力衰竭和缺血性心脏病。据估计,$PM_{2.5}$ 水平每升高 10 $\mu g/m^3$,IHD 死亡的风险将增加 10%～30%,其中生活在距交通繁忙地区 50 m 之内的人群死亡率会显著增加。在一项涉及 107 130 名妇女的前瞻性研究中,与主要道路的距离每减少 100 m,心脏猝死的危险比就会以线性的形式增加 6%。虽然急性心肌梗死通常与短期 $PM_{2.5}$ 暴露有关,但其风险也与长期 $PM_{2.5}$ 暴露水平有一定关联,并且个体搬迁到受污染的居民区后其风险会增加。此外,长期暴露于与交通有关的空气污染中,可能会导致脑卒中、心力衰竭和急性心肌梗死复发。有证据表明,吸入的污染物可能会激活导致肥胖和 2 型糖尿病的途径,而肥胖和 2 型糖尿病是心血管疾病发病的重要危险因素。污染物的水平与体质指数(BMI)、糖尿病和心血管代谢有关,但患有糖尿病或代谢综合征的个体是否比不患这些疾病的个体更容易受到空气污染的影响仍然不确定。

(2)PM_{10} 暴露对心血管疾病的影响:

①短期 PM_{10} 暴露对心血管疾病的影响:颗粒物的短期暴露主要影响急性心血管疾病,例如心肌梗死和心律不齐。PM_{10} 水平的升高与老年患者发生心肌梗死的风险增加有关。一项多城市的病例交叉研究表明,在美国 21 个城市的老年人中,PM_{10} 浓度每升高 10 $\mu g/m^3$,心肌梗死的住院风险就会增加 0.65%。一项综述研究也表明,与 PM_{10} 暴露相关的缺血性脑卒中和出血性脑卒中的风险分别为 1.002(0.999～1.004,$I^2 = 23\%$)和 1.002(0.997～1.006,$I^2 = 0\%$)。急性和短期颗粒物暴露导致的心肌缺血损伤可归因于全身炎症增加、内皮功能改变和血栓形成趋势增强,这已在小鼠和狗的心肌缺血模型中所证实。

②长期 PM_{10} 暴露对心血管疾病的影响:相关研究表明,长期 PM_{10} 暴露能够增加心血管疾病的死亡风险。在韩国首尔的一项研究表明,PM_{10} 水平每升高 10 $\mu g/m^3$,脑血管死亡的风险增加 0.7%(95%CI:0.6%～0.8%)。而在 9 个拉丁美洲城市中的一项研究显

示,PM$_{10}$水平每升高 10 $\mu g/m^3$,脑血管死亡的风险显著增加 0.4%(95%CI:0.3%～0.5%)。同样,在芬兰赫尔辛基,研究人员发现 PM$_{10}$ 与脑血管死亡率之间存在正相关且具有统计学意义的关联。

充血性心力衰竭与肺动脉插管作用评估研究(ESCAPE)项目的一项研究对 11 个欧洲队列进行了前瞻性队列研究和荟萃分析,结果显示长期暴露于颗粒污染物与冠心病事件的发生有关。PM$_{10}$浓度的年均值增加 10 $\mu g/m^3$,冠心病发病风险会增加 12%。在低暴露水平下(PM$_{10}$浓度为 40 $\mu g/m^3$),这种关联也持续存在。在目前的相关研究中,缺乏专门针对颗粒污染物对已患有心血管疾病的个体的影响研究。少数研究此问题的临床研究提出了不一致的结果,这可能是由于进行研究的城市中颗粒污染物成分和浓度不同,或其他污染物(如吸烟产生的烟雾)的混杂影响所致。在患有心肌梗死的患者中,吸入颗粒污染物会导致不利的心室重构和心肌纤维化恶化。

(3)颗粒物对心血管疾病影响的潜在机制:目前的相关研究表明,颗粒污染物是独立于吸烟、饮酒、高脂血症和糖尿病,导致心血管疾病发病率和死亡率增加的重要独立危险因素。尽管人们对与空气污染有关的健康结果进行了大量研究,但尚未确定引发这些影响的生理机制。但是,目前的相关研究主要提出了两种假设。第一种假设:吸入颗粒物激活感觉受体,通过自主神经系统(autonomic nervous system,ANS)的反应触发急性心血管疾病。第二种假设:颗粒物的暴露会引起氧化应激和炎症,从而引起内皮细胞活化和凝血。通过这两种途径的长期或反复刺激,会导致动脉粥样硬化、内皮功能障碍、高血压和心脏重塑的发展。同时,这两种假设不是相互排斥的,这两种假设都很重要并且包括共同的分子级联。相关研究提出了交通相关污染物的急、慢性暴露导致心血管疾病的可能机制,如图 2.5 和图 2.6 所示。

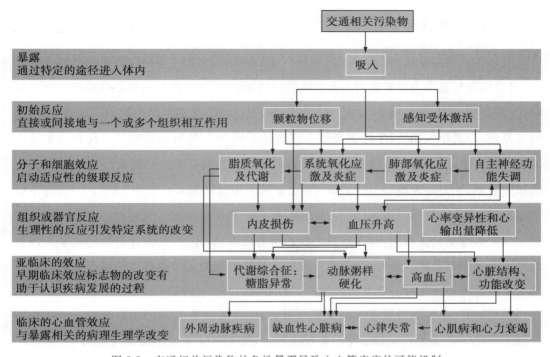

图 2.5 交通相关污染物的急性暴露导致心血管疾病的可能机制

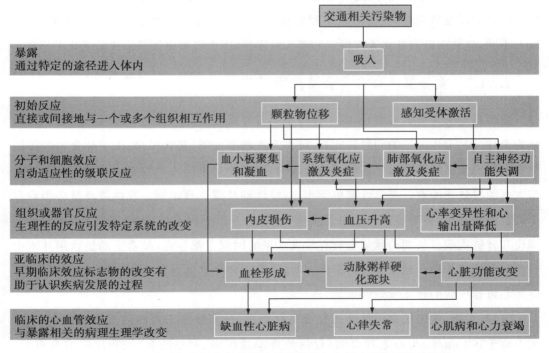

图 2.6 交通相关污染物的慢性暴露导致心血管疾病的可能机制

2.2.1.2　气态污染物

气态污染物主要包括 CO、NO_2、SO_2、NO_x 和臭氧,它们主要由化石燃料燃烧产生。

(1)短期气态污染物暴露对心血管疾病的影响:关于 ST 段抬高型心肌梗死的发病风险,一项研究表明,发病前 24 h 内 NO_2 每升高 10 $\mu g/m^3$,患病风险会增加 5.1%。同时有研究发现,与老年人相比,年轻患者似乎更容易受到 NO_2 暴露的影响。在没有心血管疾病的中年人中,臭氧的短期增加还与急性冠脉综合征发病有关。一项关于 NO_2 短期变化的研究表明,NO_2 每天增加 10 $\mu g/m^3$,心血管死亡率会增加 0.4%~0.88%。一项荟萃分析得出结论认为,气态污染物(如 NO_2、SO_2 和 CO)的短期增加与充血性心力衰竭住院或死亡风险的增加呈正相关,且在暴露之日的相关性最强;并且,气态化合物的短期增加也会增加脑卒中的风险。另外,还有研究表明臭氧的短期变化与心搏骤停也有关联。但目前关于臭氧短期变化对心血管疾病死亡率的影响的分析仍存在争议。

(2)长期气态污染物暴露对心血管的影响:燃烧源也是 NO_2 的主要来源。一项长期暴露于 NO_2 对心血管影响的荟萃分析报告显示,每年 NO_2 浓度增加 10 $\mu g/m^3$,心血管死亡率增加 13%。一些长期的臭氧暴露研究表明,长期臭氧暴露会使心肺死亡略有增加。但这仅在温暖季节观察到,而未在年度分析中观察到。这可以通过以下事实来解释:与 NO_2 不同,臭氧污染通常在天气温暖和晴天时发生,因为其形成涉及阳光的光化学反应。

2.2.1.3　重金属污染与类金属污染

重金属对人类健康有害,暴露于环境中的有毒重金属(如铅、镉、汞和铜等)近年来已成为全球公共卫生关注的问题。此外,砷作为一种类金属,是饮用水、土壤和食物的污染物。世界卫生组织和国际癌症研究机构表明,砷和镉是Ⅰ类人类致癌物。砷还是全球第二大水源性致死因素。与急性砷中毒相比,慢性砷暴露更难识别。慢性砷暴露会影响多个器官系统,导致各种癌症和心血管疾病,也可能导致呼吸系统疾病、糖尿病、神经认知障碍和肾脏疾病。长期砷暴露在所有收入水平的国家中都存在,最常见的是饮用井水中自然存在的砷污染。越来越多的研究表明,暴露于砷和其他有毒金属(通常同时存在)可能是心血管疾病的独立危险因素。

(1)砷污染:美国国家无机砷研究委员会指出,长期暴露于高砷浓度(饮用水中砷含量不低于100 $\mu g/L$)与心血管疾病(包括外周动脉疾病、冠心病等)发病风险增高有关。研究人员在不同国家对不同砷暴露人群进行了研究,结果发现美国、中国和意大利等国的低砷暴露人群患冠心病和脑卒中的风险增加。而在个别研究中,这种关联仅在吸烟人群中出现。在孟加拉国,研究人员从一部分暴露于 $50\sim100\ \mu g/L$ 饮用水砷的人群中观察到,冠心病和脑卒中的相对风险有所升高,但没有统计学意义上的显著增加。2013 年,美国国家研究委员会(NRC)建议美国环保部门将冠心病列为无机砷风险评估的重点。

砷通常通过胃肠道进入人体,在肝脏中进行甲基化代谢,产生有毒的中间体。砷暴露与炎症标志物的增加有关,包括白介素-6 和白介素-8、基质金属蛋白酶-2 和基质金属蛋白酶-9。诸多证据表明,炎症在动脉粥样斑块形成中发挥了重要作用。内皮细胞、巨噬细胞、单核细胞和平滑肌细胞等血管内皮细胞可产生单核细胞趋化蛋白-1、白介素-6 等化学因子和促炎因子。在动物模型中,砷暴露会导致心肌纤维化,这可能是砷中毒导致心电图 QT 间期延长的机制。此外,研究人员也观察到砷暴露与内皮功能障碍有关。个体经饮水摄入砷的剂量与血浆中细胞黏附分子水平异常呈剂量-反应关系,而黏附分子水平异常将导致内皮粥样斑块形成。砷暴露使机体氧化应激上调,导致血管内皮功能紊乱,但砷致内皮功能紊乱的动物实验及砷对小血管(尤其是静脉血管)和导管内皮功能的影响等尚未有研究报道,更缺乏人群研究结果支持。

长期砷暴露与心血管危险因素有关。在印度、孟加拉国、墨西哥和中国等不同国家,均观察到砷暴露会引起血压、甘油三酯、总胆固醇等与心血管疾病密切相关的指标升高。而慢性砷暴露同样与亚临床心血管疾病有关,包括颈动脉中层厚度增加。砷可诱导完全性房室传导阻滞和尖端扭转性室性心动过速,进而导致心律失常和心源性猝死的发生。在墨西哥的一项研究中发现,157 例长期接触砷的儿童左心室射血分数均有所降低。就临床心血管疾病而言,砷暴露与外周动脉疾病、心肌病、冠心病、急性心肌梗死、脑卒中有关。砷暴露不仅会增加患后天性心脏病的风险,而且也会增加患先天性心脏病的风险。

(2)镉污染:镉是在环境中广泛分布的重金属。作为锌、铅以及铜矿开采、冶炼的副产品,镉的生产和使用正在大幅度增加,特别是在镍镉电池、肥料、涂料和塑料稳定剂方面。来自采矿、冶炼、精炼和工业废物的镉会污染空气、水和土壤,导致绿叶蔬菜、鱼类和贝类等食物受到污染。事实上,叶菜类和根茎类蔬菜及谷物从土壤(特别是酸性土壤)中富集镉,导致饮食成为主要的镉接触途径。烟草也会富集镉,通过吸烟进入人体。空气和灰尘也会导致镉暴露,特别是在城市地区和工业区。镉的挥发性高,与烟草中许多其他有毒金属相比,烟草中的镉在主流烟草烟雾中的有效转移比例更高。普通人群主要通过吸烟和食物摄入而暴露于镉。通过吸烟而长期接触镉会提高血液和尿液中的镉浓度。镉是一种致癌物,也是促炎免疫反应的诱导物。除了致癌外,镉的暴露还与肾脏疾病、骨质疏松、骨折、动脉粥样硬化和心血管疾病等发病相关。过量接触镉会导致肺功能下降、阻塞性肺病、支气管癌、心血管疾病(包括心肌梗死、外周动脉疾病等各种疾病)。近年来,人们开始关注镉暴露对大众健康的影响,与镉暴露有关的公共卫生负担不亚于其他重金属造成的影响。目前大约有500万人长期接触镉,这给许多国家造成了一定程度的心血管疾病负担。

实验表明,镉可以促进动脉粥样硬化的发生和进展。在体外,镉诱导内皮功能障碍;在体内,镉会加速动脉粥样硬化斑块的形成。有人提出了几种机制来解释镉在促进动脉粥样硬化中的作用。镉可通过结合金属硫蛋白增加活性氧物种的形成,干扰抗氧化应激反应。金属硫蛋白是一种低分子量蛋白质,可调节锌的稳态并充当自由基清除剂。镉也可能通过升高血压,或通过肾脏损伤镉相关的雌激素活性或表观遗传变化,而导致动脉粥样硬化。这些机制与镉诱导动脉粥样硬化的相关性尚不确定。此外,镉通过增加活性氧的产生和减少代谢而增加氧化应激,进而影响人体心血管健康。在人群研究中,镉已被证实会损害内皮功能,并且会导致血清中心肌纤维化的生物标志物水平升高。人们通过多种机制研究发现,镉暴露被认为会引起心血管疾病。

一些研究发现,心血管疾病患者体内的镉浓度有一定增加。还有研究者发现,尿中镉浓度升高和吸烟状况以及外周动脉疾病有关。与其他环境暴露类似,镉暴露与血压升高、包括2型糖尿病在内的代谢紊乱、颈动脉内膜厚度增加和颈动脉斑块形成有关。有关镉接触与心血管疾病关系的证据绝大多数来自高收入国家。在这些组群研究中,镉暴露与心血管死亡率增加有关,从而突出了镉暴露可能带来的未测量的死亡率负担。

(3)铅污染:铅污染最早开始于胎儿期,并会持续存在于血液和骨骼中,影响人的一生。在全球范围内,约有2600万人面临铅中毒的风险,将会造成900万伤残调整生命年的损失。即使是很低的铅暴露水平对人类也是有危害的。在成人中,超过$5\ \mu g/dL$的铅暴露被认为是高水平暴露。虽然在发达国家,由于含铅汽油和含铅油漆的使用量减少,铅暴露情况有所缓解,但在许多发展中国家,铅暴露浓度仍然处于较高的水平。铅广泛存在于铅管、涂料以及烟草中,但是有许多种铅暴露源是中低收入国家某些行业和文化特有的。尽管数十年前高收入国家禁止使用含铅汽油,但在某些中低收入国家仍在继续使用含铅汽油,严重地污染了空气和土壤。此外,在一些中低收入国家的电池制造和回收以及采矿业中,工人长期暴露于铅污染中。除了职业暴露人群,铅暴露产业附近的社区人群同样存在铅暴露风险。目前很多研究表明,铅暴露与心血管疾病发生有关,这加强了铅暴露作为主要公共健康问题的证据。铅暴露作为心血管疾病的一个可改变的危险因素和潜在的人群干预目标,需要人们密切关注。

人们可能在许多环境中通过水、空气、土壤、灰尘和食物接触铅,随后可能在人体内的许多器官系统中诱发毒性。目前已有研究证实,铅暴露会影响心血管系统健康。铅诱导心血管疾病的机制可能与氧化应激、炎症、肾素-血管紧张素-醛固酮系统的改变,血管活性和体积调节激素改变,一氧化氮失调等机制有关。铅影响心血管疾病发病风险的两条主要途径为加速血管收缩及损害肾功能。此外还有研究提示,铅与动脉粥样硬化的关联是由铅暴露诱导的氧化应激和暴露后的炎症所致。通过促进活性氧的产生,铅增加了心血管组织和内皮细胞的氧化应激。

铅对心血管健康存在不可小觑的影响。在美国,由于铅在水、油漆和土壤等介质中遗留,从而使人们持续暴露于铅污染的环境中。在美国的成年人中,工作场所是接触铅的主要场所。高收入国家和低中收入国家人群都广泛遭受了铅暴露的急性和慢性神经影响。然而,长期铅暴露对心血管系统的影响以及重金属暴露对低中收入国家心血管疾病负担的影响却较少受到公众关注。儿童通常是最易受铅污染的人群,这与铅污染的来源无关。高血压是与铅暴露高度相关的心血管危险因素,铅暴露与高血压的关系也已在多项研究中得到证实。随着血铅水平的增加,血压也会升高。越来越多的证据表明,铅暴露还与其他心脏代谢紊乱有关,包括空腹血糖升高、高密度脂蛋白降低、总胆固醇升高以及代谢综合征的患病率增加。

2.2.2　有机化合物对心血管系统的影响

自第二次世界大战以来,人类接触到了越来越多的人造化学品。迄今为止,欧洲化学数据库中已登记了约 15 万种化学物质。虽然作为药品使用的化学物质受到严格的管制,但大多数用于其他用途的化学品在进入大众消费市场之前很少甚至没有相关安全规定。这些化学品很少经过毒性测试,在市场中流通的化学品只有约 20% 进行过相关的安全性评价,评估其对健康及环境的影响。

有机污染物是指由以糖类、蛋白质、氨基酸以及脂肪等形式存在的天然有机物质及某些可生物降解的人工合成有机物质组成的污染物,它们广泛存在于环境中,通常具有脂溶性,能够进入人体并可能对生殖和内分泌等系统造成不利影响。有机污染物可分为天然有机污染物和人工合成有机污染物两大类。持久性有机污染物(persistent organic pollutants,POPs)作为一种典型的环境污染物,具有高毒性(可致畸、致癌、致突变)、长期残留性、半挥发性和高脂溶性等特征,可以在食物链中富集传递,并且能够通过多种传输途径在全球范围内迁移分配,对人体健康和生态环境造成严重的危害。最著名的持久性有机污染物有多氯联苯、二噁英、溴化阻燃剂和有机氯污染物(OC)农药[如二氯二苯三氯乙烷(DDT)]。人类可从多种途径接触有机污染物,其中最常见的途径为饮食摄入。目前已有研究表明,持久性有机污染物(如多氯联苯、二噁英和农药)是心血管疾病的可能病因。用于生产塑料的大量生产化学品(包括双酚 A 和邻苯二甲酸酯)大多不是亲脂性的,但由于其在日常生活中的广泛使用,导致在工业化社会的几乎所有个体中都是可检测到的。此外也有研究表明,塑料相关化学品(如双酚 A 和邻苯二甲酸酯)与心血管疾病之间存在关联。

持久性有机污染物与心血管疾病之间的联系是通过几个生物学机制引起的。暴露于多氯联苯(PCBs)或2,3,7,8-四氯二苯并-p-二噁英(TCDD)可增加人类动脉粥样硬化患者的血脂水平。此外,这些污染物通过氧化应激对内皮细胞造成直接损伤。血脂升高与内皮细胞损伤相结合可能会增加患心血管疾病的风险。也有流行病学证据表明,持久性有机污染物与心血管疾病有关。有机磷农药引起的心血管损害主要包括室性和室上性心律失常、传导阻滞(房室传导阻滞和室性传导阻滞)和去极异常,其对心血管损伤的具体机制可能涉及多种因素和多阶段的过程。其中,乙酰胆碱和儿茶酚胺递质不平衡释放,对毒蕈碱受体的作用和对心肌细胞的直接损伤可能是主要机制,其他因素使心血管损伤进一步恶化。研究者需分清心血管损害是原发还是继发于中枢神经系统的损伤,并且排除溶剂和治疗药物等可能的影响。

近年来,农药对人体的健康危害越来越引起国内外学者的广泛关注。除可引起急性中毒外,农药的亚慢性毒性也不可忽视。国内外大量的研究表明,农药可引起神经系统的广泛损害。早在1970年,有相关研究发现,35例口服马拉硫磷的自杀患者中,37%出现心律失常,包括室性传导阻滞(见于急性中毒阶段)和ST-T改变(两个月的追踪随访中仍然可见),其中5例(其中2例死于致命性的心律失常)尸检发现弥漫性心肌损害。关于接触持久性有机污染物与心血管疾病(如高血压、肥胖、高血脂等)风险因素之间的关联证据,大多是基于横断面研究产生的,因此关联性不强。

室内空气污染(household air pollution,HAP)是全球公共卫生健康的一个主要风险因素。2013年全球疾病负担研究指出,全球每年有300万~400万例过早死亡归因于室内空气污染。有3%~5%的伤残调整生命年是由室内空气污染造成的,其中约有三分之一发生在5岁以下儿童中,其余则发生在成年男性和女性中。造成室内空气污染最重要的环境因素为家庭燃料燃烧,其次是二手烟和甲醛等。

2.2.2.1 甲醛

甲醛是一种无色、有强烈刺激性气味的气体,易溶于水、醇和醚,熔点为$-118\ ℃$,沸点为$-19.5\ ℃$,在常温下呈气态,难以运输和存储,所以通常以水溶液的形式出现。甲醛属用途广泛、生产工艺简单、原料供应充足的"万能的化工原料"。一些违法者为了获取丰厚的经济效益和利润,在食品、饮料、纺织品等日常生活用品中非法滥用甲醛。甲醛也是当今社会最主要的室内环境污染物之一,受到人们的高度重视。为保障人民群众健康,国家出台了《室内空气质量标准》(GB/T 18883—2002),规定住宅和办公建筑物及其他室内环境中甲醛的允许浓度为$0.1\ mg/m^3$。

甲醛会对心血管系统产生一系列影响,临床症状表现为头昏、胸闷、乏力等。甲醛刺激迷走神经会引起窦性心动过缓,导致心率和血压改变。动物实验也发现,亚急性或慢性吸入甲醛的大鼠心肌组织中超氧化物歧化酶(super-oxide dismutase,SOD)含量升高,而过氧化氢酶(catalase,CAT)含量降低,氧化/抗氧化酶系统之间出现了平衡失调,产生氧化应激,进而对大鼠心肌细胞和组织产生毒性作用,导致了心肌损害。

甲醛作用于血管内皮细胞,可以引起血管内皮细胞的损伤、血管壁斑块形成,增加了血管内的氧压力,从而促进了脂肪酸及低密度脂蛋白的氧化,加速了血管内损伤。此外,甲醛-蛋白质交联复合物的形成可引起蛋白质沉积、血管壁斑块形成和炎症反应,导致血管病变。

2.2.2.2 挥发性有机物

除细颗粒物外,车辆排放的废气中还含有诸如丙烯醛、苯和丁二烯之类的挥发性有机化合物,它们本身已具有显著的心血管毒性。急性接触挥发性有机化合物中的丙烯醛会导致血脂异常。一项实验性研究表明,给小鼠口服丙烯醛会诱发或加重全身性血脂异常,从而增加心血管疾病的发病风险。同时,挥发性有机物会造成血管损伤、内皮功能障碍和血小板活化,而长期暴露会加速动脉粥样硬化,导致动脉粥样硬化病变,破坏心脏保护信号,并诱发扩张性心肌病。

2.2.3 复合污染物对心血管系统的影响

2.2.3.1 二手烟

尽管人们努力采取更严格的政策来管制公共场所的吸烟行为,但环境烟草烟雾(environmental tobacco smoke,ETS)仍影响着全球 40% 的儿童和 35% 的非吸烟成年人的健康。即使限烟措施可以有效地保护不吸烟者,但世界上只有 7.4% 的人口生活在实施无烟法律的国家中。由于较低的燃烧温度和缺乏过滤作用,侧流烟草烟雾中的有毒物质浓度较高,如尼古丁和丙烯醛。与吸烟者生活在一起,非吸烟者因心血管病死亡的风险增加了 30%。2013 年全球疾病负担研究发现,二手烟导致了 33.1 万例死亡,损害了930 万伤残调整生命年。

2004 年,一项为期 20 年的前瞻性研究估计:被动吸烟个体发生冠心病的风险是无被动吸烟个体的 1.45 倍(95%CI:1.10~2.08)至 1.57 倍(95%CI:1.08~2.28)。在一项包括29 项关于接触环境烟草烟雾的非吸烟者发生缺血性心脏病风险研究的 Meta 分析中,研究人员发现接触环境烟草烟雾的非吸烟者发生缺血性心脏病的相对危险度为 1.31

（95％CI：1.21～1.41），这一估计值接近主动吸烟者的冠心病发病风险估算值。流行病学研究数据表明，在环境烟草烟雾中的暴露强度和缺血性心脏病发病风险间存在一个曲线的剂量-反应关系，这意味着这种关系在低暴露水平下相对较陡，在较高暴露水平下趋于平坦。在低暴露水平下，因为侧流烟的毒性较高以及个体对短暂暴露的耐受性不足，导致香烟烟雾引起的某些心血管效应可能达到最大。

二手烟烟雾含有高浓度的尼古丁和烟碱，尼古丁可以通过刺激交感神经的神经节传递，并促进髓质释放儿茶酚胺来激活交感神经传递。烟碱通过刺激敏感的自主神经作为肺受体或周围化学反射来影响自主神经系统的中枢调节，从而引起交感神经系统调节中的细微变化。这种失调长期可引起交感-迷走神经平衡的变化，导致高血压、心律不齐和动脉硬化。就血管系统而言，侧流烟雾会在内皮层上引起急性氧化应激反应。

二手烟烟雾中的活性氧（ROS）与一氧化氮发生化学反应并转化为过氧化物，从而降低血管中一氧化氮的生物利用度。除此之外，香烟使一氧化氮合酶与同型二聚体解偶联，后者会产生超氧化物代替一氧化氮。环境烟草烟雾还会激活还原型（NADPH）氧化酶，从而导致 ROS 产量急剧增加。研究人员已在心肌血流和外周循环调节中观察到了这种内皮氧化应激的功能性反应：30～60 min 的环境烟草烟雾暴露损害了志愿人群的冠状动脉血流储备，并增加了从外周微循环到动脉血流的动脉脉搏波反射。

2.2.3.2　家庭燃料燃烧

尽管木材和大多数其他类型的生物质几乎没有固有污染物（与煤炭不同），但是在炉灶中燃烧时，大部分燃料不能完全氧化为二氧化碳。取而代之的是，它们被转化为各种各样的不完全燃烧产物。到目前为止，最主要的不完全燃烧产物成分是一氧化碳和颗粒物，在木材燃烧产生的烟雾中已检测出数千种其他化合物，包括数十种广为知晓的有毒化学物质，如多环芳烃、苯、甲醛以及二噁英。

在某些地方，家庭烹饪几乎普遍由妇女完成，她们通常还负责照顾幼儿。因为她们在烹饪过程中往往靠近火炉，因此家庭燃料燃烧时导致的污染主要影响妇女和幼儿人群。一项对青藏高原成年女性使用生物质燃料做饭的研究表明，冬天室内细颗粒物的平均浓度为 252 $\mu g/m^3$，约为世界卫生织建议的最高水平的 10 倍。随着烹饪火烟渗透到家庭环境中，男性和年龄较大的儿童也可能受影响。

世界组织认为，全世界因缺血性心脏病、脑卒中导致的所有死亡中，约有 15％可归因于室内空气污染。研究表明，在丈夫吸烟的女性中，暴露于环境烟草烟雾与心血管疾病发病率和死亡率增加之间存在因果关系。

家庭燃料燃烧的烟雾暴露可能通过细颗粒物和丙烯醛损伤内皮细胞。内皮细胞功能受损的特征主要表现为对循环免疫细胞的非黏附性丧失和内皮细胞的治愈能力降低。除交感神经系统激活和内皮功能障碍外,ETS 还会促使血小板快速激活,这可能会引发急性动脉粥样硬化性血栓形成。

2.2.4 案例介绍

(1)1952 年英国伦敦雾霾事件:1952 年 12 月 5 至 8 日,伦敦城市上空连续四五天烟雾弥漫,能见度极低。由于大气中的污染物不断积蓄,不能扩散,许多人都感到呼吸困难,眼睛刺痛,流泪不止,伦敦城内到处都能听见咳嗽声。仅仅四天时间,伦敦的死亡人数就有 4000 多人,两个月后又有 8000 多人陆续丧生。就连当时在伦敦参加展览的 350 头牛也惨遭劫难,1 头牛当场死亡,52 头牛严重中毒,其中 14 头牛奄奄一息。这就是骇人听闻的"伦敦雾霾事件"。

(2)1948 年美国多诺拉雾霾事件:1948 年 10 月 26 至 31 日,持续雾天的多诺拉镇出现逆温现象。工厂排出的大量烟雾被封闭在山谷中,除了烟囱之外,一切都消失在烟雾中。空气中弥漫着刺鼻的二氧化硫气味,令人作呕。小镇中 6000 人出现呼吸道疾病,症状为眼疼、咽喉痛、流鼻涕、咳嗽、头痛、胸闷、呕吐等,其中有 20 人很快死亡。死者的年龄多在 65 岁以上,大都有心脏病或呼吸系统疾病。

(3)1930 年比利时马斯河谷雾霾事件:1930 年 12 月 1 至 15 日,马斯河谷工业区内 13 座工厂排放的大量烟雾弥漫在河谷上空无法扩散。在二氧化硫等有害气体及粉尘污染的综合作用下,河谷工业区有上千人出现胸疼、咳嗽、流泪、咽痛、声嘶、恶心、呕吐、呼吸困难等症状。据不完全统计,一个星期内就有 60 多人死亡,是同期正常死亡人数的十多倍。

2.3 环境因素引起心血管系统疾病的潜在机制

尽管研究人员对由环境因素引起的健康效应进行了大量研究,但其潜在病理-生理机制尚不明确。研究人员提出了两种主要的机制框架假设。第一种假设提出,吸入颗粒物激活感觉受体,通过自主神经系统的反应触发急性心血管疾病。第二种假设提出,暴露于受污染的环境中会引起氧化应激和炎症,导致内皮细胞活化和凝血出现障碍(见图 2.7)。这些途径的长期或反复刺激与动脉粥样硬化、内皮功能障碍、高血压和心脏重塑的进展有关,并且可能是慢性暴露影响的基础。这两个假设不是相互排斥的,而是同等重要,并且这两种机制中可能包括共同的分子。

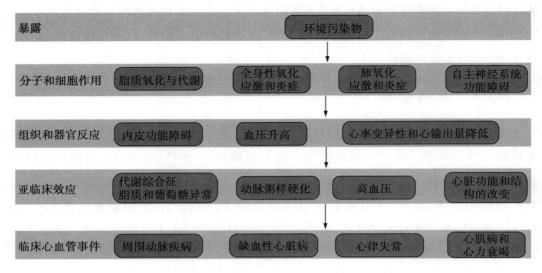

图 2.7　环境污染物引起心血管系统疾病的潜在机制

2.3.1　自主神经系统功能障碍

环境污染物会通过引起自主神经系统功能失调而对心血管系统产生影响。例如,吸入的细颗粒物会与去甲肾上腺素能受体相互作用,刺激交感神经系统,增加血管收缩剂的循环水平,从而使血液中神经源性炎症和血管活性介质(如血管紧张素 II 和内皮素-1)释放,随后可诱导黏附分子、细胞因子和纤维化介质的表达增强,并产生活性氧。这些影响可进一步诱发全身性炎症、触发斑块破裂和阻塞,或导致缺血相关的心律失常和心肌损伤。自主神经系统介导的心率参数和心房压力的改变也会触发室性心律不齐和房颤,增加个体发生脑卒中的风险。

2.3.2　炎症反应

全身性炎症也可能是肺部对肺内损伤的反应所引起。吸入的污染物可引起炎症或压力介导的信号级联反应,从而导致系统性炎症、氧化应激和组织损伤。细颗粒物还有可能穿过肺泡上皮,通过与血管和心脏组织的相互作用,直接促进炎症和氧化应激。

促炎性介质刺激的活性氧产生可增强炎症信号,引起氧化应激和炎症之间的正反馈,并导致动脉粥样硬化和内皮损伤。同时,内皮细胞和平滑肌细胞的炎症或氧化激活可促进血管收缩、血小板激活和血栓形成,增加斑块破裂的风险。慢性低度炎症与许多心血管疾病的发生风险密切相关。

2.3.3　氧化应激

氧化应激涉及氧化还原信号传导和功能的破坏，并且可能涉及多种影响心血管风险的污染物诱导途径。吸入的颗粒物中的亲电子基团可直接导致氧化应激，或通过与炎症反应相关的继发效应间接产生氧化应激。活性氧过量存在时，可通过破坏重要的氧化还原敏感信号通路，减少血管扩张剂（主要为一氧化氮）和抗氧化剂，扰动细胞机制以及蛋白质和脂质的氧化作用来改变心脏和血管功能，从而进一步导致纤维化、动脉粥样硬化、代谢功能异常和高血压。

尽管人们对人体的研究仅限于测量氧化损伤的替代标志物，但基于职业和人群的队列研究均发现关于颗粒物暴露与血液和尿液中蛋白质、脂质及 DNA 氧化标志物的变化之间存在正相关的关联。

思考题

1.如何理解环境因素对心血管疾病的影响？

2.哪些环境因素是心血管疾病的危险因素？

3.为预防心血管疾病，人们能从环境因素方面做哪些工作？

4.人们该如何识别心血管疾病的环境危险因素？

5.针对心血管疾病，请对比国内外相关环境健康标准的异同点。

第3章 环境因素对呼吸系统的影响

呼吸系统(respiratory system)是人体与外界环境进行气体交换的器官系统,包括气体的通道——鼻、咽喉、气管、支气管,以及进行气体交换的器官——肺。鼻、咽喉和气管等统称为"上呼吸道",支气管以下则称为"下呼吸道"。此外,胸膜和胸膜腔是呼吸的辅助结构。呼吸道的特点是具有软骨支架,黏膜上皮有纤毛,以保证气流畅通和排出尘埃或异物。人体在新陈代谢过程中要不断消耗氧气,产生二氧化碳。由于呼吸系统是由许多不同组织和器官组成的,因此许多环境因素的暴露将会影响呼吸系统的正常功能,最终导致呼吸系统疾病。近年来,随着全球气候异常变化,极端天气事件明显增多,对人类健康的影响已经受到越来越多的关注。大量研究表明,气温是影响呼吸系统疾病发病率最重要的因素之一。除气温的健康效应外,环境中的湿度对呼吸系统疾病的发生和发展也发挥着重要的作用,人体暴露于极端湿度环境下同样会增加因呼吸系统疾病而死亡的风险。此外,空气中的污染物,如二手烟、大气颗粒物(particulate matter,PM)及气态污染物,以及某些环境化学物质也会引起呼吸系统疾病。

本章主要从自然环境因素(温度和湿度)和社会环境因素(二手烟、室内污染、大气污染和一些化学物质)两个方面阐述环境因素暴露对呼吸系统疾病的影响(如发病、患病和相关生物标志物)和潜在机制。

3.1 物理性因素对呼吸系统的影响

3.1.1 温度

3.1.1.1 热浪与寒潮的定义

环境温度升高是一个重要的公共健康问题,与严重的死亡和疾病相关。1880—2012

年,全球平均气温上升了 0.85 ℃。预测研究表明,到 21 世纪末,在大多数陆地地区,炎热天气的数量和频率会进一步增加。此外,在许多地区,低温也极大地加剧了疾病负担。了解与高温和低温相关的健康风险,对于预防与极端天气相关的死亡和疾病至关重要。

热浪在不同国家和地区的定义不尽相同。世界气象组织(WMO)建议把日最高气温高于 32 ℃且持续 3 天以上的天气过程称为"热浪"。而在我国,一般把日最高气温达到或超过 35 ℃称为"高温天气",连续 3 天以上的高温天气过程称为"高温热浪"。在我国,高温热浪是怎么产生的呢?这与大气环流异常密切相关。夏季,西太平洋副热带高压持续且不断加强,季风低压偏弱偏西,7—8 月极涡强度、西风环流指数都小于历史平均值等,是引发高温热浪出现的主要环流形势。当发生高温热浪时,人体为了适应高温会调节血液到周围皮肤组织,通过蒸发等方式散热,造成血压升高、呼吸加速等。同时,与高温热浪伴随的低气压也会造成人们呼吸困难。当高温超过人体的调节范围时,人体适应力降低,呼吸系统受到影响,尤其对患有呼吸系统疾病的人影响更大。

寒潮是指来自高纬度地区的寒冷空气在特定天气形势下迅速加强南下,造成沿途大范围剧烈降温、大风和雨雪天气,这种冷空气南侵过程达到一定强度时被称为"寒潮"。寒潮是一种大范围的天气过程,在全国各地都有可能发生,可以引发霜冻、冻害等多种自然灾害。寒潮在气象学上有严格的定义和标准,但在不同国家和地区,寒潮标准也不一样。2006 年,我国规定,凡一次冷空气侵入后,使某地的日最低气温24 h内降温幅度不低于 8 ℃,或 48 h 内降温幅度不低于 10 ℃,或 72 h 内降温幅度不低于12 ℃,且使该地日最低气温下降到 4 ℃或以下的冷空气活动称为"寒潮"。寒潮不仅可以直接给人体造成冻僵和冻伤的损害,而且可间接诱发心绞痛、心肌梗死、十二指肠溃疡、脑卒中、高血压、支气管哮喘、急性支气管炎、慢性支气管炎、上呼吸道感染、肺炎、肺心病等疾病。

3.1.1.2　温度与呼吸系统疾病

老年人是易受温度影响的敏感人群。由于预期寿命的延长,人口老龄化(特别是在城市地区)将达到前所未有的速度。到 2050 年,年龄在 60 岁以上的人群预计将占全国总人口的 21.1%。随着人们寿命的延长,慢性和退行性疾病的全球负担将增加。老年人导致的全球疾病负担主要有心血管疾病、恶性肿瘤、慢性呼吸系统疾病、肌肉骨骼疾病以及神经和精神疾病等。

研究表明,与 50 岁以上年龄段的全因感冒所引起的死亡相比,65 岁以上老年人的死亡风险更高。老年人(年龄在 65 岁以上)暴露于热浪中时的死亡和发病风险要比年轻人高。

研究人员通过研究老年人的死亡率和发病率的影响因素发现,炎热天气中温度每升高 1 ℃,心血管疾病死亡率(3.44％,95％CI:3.10～3.78)、呼吸道疾病死亡率(3.60％,95％CI:3.18～4.02)和脑血管疾病死亡率(1.40％,95％CI:0.06～2.75)均有增加;寒冷天气中温度每降低 1 ℃,呼吸道死亡率(2.90％,95％CI:1.84～3.97)和心血管疾病死亡率(1.66％,95％CI:1.19～2.14)也会增加。

暴露于冷热条件下,呼吸系统疾病的发病风险最高,且滞后时间更长。热暴露可能会触发炎症因子的释放,增加通气并加剧慢性阻塞性肺疾病(chronic obstructive pulmonary disease,COPD),这在老年人群中更为普遍。短时间内吸入热空气会触发老年人的气道不良反应,从而增加发病率。尽管人们认为冬季室内拥挤和(或)通风不足会增加病毒传播,但研究人员已提出了替代性生物学机制:吸入冷空气会引起支气管狭窄和气道充血,从而引发哮喘,并通过减少黏膜清除而增加易感性。因此,人们需要通过进一步的研究来建立病因机制,以了解极端天气是如何导致呼吸道不良的。

3.1.1.3 温度与肺疾病

纽约市的一项研究发现,气温高于 29 ℃的临界温度后,每升高 1 ℃,慢性阻塞性肺疾病的住院风险就会增加 7.6％。处于温带气候的居民更可能受到不良极端天气的影响。热暴露还会对呼吸系统产生直接影响。有关哮喘的研究表明,呼吸湿热的空气可能导致通过胆碱能途径介导的支气管收缩。

在一项针对密歇根州 65 岁以上人群的研究中,患有 COPD 的人群在寒冷天气里死亡风险增加了 19％。在新西兰的一项研究中,冬季死亡率比非冬季月份高出 18％,并且 31％的额外死亡归因于呼吸系统疾病。研究还表明,低温对 COPD 患者的影响是导致肺功能降低。中国台湾的一项大型研究发现,平均日温度每降低 1 ℃,COPD 恶化量就会增加 0.8％。除了在冷暴露的情况下可能发生的支气管收缩和炎症反应外,有研究数据表明,黏液分泌过多可能是 COPD 对低温反应的潜在介体。

在极端天气里,老年人因温度变化诱发的呼吸系统疾病、心血管疾病和脑血管疾病的发病风险大大增加。此外,研究发现与热/冷暴露有关的糖尿病、泌尿生殖道疾病、传染病和感染性疾病的发病率也会随着气候变化和全球老龄化而增加。

3.1.2 湿度

3.1.2.1 湿度与气湿

湿度是指空气的潮湿程度,表示空气中水汽含量距离饱和量的程度,通常用相对湿度百分比表示。呼吸道对气象因素的反应除与气温密切相关外,还与湿度有关。在一定温度下,空气中的相对湿度越小,水分蒸发越快。相对湿度 40%～60% 是人体最适宜的湿度,而当气温高于 25 ℃ 时,适宜的相对湿度为 30%。湿度与人类的健康密切相关,空气中水分多、湿度大时,大气中的颗粒污染物因吸收更多的水分而质量增加,其运动速度会减慢。在气温低时,高湿度还可以形成大雾,影响污染物的扩散速度,使局部污染加重。当存在水溶性气体(如二氧化硫)污染时,湿度较高将促进酸雨的形成,对人类健康产生危害。

气湿指大气中所含的水汽量,由于其含义宽泛,一般情况下多用湿度表示。水汽在高空中凝结形成降水,降水不会对上呼吸道疾病造成直接影响,但降水意味着空气中的水汽量已经饱和。因此,降水量可以在一定程度上反映大气中的水汽量,降水量越大表明气湿越大。降水量和相对湿度是分析呼吸系统疾病(特别是上呼吸道感染)与气湿关系时常用的两个物理量。现有研究显示,这两个物理量与上呼吸道感染发病具有相关性,且二者的相关性是一致的。

3.1.2.2　湿度对健康的影响

呼吸系统疾病多发于冬、春两季,分别因病毒或细菌引发,主要包括哮喘、肺炎、过敏性鼻炎、湿疹、感冒、支气管炎等。发达国家过去 30 年的研究表明,呼吸系统疾病发病率呈现逐渐上升趋势,越来越引起人们的关注。据世界卫生组织统计,目前全球近 3 亿人患有哮喘,每年大约有 25 万人死于哮喘。遗传和环境气候因素变化都是呼吸系统疾病的致病原因。然而,短时间内大量的全球性患病率普遍增长不太可能被解释为遗传因素导致。因此,进一步研究环境因素(特别是湿度)影响呼吸系统疾病患病情况,是十分有必要的。而医学气象研究表明,约 40% 的死亡病例是在气象条件异常的状况下发生的。呼吸系统疾病产生和复发与人们所处的环境湿度有紧密关系,同时它还受到空气污染、气象因素、吸入性过敏原等众多因素共同作用,而湿度是影响呼吸系统疾病发生发展的一个重要因素。

呼吸道对气象因素的反应与湿度有关。湿度在冬季的影响作用十分重要,低湿度会增加气管和鼻咽的压力。干燥气流易导致上呼吸道中的鼻腔极度脱水,降低鼻腔弹性,易使细菌、灰尘等附着在鼻腔黏膜上,增加感染病毒或细菌的风险,从而诱发或加重各类呼吸道疾病。细菌及霉菌在潮湿空气中更容易生长繁殖,易引起呼吸道感染,进而诱发慢性呼吸道炎症。但国外也有研究表明,相对湿度与慢性阻塞性肺疾病急性加重的入院率无显著相关性。

已有研究结果指出,在温暖潮湿的环境中滋生的疾病在未来 20 年会更加普遍。这充分表明,围绕"湿度"所展开的各项研究具有实际价值和突出的紧迫性、重要性。许多微生物在干燥的环境中无法繁殖,甚至脱水死亡,例如脑膜炎双球菌、淋球菌、霍乱弧菌、梅毒螺旋体等。而相对较高的湿度和适宜温度则是病原体迅速繁殖的有利条件。当相对湿度由 40%～60%升高至 70%～80%时,病毒的存活率也会明显增加。霉菌在高湿的环境中异常活跃,而真菌的生长环境需要相对湿度大于 75%。

3.1.2.3　湿度对呼吸系统疾病的影响

有研究指出,气湿与呼吸系统疾病中的上呼吸道感染相关,气湿对上呼吸道感染发病的影响存在类似于抛物线或"U"形曲线的关系。目前有研究认为,相对湿度在30%～60%之间时(也有资料认为是 45%～65% 或 45%～70%),机体最感舒适;在30%～80%之间时,机体不易患病。由相对湿度推知,气湿过高或过低时机体都会感觉不适甚至发病。

3.1.2.4　湿度对呼吸系统疾病的可能致病机制

湿度可通过一系列通路对呼吸系统疾病产生影响。例如,冬季一般寒冷干燥,鼻黏膜容易发生皲裂,病毒更容易入侵人体;鼻腔局部血管因寒冷干燥而收缩,一些抵抗病毒的免疫物质(特别是鼻腔内局部分泌的免疫球蛋白)明显减少。气温往往与气湿共同产生作用,当气温下降时,鼻腔局部湿度也降低,更适合病毒繁殖生长。这都为病毒入侵人体提供了有利条件。

3.2　化学性因素对呼吸系统的影响

3.2.1　无机化合物对呼吸系统的影响

空气污染会对人体健康构成极大的威胁。根据《全球疾病负担报告》,室外的细颗粒物(空气动力学直径小于 2.5 μm 的颗粒物)暴露是世界第五大死亡风险因素,导致了420 万人死亡和超过 1.03 亿伤残调整生命年损失。同时,世界卫生组织将 380 万人的额外死亡归因于室内空气污染。暴露于空气污染物中可能立即出现的症状有咳嗽、流泪、呼吸困难和心绞痛等。但是,人们通常无法意识到长期暴露于空气污染物中的潜在健康影响。例如,空气污染物可以通过呼吸道进入人体,会损害许多其他器官。在本节中,我们将介绍大气颗粒物(PM)和气态污染物这两类大气污染物对呼吸系统的影响以及污染物的作用机制。

3.2.1.1　大气颗粒物

大气颗粒物是指大气中各种固态和液态颗粒状物质的总称,按照其空气动力学粒径可以分为总悬浮颗粒物(total suspended particulate,TSP,空气动力学粒径不超过100 μm)、PM_{10}(空气动力学粒径不超过 10 μm)和 $PM_{2.5}$(空气动力学粒径不超过10 μm)。近年来,随着经济的不断发展,我国正在迅速实现工业化,而能源消耗和工业废料也随之增加,工业废气和机动车尾气排放、城市建设日益增加导致 PM 水平骤升,影响了我国城市的空气质量,这也引发了我国政府、学界和公众对于空气污染的极大关注。目前,许多研究都表明,暴露于 PM 会造成肺功能下降、慢性阻塞性肺疾病以及肺癌等一系列呼吸系统疾病。

大气颗粒物对各年龄段人群的呼吸系统均有影响,且与各种呼吸系统疾病的发生存在关联。例如,PM 不仅引起肺功能改变,还对哮喘、COPD 等呼吸系统疾病具有影响。

肺功能不仅是反映呼吸系统早期健康损伤的指标之一,同时也是反映劳动能力的指标,被看作是反映机体心肺健康程度的指标之一。许多研究发现,空气污染与肺功能下降存在显著关联,且在各年龄段均发现了这一效应。有研究发现,轻污染区与重污染区男性儿童在用力肺活量(forced vital capacity,FVC)、1 s 用力呼气量(FEV1)、呼气峰值流速(peak expiratory flow,PEF)等肺功能指标上有显著性差异,并且轻污染区的男性儿童肺功能指标均优于重污染区的男性儿童。此外,在美国加利福尼亚州的一项针对10～12岁儿童的队列研究进一步发现,区域 PM_{10} 和 $PM_{2.5}$ 水平与肺功能(FVC 和 FEV1)下降2%～3%相关;住宅距街道越近,其 PM 暴露水平越高,其中居住在离街道仅 500 m 的儿童 FEV1 下降可达 3%。肺功能的下降在成年人中同样也有类似发现。例如,著名的伯明翰心脏队列研究结果显示,与空气污染状况良好的暴露相比,暴露于空气污染中等浓度水平的 $PM_{2.5}$ 与较低的 FEV1 和 FVC 有关。并且,与其他污染物相比,$PM_{2.5}$ 在中等浓度水平的暴露中更为常见。

许多研究表明,除了影响肺功能外,大气颗粒物还与许多呼吸系统的急/慢性疾病有关,比如呼吸道感染、COPD、哮喘、慢性支气管炎等。首先,COPD 是中老年人群常见的慢性疾病,以渐进持续性的气流受限为主要特征,造成的疾病负担严重。流行病学数据显示,PM 的高浓度水平与 COPD 发生风险和入院率较高有关。一项中国香港的回顾性生态学研究结果显示,PM_{10} 和 $PM_{2.5}$ 与 COPD 入院率显著相关,当 PM_{10} 和 $PM_{2.5}$ 浓度每上升 10 μg/m³,COPD 的呼吸死亡率相对危险度(RR)分别为 1.024 和1.031。哮喘是一种慢性呼吸道炎症性疾病,与可逆性气道阻塞和对诱因的高反应性有关。哮喘的临床症状包括喘息、阵发性咳嗽、呼吸急促和黏液分泌增多。有研究证实,在室内环境或室外环境中暴露于臭氧、颗粒物、二氧化硫和氮氧化物等污染物中会加剧哮喘。例如，哮喘的住院率与 PM_{10} 和 $PM_{2.5}$ 水平之间存在显著相关性，PM_{10} 和 $PM_{2.5}$ 浓度每上升 10 $\mu g/m^3$，哮喘的相对危险度分别为 1.019 和 1.021。

在呼吸系统死亡率这一方面，大部分相关队列研究的结果显示，$PM_{2.5}$、PM_{10} 与呼吸系统死亡率之间存在强烈的关联性。新西兰的一项队列研究显示，PM_{10} 每上升 10 $\mu g/m^3$，成年人的全因死亡率增加 7%，并且这种关联在呼吸系统疾病和癌症中更明显。研究人员在中国沈阳开展的一项队列研究中发现，PM_{10} 每上升 10 $\mu g/m^3$，呼吸系统疾病死亡率的相对危险度为 1.67。荷兰的一项研究结果显示，$PM_{2.5}$ 每上升 10 $\mu g/m^3$，人群中因呼吸系统疾病死亡的风险增加，相对危险度为 1.07。

综上所述，PM 对各年龄段人群的呼吸系统均有影响，不仅会引起肺功能改变，还与哮喘、COPD 等呼吸系统疾病的发病有关联。

3.2.1.2　气态污染物

常见气态污染物包括 SO_x（主要是 SO_2）、NO_x（主要是 NO 和 NO_2）、活性碳氢化合物（通常称为"挥发性有机化合物"）和 CO。它们通常来自工业或交通，被称为"主要污染物"。

气态污染物对肺功能、呼吸系统急/慢性疾病和呼吸系统疾病死亡率的影响与大气颗粒物的影响基本相似。一系列流行病学研究表明，气态污染物与肺功能的下降也存在相关性。美国加利福尼亚州的一项儿童队列研究发现，若居住地靠近街道，则 NO_x（如 NO_2）暴露水平与 FVC 和 FEV1 呈现显著的负相关。例如，NO_x 暴露每增加两个标准差（17.9 $\mu g/L$），FVC 下降 1.56%，FEV1 下降 1.10%。此外，社区的 O_3 水平与 FEV 下降 2%~3% 相关。研究人员在青少年中也发现了这一现象。一项德国青少年队列研究发现，一些肺功能指标（如 FEV 和 FEV1）与长期 NO_2 暴露呈负相关，并且在哮喘患者中更显著。

同样，气态污染物与各种呼吸道感染、COPD、哮喘等呼吸系统急/慢性疾病的发病有关。例如，当 NO_2、SO_2、O_3 每上升 10 $\mu g/m^3$，COPD 入院的相对危险度分别为 1.007、1.026、1.034，并且 NO_2、SO_2、O_3 在寒冷季节对 COPD 入院的影响更明显。目前，COPD 是全球第三大死亡原因，O_3 暴露是造成其疾病负担的主要原因。有研究表明，最大 8 h O_3 浓度每增加 10 $\mu g/m^3$，COPD 的住院率升高 0.84%（95%CI：0.09%~1.59%）。此外，流行病学证据显示，气态污染物（如 NO_2、O_3）与哮喘入院率之间存在显著相关性。例如，NO_2 和 O_3 浓度每上升 10 $\mu g/m^3$，哮喘的相对危险度分别为 1.028 和 1.034，其中

NO_2 暴露对哮喘的影响最强。

$PM_{2.5}$、PM_{10} 与呼吸系统疾病死亡率之间存在强相关,这一效应同样在气态污染物中得到了证实,并且有多项队列研究结果显示,NO_2 与呼吸系统疾病死亡率的相关性高于 $PM_{2.5}$ 和 PM_{10}。例如,我国沈阳的一项队列研究发现,NO_2 水平与呼吸系统疾病死亡率之间存在显著相关性,当 NO_2 每上升 10 $\mu g/m^3$ 时,呼吸系统疾病死亡率相对危险度为 2.97(95％CI:2.69~3.27),高于 PM_{10} 的效应(RR＝1.67,95％CI:1.60~1.74)。挪威的一项队列研究结果显示,NO_2 每上升 10 $\mu g/m^3$,非肺癌的呼吸系统疾病死亡调整风险比为 1.16(95％CI:1.06~1.26),肺癌死亡调整风险比为 1.11(95％CI:1.03~1.19)。荷兰的一项队列研究显示,NO_2 每上升 10 $\mu g/m^3$,调整后的全人群队列呼吸系统疾病死亡相对危险度为 1.37(95％CI:1.00~1.87)。

综上所述,气态污染物与 PM 类似,对各年龄段人群的呼吸系统均有影响,不仅会引起肺功能改变,还与哮喘、COPD 等呼吸系统疾病的发病有关。

3.2.1.3 大气污染物的健康效应机制

上述内容主要介绍了大气颗粒物和气态污染物对于呼吸系统的影响,那么这些污染物是如何影响人体健康的呢?首先,气体对人体组织的损伤取决于其水溶性、浓度、氧化组织的能力以及个体的易感性。SO_2 高度溶于水,会严重损害上呼吸道和皮肤,而 NO_2 和 O_3 不易溶于水,因此可以深入肺部。CO 不溶于水很容易进入血液,其毒性主要是通过夺走与血红蛋白结合的氧,从而导致组织缺氧。NO 会附着在血红蛋白和其他含铁蛋白质上,但由于 CO 具有结合亲和力,所以它通常只作用于距离结合位点比较近的范围内。

PM 通常按其尺寸或气动直径分类,例如 PM_{10} 表示直径小于 10 μm 的颗粒,$PM_{0.1}$ 表示直径小于 0.1 μm 的颗粒。所有 $PM_{2.5}$ 和 $PM_{0.1}$ 都包含在 PM_{10} 中。因此,PM_{10} 的不良反应可能是由较小的颗粒引起的。"粗颗粒"是指粒径介于 PM_{10} 和 $PM_{2.5}$ 之间的颗粒。与大颗粒物相比,小颗粒物是不可见的,大颗粒物可以通过适当的照明以灰尘或薄雾的形式可见。大颗粒可能影响黏膜和上呼吸道,引起咳嗽和流泪;细颗粒物($PM_{2.5}$)很容易进入肺泡;而超细颗粒物($PM_{0.1}$)会通过肺泡毛细血管膜被细胞吸收,并通过血流携带,使体内几乎所有的细胞都受影响。因此,较小的颗粒物具有更大的全身毒性。表 3.1 总结了不同类型的大气污染物对组织的损害。

表 3.1　不同类型的大气污染物对组织的损害

污染物	损伤决定因素	受损部位及损伤
SO_2	高溶解性	上呼吸道及皮肤损伤
NO_2		深入肺部
O_3	不易溶解（NO_2、O_3有刺激性）	支气管和细支气管损伤
CO		组织缺氧
颗粒物（PM_{10}、$PM_{2.5}$、$PM_{0.1}$）	粒径大小、结构、组分中的毒性	大颗粒物会损伤黏膜、上呼吸道，细颗粒物会损伤细支气管、肺泡，超细颗粒物会损伤全身组织

除了颗粒物粒径外，颗粒物的危害还与其结构和组分有关。例如，高酸性的颗粒物危害更大。毒性成分可能位于颗粒物表面，对其接触的组织造成损伤。这些毒性物质（如砷、铅和镉等元素，或硫酸、多环芳烃等化合物）就像"搭便车"一样，在燃烧过程中被机体吸收，并附着在超细颗粒物表面被带到肺部深处，对人体造成损伤。这种情况主要见于矿物燃烧产生的颗粒物，特别是煤燃烧，因为煤中含有许多重金属和硫。如果相似大小的颗粒物中未含有较多有毒成分，那么它们通常造成的危害较小。除了携带重金属之外，颗粒物也可以作为半抗原载体与空气中的过敏原相互作用，从而在过敏人群中触发甚至诱发过敏性哮喘反应。

除了直接对接触器官造成伤害外，接触污染物（包括有毒金属、有机化合物和气体）还可能引起全身炎症，而这些炎症反应通常发生在肺部，从而引起氧化应激。氧化应激会导致脂质过氧化、抗氧化剂消耗和炎症信号激活。炎症信号会引发一连串的事件，而这些事件可能影响远端器官。超细颗粒的表面积越大，产生氧化应激的能力越强。颗粒物暴露的增加与 C 反应蛋白、纤维蛋白原、循环血白细胞和血小板以及血浆黏度的升高有关。白细胞、黏附蛋白、凝血蛋白以及一系列细胞因子和炎症介质会加重内皮细胞的负担，从而导致内皮细胞失去调节功能。

此外，颗粒物清除效率是大气污染物对机体损伤的一个重要影响因素。如果体内的清除机制无法完全清除颗粒物，那么肺部将面临 PM 和"烟尘"聚积的破坏性影响。PM 的巨大体积可能会使巨噬细胞和淋巴系统不堪重负，颗粒物的负荷可能导致慢性局灶性炎症和纤维化，并可能导致瘢痕性肺癌。

总而言之，大气污染物会引起机体氧化应激和炎症反应，进而使肺功能下降，引发呼吸系统疾病。与气态污染物相比，由于 PM 是一种多物质混合物，其组分和毒性复杂，使得其损害呼吸系统的机制也相应较为复杂,上面只是进行了简单介绍。对于 PM 的各种组分引发或加重肺部疾患的具体机制,还需要进一步的研究。

3.2.2 有机化合物对呼吸系统的影响

化学毒物能通过肺的血液循环直接被吸收进人体,造成系统性损伤,也会直接使肺部受到损伤。肺损伤往往比其他器官损伤更为严重,甚至危及生命。由化学物质引起的肺损伤包括支气管炎、细支气管炎、化学性肺炎、肺水肿、急性呼吸窘迫综合征、组织性肺炎、过敏性肺炎、急性嗜酸性粒细胞性肺炎和肉芽肿样肺病。每种化学物质都会引起不同的病理生理学变化,这类似于药物引起的肺病。

3.2.2.1 农药

农药是指用来杀灭或控制危害农作物生长和农产品储存的病、虫、草、鼠和其他有害生物的一类化合物。农药由化学合成或来源于某种天然物质,可以是一种化学物质,也可以是几种物质的混合物。部分农药具有呼吸系统毒性,如磷化氢、卤代烃、杀虫双、有机磷、氨基甲酸酯和百草枯(联吡啶)等。接触较高剂量的农药可以引起化学性肺损伤和肺水肿,特别是百草枯可以引起急性肺损伤,导致肺间质纤维化。农药喷洒者需要时刻注意农药对人类健康和环境的有害影响,并应在工作期间佩戴个人防护装置。急性有机磷农药中毒(acute organophosphorus pesticide poisoning,AOPP)占农药中毒的 80% 以上,其造成的呼吸衰竭是致死的重要因素。AOPP 引起急性肺损伤的机制尚不完全清楚,但有研究指出,毒性氧自由基在有机磷农药中毒致肺损伤中起了重要作用。农药导致肺损伤,既可以是其本身对肺部产生直接的毒性作用,也可以是药物引起特异性反应对肺部造成间接损伤。农药或药物引起肺损伤可能的机制有四种:①氧化损伤,如长期服用呋喃妥因。②对肺泡上皮细胞产生直接细胞毒性作用,如百草枯和细胞毒性药物所致的肺损伤。③导致细胞内的磷脂沉积,如胺碘酮的毒性作用。④免疫介导损伤,如药物所致的红斑狼疮。

3.2.2.2 其他

总挥发性有机物(TVOC)主要是室内的建筑材料、涂料等挥发出来的物质,抽烟和烹调的时候也能产生。由于 TVOC 中所含物质种类比较多,不能全部定性,通常不能定性地按甲苯算,因此主要用气相色谱法测定。TVOC 是儿童哮喘的危险因素之一,随着其浓度的上升,儿童患哮喘的危险性增大。真菌也是重要的室内污染物,它们通常存在于潮湿的环境中,并通过产生孢子、过敏原、挥发性刺激性化合物和毒素而导致严重的呼吸道疾病。正确识别这类霉菌污染对正确诊断、治疗和预防健康问题至关重要。

3.2.3　复合化合物对呼吸系统的影响

3.2.3.1　二手烟

二手烟又称为"被动吸烟"。根据世界卫生组织的定义,不吸烟者每周至少有一天以上吸入吸烟者呼出的烟雾,且每天超过 15 min 即为被动吸烟。二手烟一般由两部分组成,即吸烟者呼出的主流烟以及从纸烟或烟斗中直接冒出的侧流烟。侧流烟比主流烟所含的烟草燃烧成分更多。全球成人烟草调查(GATS)发现,在参与调查的 14 个中低收入国家中,中国居民工作场所及餐馆被动吸烟率分别为 63.3% 和 88.5%。我国有大量不吸烟人群长期暴露于二手烟。国内一项荟萃(Meta)分析显示,我国内地不吸烟人群的被动吸烟率为 47.04%(95%CI:38.88%～55.27%)。国际癌症研究机构将二手烟草烟雾暴露归类为 Ⅰ 类致癌物(已知的人类致癌物),并已证明其对成年人和儿童具有多种不良健康影响,其中包括引发呼吸系统疾病。2013 年全球疾病负担调查发现,二手烟导致了 33.1 万例死亡,损失了 930 万伤残调整生命年。2007 年,世界卫生组织的《烟草控制框架公约》公布之后,全世界范围内越来越多的国家和地区相继出台禁烟令。无烟政策已广泛应用于工作场所、公共场所和交通场所等。多项研究显示,实施无烟政策后,二手烟暴露呈减少趋势。

被动吸烟是呼吸系统症状(如喘息、咳嗽、夜间呼吸困难和运动引起的呼吸困难)的独立危险因素。2017 年,全球有 120 万人死于二手烟,其中 63 822 例发生在 10 岁以下的儿童中。可归因于二手烟暴露的估计死亡病例中,最多的死亡原因是缺血性心脏病,其次是下呼吸道感染和哮喘。

在横断面研究和纵向研究中,研究人员均观察到被动吸烟与呼吸系统症状间的关联,并且被动吸烟接触量和出现症状的可能性之间有显著的剂量-反应关系。研究发现,与冷空气、汽车尾气和强烈的气味相比,被动吸烟是受试者最常见的引起呼吸系统症状的刺激物。

被动吸烟与肺功能下降有关。一项纳入来自 9 个国家和地区的 2 万多名儿童的研究发现,尽管在女孩中被动吸烟与肺功能之间不存在关联,但是母亲吸烟与儿童 FEF25～75 和 FEF75～85 降低有关。考虑到在子宫内受母体吸烟影响的儿童人数较多,而出生后被动吸烟的儿童人数更多,因此这种降低肺功能的危险因素仍然是严重的儿科和公共卫生问题。

呼出气一氧化氮检测(FeNO)是一种间接评估气道炎症的方法。FeNO 测出的 NO

浓度在变应性哮喘个体中较高,而在主动吸烟的个体中较低。在一项前瞻性研究中,研究人员发现被动吸烟的非吸烟男性在 10 年内患哮喘的风险增加。在哮喘患者中,吸烟也对其治疗产生了负面影响。慢性阻塞性肺疾病和被动吸烟之间存在关联,其幅度远小于慢性阻塞性肺疾病和主动吸烟之间的关联。一项探究长期被动吸烟与慢性阻塞性肺疾病死亡之间的关联的研究发现,被动吸烟者死于慢性阻塞性肺疾病的风险增加,并且关联强度在男性与女性之间无差异。

二手烟烟雾的成分与一手烟几乎没有差别。二手烟中包含 4000 多种有害物质,其中包括 40 多种与癌症有关的有毒物质。烟草烟雾中的主要致癌物包括氯乙烯、亚硝胺、苯并芘等,有毒物质主要有 CO、NO_2、甲醛、甲苯、铅等。烟草烟雾中的氧化剂会使 NO 失活,烟雾中的有毒物质还会损害产生 NO 的上皮细胞或诱导肺中性粒细胞。同时,烟草烟雾会引起肺泡上皮细胞衰老,导致细胞分泌多种细胞因子、趋化因子、基质金属蛋白酶和生长激素,从而导致肺间质纤维化。

3.2.3.2　室内空气污染

室内空气污染是全球(尤其是中低收入国家)的公共卫生问题,是由烹饪和加热过程中生物质燃料(例如木材、粪便、农作物废料和煤炭)不完全燃烧所产生的物质所致。由于无法获得清洁能源,近 30 亿人口(占世界人口的42.2%)仍在使用生物质燃料进行烹饪。根据 2016 年全球疾病负担估算,室内空气污染每年造成 290 万人死亡和 8110 万人的伤残调整生命年损失。全球疾病负担研究指出,室内空气污染、吸烟及其他职业暴露均危害着人群的呼吸系统健康。室内空气污染暴露较高的家庭成员分别是妇女和儿童。妇女由于参与烹饪过程而具有最高的暴露风险,而儿童也经常与母亲接近,从很小的时候就可能接触室内空气污染。

慢性阻塞性肺疾病是一种成人疾病,其特征是由于气道病变和肺部实质破坏,导致不可逆的气道受限。慢性阻塞性肺疾病的特征包括慢性支气管炎(每年至少)、肺气肿以及肺泡破坏。2015 年,慢性阻塞性肺疾病在全球造成了 320 万人死亡(95% CI: 3 100 000～3 300 000)。世界卫生组织将慢性阻塞性肺疾病列为全球第四大致死疾病,并且 90% 的慢性阻塞性肺疾病发生在中低收入国家。已知的慢性阻塞性肺疾病危险因素包括吸烟、环境污染、遗传学原因、不良的社会经济状况以及结核病史。暴露于室内空气污染的人更有可能发展为慢性支气管炎和慢性阻塞性肺疾病。全球疾病负担研究显示,2017 年全球归因于室内空气污染的慢性阻塞性肺疾病的死亡例数为36.2 万例(95% CI: 248 000～482 000)。

肺癌是全球最常见的癌症死亡原因,2012 年约有 159 万人死于肺癌。导致肺癌的危险因素包括吸烟、环境污染物（氡和石棉）以及肺炎或结核病引起的慢性炎症。在女性人群中，肺癌与室内空气污染暴露高度相关，但在男性中没有发现类似的关联，这可能是因为女性的烹饪时间比男性更长，相应的室内空气污染暴露的时间和浓度更多。2012年，研究人员系统回顾了28项评估室内空气污染暴露与所有类型肺癌发展间的关联研究。该研究汇总分析发现，女性罹患肺癌的可能性更高。在所有类型的燃料中，与肺癌相关性最高的燃料是煤。在全球范围内，在中国使用煤进行烹饪的女性中，室内空气污染暴露对肺癌影响的比值比（OR）最高。

氧化应激被认为是由氧化物质负担与细胞和组织的抗氧化防御之间不平衡所导致的。这种不平衡使得细胞和组织的防御不能完全处理增加的氧化剂，从而导致氧化剂过量，氧化剂靶向作用于细胞和组织成分导致其功能改变或丧失。室内空气污染导致慢性阻塞性肺疾病的机制如图3.1所示，生物质不完全燃烧产生的物质主要为细颗粒物，它会刺激气道巨噬细胞，引起呼吸道上皮的炎症反应及组织损伤，从而导致易感人群出现呼吸系统疾病。除此之外，细颗粒物还可能深入肺泡。

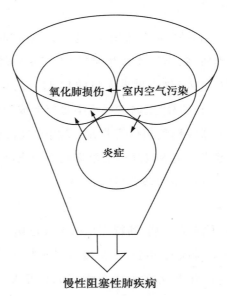

图 3.1　室内空气污染导致慢性阻塞性肺疾病的机制

思考题

1. 除温度、湿度外，还有哪些自然环境因素可能会对呼吸系统产生影响？

2. 如何理解室内空气污染与室外空气污染对呼吸系统的影响？二者是否具有协同

作用？

　　3.为全面调查某市环境污染情况及其对当地居民呼吸系统的影响,应该收集哪些污染数据和疾病数据？

　　4.如何定量和定性评价环境污染对呼吸系统的影响？ 应该采用哪些环境流行病学研究方法？

第4章 环境因素对内分泌系统及代谢系统的影响

内分泌系统由内分泌腺(如下丘脑、垂体、甲状腺、甲状旁腺、胸腺、肾上腺、性腺等)和内分泌组织(如胰腺内胰岛、睾丸间质细胞、卵泡细胞及黄体细胞等)组成,内分泌腺所分泌的激素在机体的新陈代谢、生长发育、生殖和维持内环境稳态等方面发挥了重要作用。当内分泌系统发生紊乱时,人体会出现相应的内分泌疾病及代谢疾病。机体内分泌及代谢的稳态受多种因素的影响和调节,其中环境因素的作用尤为重要。环境因素广泛存在于与人类生活和健康休戚相关的大气、水、土壤等环境介质及食物中,人类可通过呼吸道吸入、消化道摄入、皮肤接触等多种途径暴露于各种环境污染物中,从而导致机体内分泌系统紊乱,甚至引发甲状腺癌、男性精子数量及质量下降、男性生殖道缺陷、多囊卵巢综合征、糖尿病及糖代谢异常、肥胖等多种内分泌疾病及代谢疾病。

影响机体内分泌及代谢的环境污染物种类繁多,性质各异,作用于机体内分泌系统的机制也多种多样。根据属性,环境污染物可分为物理性(噪音、电离辐射等)、化学性(大气污染物、农药、重金属、高效广谱抑菌剂等)及生物性(微囊藻毒素等)三类。其中,化学性环境污染物具有复杂多样、危害较大、污染广泛等特点,是最重要的一类环境污染物。另外,在诸多化学污染物中,环境内分泌干扰物因其独特的内分泌干扰效应,成为影响机体内分泌系统的主要化学污染物。

迄今为止,人们已经发现上百种存在于环境中,能够影响人类和动物的体内激素水平,干扰机体内分泌物质的合成与代谢,激活或抑制内分泌系统功能的外源性化学物质,包括邻苯二甲酸酯类、多氯联苯类、有机氯杀虫剂、双酚化合物类、重金属类等多种环境化学物质。研究表明,大多数具有持久性、蓄积性、迁移性和高毒性的持续性有机污染物都具有内分泌干扰效应。环境内分泌干扰物(environmental endocrine disruptors, EEDs)广泛存在于水、空气、土壤等多种环境介质中,会严重影响人体内多种内分泌器官,对人类健康造成的危害不容忽视。

4.1　物理性环境因素对内分泌系统及代谢系统的影响

物理性环境因素包括电离辐射（X 射线、γ 射线等）和非电离辐射（电磁波、微波、温度、超声、噪声等）。物理性环境因素中的许多因素可以严重影响人体内多种内分泌器官，对机体健康造成严重的危害。本部分将重点介绍物理性环境因素中噪声和电离辐射对人体内分泌代谢系统的影响。

4.1.1　噪声

4.1.1.1　特性

噪声是指环境中不需要的、使人厌烦的不同频率或强度的杂乱无章的声音。不论何种噪声，不论室内室外，长期暴露于全天等效声级为 A 的噪声中可能导致听力障碍。噪声可以干扰人们的日常生活（如语言交流、休息睡眠），影响人的心理状况，降低学习和工作效率，甚至引起听觉、心血管、神经、内分泌等系统的损害。

4.1.1.2　污染来源和污染水平

生产劳动环境中，噪声普遍存在，人们接触噪声的机会也很多。按照声源性质的不同，噪声大致可分为交通噪声、工业噪声、建筑施工噪声和社会生活噪声四大类。表 4.1 列出了我国主要环境噪声源影响的典型参数，从中可以看出：交通噪声是环境噪声污染的主要来源，其能量通常占环境噪声总能量的 70%～80%。在环境噪声中，虽然社会生活噪声能量比例低，但影响范围最大，影响的覆盖面积达到 40%。

表 4.1　我国主要环境噪声源影响的典型参数

噪声源类型	交通噪声	建筑施工噪声	工业噪声	社会生活噪声	其他噪声
等效声级/dB（A）	68	62	61	56	53
能量比例/%	81	5	6	7	1
面积比例/%	34	7	9	40	10

（1）交通噪声：我国多数城市生活噪声影响范围很大，并呈扩大趋势，其中交通噪声影响最大。据《中国环境状况公报》统计，全国道路交通噪声等效声级分布在

67.3～77.8 dB(A)之间,平均值为71.0 dB(A)。

(2)工业和建筑噪声:一些动力机械、生产机械运行时产生的撞击、摩擦、喷射以及振动等都会产生高强度噪声。据《噪声与振动控制手册》统计,鼓风机的噪声约为100 dB(A),碎石机的噪声约为105 dB(A),振动筛的噪声约为105 dB(A),球磨机的噪声为120 dB(A),铆、锻加工的噪声可达130 dB(A),建筑施工现场噪声一般都在90 dB(A)以上。

(3)社会生活噪声:社会生活噪声指人为活动所产生的噪声,如集市、商场、娱乐场所、公共汽车、旅客列车等场所的噪声。据《噪声与振动控制手册》检测,舞厅的噪声为78～95 dB(A),KTV的噪声为85～95 dB(A),群众集会的噪声为78～85 dB(A),学校广播体操的噪声为80～90 dB(A)。

(4)电器噪声:据《噪声与振动控制手册》检测,家庭电冰箱的噪声为35～50 dB(A),洗衣机的噪声约为50～70 dB(A),空调的噪声为50～68 dB(A),电视机的噪声为60～80 dB(A)。家庭KTV和家庭影院也会明显增加住宅噪声的污染程度。

4.1.1.3 剂量-反应关系

国内学者调查了不同类型的93间办公室噪声情况与人群亚健康状态,调查结果显示:亚健康症状发生率与噪声强度呈正相关,处于环境噪声大于60 dB(A)的人群的亚健康症状发生率明显高于处于环境噪声不高于60 dB(A)的人群。这表明环境噪声会影响人的健康。德国环境部环境卫生局对柏林市1881名被确诊为心肌梗死的居民和2234名对照居民进行了病例对照研究,比较了居住环境交通噪声高于70 dB(A)和低于60 dB(A)的居民的心血管疾病发病情况,结果显示:长期暴露在高强度的交通噪声环境中会增加心血管疾病的发病风险,且男性比女性的风险更大。

4.1.1.4 噪声对内分泌系统的影响

(1)噪声对脑垂体的影响:长期接触高强度的噪声会对神经及内脏器官产生慢性损伤,特别是脑垂体。脑垂体是人体激素调节中枢,它将产生的信息反馈于全身各个靶器官。高强度噪声刺激将使脑垂体对机体调节格外敏感,使体内激素水平处于不稳定状态。对于女性,长期接触噪声会使月经周期紊乱、痛经、经量增多、白带增多,甚至导致更严重的生殖系统病变。

尿香草扁桃酸(VMA)是反映交感神经功能的参考指标。脑垂体-肾上腺皮质系统对于调节肾上腺髓质内儿茶酚胺的生物合成起着相当重要的作用。脑垂体也会影响肾上腺中儿茶酚胺的生物合成。VMA主要影响肾上腺髓质,会使肾上腺合成去甲肾上腺素的苯乙醇胺-N-甲基转移酶(PNHT)活性增强,而且对其中的酪氨酸羟化酶(TH)、多巴胺-β-羟化酶(DBH)的活性也有一定影响。VMA 可作为噪声作用下反映交感神经内分泌功能状态的客观参考指标。交感神经-肾上腺系统具有敏感性高、稳定性差的特点,高强度稳态噪声刺激能使其活性增强,导致尿中的 VMA 水平显著升高。

(2)噪声对甲状腺的影响:噪声对甲状腺结节影响的流行病学研究较少,其机制尚未明了。但有动物试验发现,低强度噪声可导致毛细胞能量代谢障碍,使毛细胞呼吸酶活力降低,而甲状腺激素可通过促进这些酶的活性,减轻噪声对听力的损伤。流行病调查结果显示,长期暴露于职业性噪声的工人的毛细胞被损坏,机体可能为保护听力功能而消耗一定量的甲状腺激素,从而导致促甲状腺激素反馈升高,促使甲状腺腺体局部不均匀生长,导致甲状腺结节的形成。

(3)噪声对内分泌系统的其他影响:在中等强度噪声作用下,机体肾上腺皮质功能增强;在高强度噪声作用下,机体肾上腺皮质功能则减弱。经检验,部分接触噪声的工人的尿液中,17-羟类固醇或 17-醇类固醇含量有所升高。

4.1.1.5　噪声对代谢系统的影响

(1)噪声对脂质代谢的影响:经常暴露于噪声的人空腹血糖(FPG)和甘油三酯(TG)水平均高于普通人群,且高血压、高血糖、TG 偏高、高密度脂蛋白(HDL-C)偏低和代谢综合征的检出率均高于普通人群。目前,噪声导致血脂水平升高的机制尚未阐明,可能的机制是机体接触噪声后,引起中枢神经系统反应,神经调节功能发生变化,血管运动中枢调节出现障碍,造成脂代谢紊乱。有调查结果显示,噪声组人群的 FPG 水平和高血糖检出率均高于对照组,这表明噪声接触会对人体的血糖代谢造成一定程度的影响,其机制可能是噪声令人烦躁,情绪随之波动,神经兴奋,继而导致体内激素水平改变,脑垂体中升高血糖的激素增加,血糖随之升高。此外,噪声接触可增加作业工人的高血压患病风险,其机制可能是噪声接触可导致自主神经兴奋,儿茶酚胺和糖皮质激素分泌增加,内分泌系统功能亢进,进而导致血压升高。

(2)噪声对代谢系统的其他影响:长期接触噪声的人可能会出现胃肠功能紊乱、食欲缺乏、胃液减少、胃的紧张度降低、蠕动减慢等变化。噪声还可能会引起人体脂代谢障碍,血胆红素升高。强噪声还会促进人体蛋白质和水溶性维生素的消耗。

4.1.2 电离辐射

4.1.2.1 特性

电离辐射是指携带足以使物质原子或分子中的电子成为自由态,从而使这些原子或分子发生电离现象的能量辐射。电离辐射可以引起生物体内分子水平的变化,特别是生物大分子(如核酸、蛋白质等)变化,使分子发生电离、激发或化学键断裂等,从而造成生物大分子结构和性质发生改变。电离辐射的特点是波长短、频率高、能量高。电离辐射可以从原子、分子或其他束缚状态中放出一个或几个电子。电离辐射是一切能引起物质电离的辐射的总称,其种类很多,高速带电粒子有 α 粒子、β 粒子、质子,不带电粒子有中子、X 射线、γ 射线。

4.1.2.2 污染来源和污染水平

电离辐射包括天然辐射和人工辐射。人类主要接收来自于自然界的天然辐射,它来源于太阳、宇宙射线和地壳中存在的放射性核素。从地下溢出的氡是自然辐射的一种重要来源,从太空来的宇宙射线包括能量化的光量子、电子、γ 射线和 X 射线。在地壳中发现的主要放射性核素有铀、钍和钋,以及其他放射性物质,它们可以释放出 α、β 或 γ 射线。人造辐射主要用于医用设备(如医学及影像设备)、研究及教学机构、核反应堆及其辅助设施(如铀矿和核燃料厂)。上述设施将产生放射性废物,其中一些放射性废物会向环境中泄漏出一定剂量的辐射。放射性材料也广泛用于人们的日常生活,如生产夜光手表、釉料陶瓷、人造义齿、烟雾探测器等。

4.1.2.3 剂量-反应关系

超过一定剂量的辐射可以杀死细胞,使相关组织的功能丧失。当全身受照剂量为 $1\sim2$ Gy 时,不良症状尚可自行恢复。如果一次接受的辐射量在 2 Gy 以上,就可能会出现明显的白细胞数量下降,并伴有发热、疲劳、呕吐、出血、暂时性脱发等症状,此时需要采取针对骨髓抑制的干预措施。当辐射剂量大于 4 Gy 时会出现并发高热和感染,大于 6 Gy 时会出现腹泻、眩晕、高血压甚至定向障碍等神经系统症状。辐射引起的白细胞减少、中性粒细胞减少、红细胞减少常不易恢复。表 4.2 简单总结了不同剂量辐射对应的急性辐射病及病死率。

表 4.2　不同剂量辐射对应的急性辐射病及病死率

辐射剂量/Gy	前驱症状程度及发生时间	潜伏期/天	病死率/%
1～2	轻微,2 h	21～35	0
2～4	中等,1～2 h	18～35	≤50
4～6	严重,<1 h	8～18	20～70
6～8	非常严重,<30 min	≤7	50～100
>8	致死性,<10 min	0	100

对于医疗辐射而言,单次检查的辐射剂量或患者一段时间内接受的累积辐射剂量往往属于低于 100 mSv 的低剂量辐射水平,对人体没有明显的危害,但少数人在两周后可会出现中性粒细胞减少等表现,但患者自身并没有因辐射产生疾病的感觉。较低剂量辐射存在破坏遗传物质、诱导体细胞突变的潜在风险,会在患者长期的生存过程中产生随机的遗传效应,甚至是致癌效应。表 4.3 简单总结了不同剂量辐射的健康风险和暴露实例。

表 4.3　不同剂量辐射的健康风险和暴露实例

有效剂量/mSv	癌症终生归因危险度	风险程度	暴露实例
<0.1	1/1 000 000	微小	胸部平片、牙片
0.1～1	1/100 000	极小	腹部平片
1～10	1/10 000	很低	钡餐、CT、冠状动脉造影
10～100	1/1000	低	增强 CT、CTCA
>100	>1/100	中等	多次 CT 扫描、介入操作

4.1.2.4　电离辐射对内分泌系统的影响

(1)电离辐射对甲状腺的影响:电离辐射会对机体的内分泌系统及代谢系统造成损伤,比如导致放射性甲状腺疾病和放射性性腺损伤。放射性甲状腺疾病是指电离辐射以内照射和(或)外照射方式作用于甲状腺和(或)机体其他组织,引起原发或继发性甲状腺功能和(或)器质性改变等相关疾病。

(2)电离辐射对性腺的影响:性腺是对电离辐射高度敏感的器官,无论是大剂量事故照射、核恐怖袭击还是小剂量职业照射,均可诱发性腺损伤。放射性性腺损伤存在阈剂量值,因照射条件和个人辐射敏感性不同,引起放射性性腺损伤的阈剂量并不一致。电离辐射所致的性腺疾病包括放射性不孕症及放射性闭经。部分患者伴有急性或慢性放射性损伤的其他表现。

(3)电离辐射对下丘脑-垂体的影响:有文献报道,大剂量 X 射线全身照射引起的下丘脑-垂体功能低下是以下丘脑损伤为主,进而导致继发的一系列损伤。5 Gy 以上剂量的全身照射可引起下丘脑不可逆损伤。在半致死量 X 射线全身照射初期,垂体内分泌功能变化非常明显,如垂体前叶细胞增多、变大,并有分泌增强、促甲状腺激素分泌增多等症状。经 5 Gy X 射线照射睾丸后,一周内卵泡刺激素(FSH)水平明显升高,促黄体生成素(LH)和睾酮维持正常水平。这表明虽然某些睾丸间质细胞受到损伤,却未影响睾酮的分泌。但生精细胞的改变影响了抑制素的分泌,进而减弱了机体对垂体 FSH 分泌的负反馈作用,使血清中 FSH 水平显著高于对照组(睾丸经 10 Gy X 射线照射)。睾丸经 10 Gy X 射线照射后,大鼠血清中催乳素和促甲状腺激素水平变化与 LH 和 FSH 水平的变化趋势是基本一致的,但经过 X 射线照射 97 天后,大鼠血清中催乳素水平接近正常,而 TSH 水平明显低于对照组;而头部经 10 Gy X 线照射后,48 h 后大鼠血清中催乳素、LH 和 FSH 水平均明显升高。垂体辐射敏感性与受照射年龄有关,儿童时期接受放疗可严重影响其生长和发育。

4.1.2.5　电离辐射对代谢系统的影响

代谢是机体处置外源性物质(包括药物和毒物)的最主要方式,该过程一般是在酶的催化下进行的。催化药物代谢的酶统称为"药物代谢酶",体内参与药物代谢的酶主要是细胞色素 P450(cytochrome P450,CYP450)。细胞色素 P450 的活性和表达影响药物的生物活性、疗效及安全性。而环境和疾病是影响细胞色素 P450 活性和表达的重要因素。辐射作为环境因素的一个重要方面,其对药物在体内代谢的影响已引起广泛关注。辐射条件下,机体会产生一系列生理性变化,其中部分为病理性变化。这些变化可引起机体脏器功能、代谢和结构发生改变,脂质、DNA 和蛋白质损伤,组织细胞死亡,DNA 突变及合成受阻,从而影响神经系统、免疫系统、内分泌系统、呼吸系统、消化系统等系统的正常功能,进而影响药物在体内的吸收、分布、代谢和排泄,导致药物代谢动力学特征发生改变。

CYP 主要有三个家族,即 CYP1、CYP2、CYP3。在 CYP1 系列酶中,CYP1A1 的活性表达受紫外辐射诱导影响,不受铀辐射影响;CYP1A2 的活性表达受高剂量 γ 射线诱导影响,不受铀辐射影响;CYP1B1 的活性表达受紫外辐射诱导影响;CYP1C、CYP1D 的活性表达不受紫外辐射的影响。在 CYP2 系列酶中，CYP2B1 的活性表达极易受 γ 射线影响，但不受紫外辐射影响；CYP2C9 的活性表达受 γ 射线诱导，但无显著性差异，γ 射线对 CYP2E1 的活性表达有显著影响；CYP2D1 是一种特殊的酶，高剂量辐射使大部分药物代谢酶 CYP450 的活性表达升高，但 CYP2D1 的活性表达会降低；在高原低氧条件下，CYP2D1 的表达升高，大部分药物代谢酶 CYP450 的表达降低。在 CYP3 系列酶中，所有酶均不受紫外辐射的影响，但 CYP3A1 的活性表达易受高剂量 γ 射线及铀辐射影响，CYP3A2 的活性表达受铀辐射影响。

放射病（radiation sickness）指由一定剂量的电离辐射作用于人体所引起的全身性或局部性放射损伤。自伦琴发现 X 射线以来，仅放射学专家中就有约 100 名因长期接触放射线而受到严重的放射损伤，甚至不幸死亡。在临床上，放射病分为急性、亚急性和慢性三种。

外照射急性放射病（acute radiation sickness from external exposure）是指人体一次或短时间（数日）内受到多次全身电离辐射，吸收剂量达 1 Gy 以上所引起的全身性疾病。核战争中的核武器爆炸会使大量人员受到不同剂量的外照射，引起急性放射病。和平时期，在核试验、核事故（如核反应堆、核燃料回收装置、放射源及其他辐射装置发生事故）以及放射性事故处理中，应急行动救援人员均易受到严重辐射，而导致外照射急性放射病。另外，在临床上一些放射性治疗过程中，有时需要作全身或大面积的大剂量射线照射，由此可能会引起医源性急性放射病。

根据临床表现和病理改变，不同剂量照射引起的外照射急性放射病可分为三种不同的类型：骨髓型、肠型、脑型。外照射急性放射病的病程一般有较明显的时相性，通常有初期、假愈期、极期三个阶段，但不同类型的放射病又不尽相同。肠型急性放射病以胃肠道损伤为基本病变。其中，轻度肠型急性放射病除受照后 1 h 内出现严重恶心、呕吐外，1～3 天内会出现腹泻、稀便、血水便，并有腮腺肿痛等初期症状。经 3～6 天假愈期后，上述症状加重。在极期还会伴有血、水样便及发热。重度肠型急性放射病在受照后 1 天内出现频繁呕吐、难以忍受的腹痛、严重稀水便、血液浓缩、脱水、全身衰竭、低体温等，随后剧烈呕吐胆汁或咖啡样物。严重者第二周的血水便或大便中会混有脱落的肠黏膜组织，还会出现大便失禁、高热等。肠型急性放射病患者造血功能损伤严重且难以恢复，经治疗后可能会出现骨髓型急性放射病的部分临床表现。

4.1.3 案例介绍

患者男性，51 岁，2002 年 6 月至 2019 年 4 月在上海某公司从事打磨、喷漆工作，接触噪声工龄 16 年零 10 个月。该公司生产工艺流程为钢材→下料→焊接→机加工→表面处理→组装→调试→出货。患者在表面处理环节从事打磨、喷漆工作,可接触的有害因素为噪声、粉尘、苯。患者每天工作 8 h,每周工作 5 天(在产量多时每天打磨 5～6 h,平时每天打磨 3 h),工作时佩戴 3M 耳塞,且公司有佩戴监督制度。车间为钢结构厂房(长 30 m,宽 20 m,高 10 m),有门窗及通风设备,无其他噪声防护措施。该公司未提供该工人上岗前体检资料,且在岗期间职业健康检查资料(2005—2016 年)显示患者未按噪声岗位要求进行体检。2017 年 11 月行职业健康检查纯音气导听阈测定时,医生发现该患者双耳高频平均听阈不低于 40 dB,建议其复查。2017 年 12 月,该患者复查纯音气导听阈测定,发现双耳高频平均听阈为 45 dB,右耳听阈加权值为 13 dB,左耳听阈加权值为 29 dB。体检结论为:无其他疾病或异常,建议加强劳动防护。其后该公司因减产安排该患者从事组装工作,偶尔打磨。2018 年 12 月行职业健康检查纯音气导听阈测定时,医生发现该患者双耳全频听力损伤,且以高频为主,双耳听阈加权值超过 25 dB,建议其复查。2019 年 3—4 月,患者在某医院复查纯音听阈测定,发现气骨导一致下降,双耳听阈加权值超过 25 dB,双耳高频平均听阈不低于 40 dB,以高频下降为主;声导抗,双耳鼓室图为 A 型。体检结论为:考虑疑似职业性噪声聋,建议患者申请职业病诊断。

4.2 化学性因素对内分泌系统及代谢系统的影响

4.2.1 无机化合物污染对内分泌系统及代谢系统的影响

无机污染化合物是由无机物构成的污染物,如各种有毒金属及其氧化物,酸、碱、盐类,硫化物和卤化物等。采矿、冶炼、机械制造、建筑材料、化工等工业生产排出的污染物中,大部分为无机污染物,其中硫、氮、碳的氧化物和金属粉尘是主要的大气无机污染物。各种酸、碱、盐类的排放会引起水体污染。水体中的污染物不仅是影响水体质量的重要原因,而且会通过直接饮用或食物链传递使人体发生急性或慢性中毒,进而影响人群健康。工业废水所含化学物质与企业类别、生产产品、工艺过程和处理过程密切相关,其中所含的重金属(如铅、镉、汞、铜)会在沉积物或土壤中积累,并通过食物链危害人体与其他生物。本部分将以镉、氟、砷及其化合物为代表,介绍水体污染对内分泌系统及代谢系统的危害。

4.2.1.1 镉及其化合物

镉是一种有毒重金属,在动物体内的半衰期为 10～30 年,为已知的最易在动物体内蓄积的有毒物质。在工业上,镉用途广泛。随着工业生产的发展,镉通过废水、废气、废渣等被排放到环境中,又经被污染的食物、饮用水等多种途径进入人体,从而对人体造成损害。

镉在自然界中多以化合态存在,大气中镉含量一般不超过 0.003 $\mu g/m^3$,水中镉含量一般不超过 10 $\mu g/L$,土壤中镉含量一般不超过 0.5 mg/kg。在工业上,镉主要用于电镀及生产颜料、塑料稳定剂、合金、电池、陶瓷等,以上用途占镉总消耗量的 90%。此外,镉还可用于生产电视显像管磷光体、高尔夫球场杀真菌剂、核反应堆的慢化剂和防护层、橡胶硫化剂等。全球每年向环境中排放 4000～13 000 t 镉,我国每年工业排放镉约 600 t,造成了严重的环境污染。一般来说,大气中的镉主要来自有色金属的冶炼、煅烧,矿山的烧结,含镉废弃物的处理等。水体的镉污染主要来自工业废水和矿山冶炼排出的废水。

镉引起的人群慢性镉中毒已经成为一个倍受关注的环境健康问题。镉可通过受污染的土壤进入稻米中。贵州是铅锌矿蕴藏量较为丰富的地区,同时还分布着大量的镉,被列为镉分布区(包括黔西南和黔西大部分地区)。1985 年,有人报道称贵州省赫章县存在一个镉中毒病区,其镉负荷背景与 20 世纪 70 年代日本报道的神通川流域"痛痛病"病区的水平相似。流行病学调查显示,该地区 20 年来一直存在镉污染,且镉的累积水平较高,如食物中镉含量高出对照区 15 倍,尿镉高出对照区 8 倍。这表明,赫章县仍是镉污染的重灾区,当地居民的身体健康受到镉污染的严重威胁。2006 年 1 月,由于工业废水排放导致土壤和作物长期受到镉污染,湖南省株洲市天元区马家河镇新马村 1000 余居民被检出尿镉超标 2～5 倍,150 余人被诊断为慢性轻度镉中毒。

镉可通过食物、水、空气、吸烟等途径由消化道和呼吸道进入人体,经呼吸道摄入镉的吸收率为 20%～40%,而经消化道摄入镉的吸收率约为 5%。消化道摄入是机体摄取镉的主要途径,吸收的镉进入血液后,可以与血红蛋白和低分子硫蛋白结合,通过血液循环到达全身。镉主要蓄积于肾脏和肝脏,其中肾脏可蓄积总吸收量的 1/3,是镉中毒的重要靶器官,此外镉在脾、胰、甲状腺、睾丸和毛发中也有一定的蓄积。镉在人体内的生物半衰期长达 10～25 年,可在体内不断蓄积。新生儿体内含镉量约 1 μg,而在无职业暴露的情况下,体重为 70 kg 的 50 岁男性体内镉蓄积量约 30 mg,是新生儿的 30 000 倍。

我国《生活饮用水卫生标准》(GB 5749—2006)规定,生活饮用水中镉含量不得超过 0.005 mg/L;《地表水环境质量标准》(GB 3838—2002)规定,地表水中镉最高容许浓度为 0.005 mg/L;《污水综合排放标准》(GB 8978—1996)规定,废水中总镉含量不得超过 0.1 mg/L。为了预防摄入过量的镉,世界卫生组织建议成人每周摄入的镉不应超过 400～500 μg。为尽早发现镉污染的健康危害,我国还制定了《环境镉污染健康危害区判定标准》(GB/T 17221—1998),此标准适用于环境受到含镉工业废弃物污染,并以食物链为主要接触途径而导致镉对当地一定数量居民产生器官慢性损伤的污染危害区。

尿镉主要与体内镉负荷量及肾镉浓度有关,通常用作镉暴露和吸收的生物标志物。研究显示,当尿镉达 5～10 μmol/mol 肌酐时,肾小管功能异常的患病率可达 5%～20%,故以 5 μmol/mol 肌酐的尿镉作为慢性镉中毒的诊断下限值。慢性镉中毒患者的尿镉通常超过此值,脱离镉接触较久者的尿镉会有所降低,但仍高于当地正常参考值上限。另外,当肾皮质中镉浓度达 200 μg/g 时会发生肾损伤。慢性镉中毒的发生也与年龄、性别有关,慢性镉中毒发病年龄一般为 30～70 岁,平均 47～54 岁。慢性镉中毒的潜伏期长达 10～30 年,一般为 2～8 年。患者多为 40 岁以上的妇女,妊娠、哺乳、营养不良、更年期是发病的诱因。

镉对下丘脑-垂体-性腺轴调节功能的影响是其内分泌干扰作用的重要机制之一。镉能抑制 25-羟基胆固醇诱导的孕激素的生成,也可直接抑制卵巢颗粒细胞合成雌激素、孕激素,并且随着血镉浓度的增高,抑制程度加强。低剂量的镉暴露还可以通过调节下丘脑-垂体-性腺轴及减数分裂关键基因的表达水平,引起斑马鱼精巢的组织学损伤和血浆雄激素质量及浓度异常。

肾损伤是慢性镉污染对人体的主要危害之一。一般认为,镉所致的肾损伤是不可逆的,目前尚无有效的治疗方法。进入人体的镉能够损伤肾小管,造成肾小管退行性病变,使人出现糖尿、蛋白尿和氨基酸尿等症状,并使尿钙和尿酸排出增加。镉还可以干扰铁代谢,使肠道对铁的吸收降低,破坏红细胞,从而引起贫血症。

4.2.1.2　氟及其化合物

氟在自然界中分布广泛,其化学性质活泼,常温下能同所有的元素化合(尤其是金属元素),所以氟一般不以游离状态存在,而是以化合物形式存在。氟的成矿能力很强,各种岩石中都含有一定量的氟,平均为 550 mg/kg。

地下水中含氟量比地表水高。空气中含氟量较低,但当大气受到较严重的氟污染时,人们可从空气中吸入较多氟。各种食物都含有不同浓度的氟,植物中氟含量与品种、产地土壤及灌溉用水的氟含量有关。瓜果类含氟量较低,即使在氟中毒病区,鲜品含氟量多在 0.5 mg/kg 以下。叶类蔬菜含氟量比果实类高,若用高氟水灌溉可达较高浓度。粮食含氟量一般高于瓜果类,有些地区含量可以超过 1 mg/kg。除奶类含氟量很低外,动物性食物含氟量往往高于植物性食物,且与动物生长环境有关。多数情况下海产动物食品含氟量高于陆生动物食品。在动物食品中,骨组织及筋腱等部位含氟量较高。每千克食盐可含氟数毫克至数十毫克。燃烧高氟煤取暖、做饭和烘烤粮食可引起室内空气和食物的氟污染。砖茶中氟含量很高,一般在 100 ng/kg 以上。

人体内的氟通常来源于饮水及食物,少量来源于空气。氟主要经消化道吸收,其次是经呼吸吸收。皮肤也会吸收少量的氟,但与消化道和呼吸道相比其吸收量甚微。溶解于水溶液中的氟(包括饮水和饮料中的氟)几乎可以全部被消化道吸收,食物中的氟约有80%可被吸收。

氟中毒患病率与饮水氟含量呈明显正相关。全国饮水型病区人口 8728 万,氟骨症患者人数为 1525 万～1667 万。理论上,通过饮食或其他途径摄入的氟越多,发生氟中毒的可能性越大,但是其他因素对此影响很大,下面列举几种。

(1)年龄:氟斑牙主要发生在正在生长发育中的恒牙,乳牙一般不发生氟斑牙。恒牙形成后患者再迁入高氟地区,一般不会再患氟斑牙。而氟骨症发病主要在成年人,发生率随着年龄增长而升高,且病情严重。

(2)性别:地方性氟中毒的发生一般无明显性别差异。但是,由于生育、授乳等因素的影响,女性的病情往往较重,特别是容易发生骨质疏松软化,而男性则以骨质硬化为主。

(3)居住时间:恒牙萌出后迁入者一般不会再出现氟斑牙,但其氟骨症发病往往比当地居民更严重。在污染区居住年限越长,后迁入者氟骨症患病率越高,病情越重。非病区迁入者发病时间一般比病区居民短,迁入重病区者可在 1～2 年内发病,且病情严重。因此,民间有"氟中毒欺侮外来人"的说法。

(4)其他影响因素:地方性氟中毒的发生也受其他因素影响,其中最主要的是饮食营养。蛋白质、维生素、钙、硒和抗氧化物具有拮抗氟毒性的作用。在暴露于相同氟浓度的条件下,经济发达、营养状况良好的地区氟中毒患病率低,病情较轻。相反,营养状况不佳的地区氟中毒患病率高,病情较重,甚至在饮水氟低于 1 ng/L 的情况下也有氟斑牙出现。饮水中钙离子浓度低、硬度小等也会促进氟的吸收。在含钙、镁离子较高的饮水型病区,氟中毒发病较轻。气候因素既会影响水消耗量,也会影响氟中毒发病。在温度较低的湿润地区用水量少,氟中毒发病轻。例如,新疆阿勒泰地区水中氟含量为 1.0 mg/L,但氟斑牙发生率很低;而干旱且夏季炎热的莎车地区水中氟含量约为 0.6 mg/L,氟斑牙发生率却超过 30%。氟中毒发病存在个体差异。同一病区甚至同一家人,存在发病与不发病或病情程度上有差异的情况。

一般认为,慢性地方性氟中毒的发病机制与过量氟破坏钙、磷正常代谢,抑制某些酶活性,损害细胞原生质以及抑制胶原蛋白合成等有关。

(1)对钙、磷代谢的影响:过量氟会消耗大量的钙,使血钙水平降低,刺激甲状旁腺分泌激素增多,抑制肾小管对磷的重吸收,使磷排出增多,继而导致磷代谢紊乱。血钙减少和甲状旁腺激素(parathyroid hormone, PTH)的增加反过来又刺激钙从骨组织中不断释放,造成骨质脱钙或溶骨,临床上可表现为骨质疏松、骨软化甚至骨骼变形。钙和维生素 D 不足、营养不良,再加上妊娠、哺乳,使女性受影响更大,更易导致严重骨质疏松或骨软化。膳食低钙导致整体低钙,但又使靶细胞内 Ca^{2+} 升高,这种"钙矛盾"(calcium paradox)也会导致氟骨症。

(2)抑制酶的活性:氟可与某些酶结构中的金属离子形成复合物,或与其中带正电的赖氨酸和精氨酸基团、磷蛋白以及一些亲氟的不稳定成分相结合,改变酶结构,抑制酶的活性。由于氟会与钙、镁结合成难溶的氟化钙及氟化镁,使人体内需要钙、镁参与的酶活性受抑制。例如,氟能抑制细胞色素氧化酶、琥珀酸脱氢酶和烯醇化酶等多种酶的活性,使三羧酸循环障碍、能量代谢异常,导致腺苷三磷酸生成减少,最终导致骨组织营养不良;氟还能抑制骨磷酸化酶,影响骨组织对钙盐的吸收和利用。在慢性氟中毒发病机制的研究中,氧化应激一直是研究的热点问题之一。氟可使抗氧化酶活性下降,自由基含量增多,引起细胞损伤。

(3)对内分泌腺等的毒性作用:氟对细胞原生质和多种系统的酶活性都有影响。氟作用于内分泌腺,使甲状旁腺和甲状腺中分泌降钙素的 C 细胞功能紊乱,抑制垂体前叶对生长激素和催乳素的分泌;氟可直接作用于雄性生殖系统,破坏睾丸细胞的结构,影响它的内分泌功能,导致生殖功能下降。

4.2.1.3　砷及其化合物

砷具有金属性,毒性极低,但其化合物(如氧化物、盐类及其有机化合物)均有毒性。引起砷中毒的化合物主要有三氧化二砷(俗称"砒霜")、五氧化二砷、砷化氢、二硫化二砷(雄黄)、三硫化二砷(雌黄)等。三价砷化合物的毒性比五价砷更强。

虽然砷是自然环境中的一种有毒物质,但在矿业开采过程中,只有少量砷伴随着主要元素被开采出来。在矿石的前处理(如选矿过程)中,大部分砷被弃留在尾矿中。据统计,我国平均约 70% 的砷采出量废弃于选矿尾砂中,矿石中的砷平均只有 20% 进入冶炼厂。从国内外尾砂库的情况来看,一些单独砷矿区或伴生砷有色金属矿区的尾矿中,砷含量非常高,是一种潜在的污染源。此外,在有色金属矿的提取过程中,砷以氧化物或盐的状态分别进入烟气、废水和废渣中。大部分冶炼厂缺乏合适的处理方法,常将大量含砷废弃物堆存或以"三废"形式排放,对周边环境造成了严重污染。据不完全统计,每年随精矿进入冶炼厂的砷总量达 6000 t,因砷回收技术落后,经济效益差,回收的砷不足进厂总砷量的 10%,其余 20% 以上的砷进入冶炼渣,60%~70% 的砷以中间产品堆存,另一部分砷被排入废气、废水中。因此,采出的砷大部分被不同程度地遗弃、流失,致使资源浪费,砷污染蔓延。

据报道,研究人员在内蒙古砷中毒区采用人工神经网络方法,建立了水砷与砷中毒的非线性人工神经网络 BP 模型,揭示了该区地下水中水砷浓度与砷中毒发病率的关系。饮水型病区由于饮用水中含砷量较高,造成机体摄入过量的砷,从而导致砷在人体内蓄积,使暴露人群表现出砷中毒症状。全世界有 20 多个国家发现有地方性砷中毒病区或高砷区存在,暴露于水砷浓度超过 0.05 mg/L 的人群在 5000 万以上。加拿大、美国、匈牙利、孟加拉国、印度、尼泊尔、越南、柬埔寨等国家均有饮水型砷中毒病区存在。台湾西南沿海是我国最早报道有饮水型地方性砷中毒的地区,当地居民中砷中毒流行,且多表现为"乌脚病"。20 世纪 80 年代初,新疆奎屯地区发现井水中砷含量较高。"十二五"期间,我国发现饮水型地方性砷中毒病区主要分布于新疆、内蒙古、青海、甘肃、宁夏、山西等 9 个省(区)的 45 个县,其中内蒙古、山西两省(区)以中、重度病区(村)为主。上述省(区)中,生活饮用水砷含量超标村庄的受威胁人口约 185 万。砷暴露是一个全球性公共卫生问题,目前全世界超过 2 亿人的饮用水中砷含量超标。在我国,砷中毒大多数是由饮用水中砷含量过高引起。小儿砷中毒一般由服用含砷药剂过量所致,也可能是误食含砷的毒鼠药、杀虫药所致。另外,孕妇砷中毒也可能导致胎儿及乳儿砷中毒。

砷化合物可经呼吸道、消化道和皮肤进入人体。一般来说,经呼吸道吸入砷的化合物主要是职业暴露(如采矿作业、农药喷洒和工业制造等)所致,其吸收率主要取决于砷化合物的溶解性和粒子大小,多引起急性砷中毒。消化道摄入砷化合物主要是因为饮用了富含砷的水。不溶于水的砷化合物一般毒性小,被吸收的量较少,99% 的砷化合物会以原有的形式经消化道排出体外;可溶性砷化合物毒性大,通过消化道进入人体,吸收率高达 90%,多引起慢性砷中毒。皮肤对砷的吸收率很低,仅能吸收砷和氢化砷。进入血液的砷化合物主要与血红蛋白结合,并随着血液分布到全身各组织和器官,沉积于肝、肾、肌肉、骨骼、皮肤、指甲和毛发。

世界卫生组织认为,在砷的健康损害研究中,低浓度砷暴露与健康效应、皮肤损害的剂量-反应关系及与致癌的相关性等是研究的关键。皮肤病变是评价慢性砷中毒最常用的指标。调查显示,砷暴露地区人群中皮肤病的患病率是 45.6%,并且暴露浓度与患病率有相关性。

砷也是一种性激素内分泌干扰物。现已有大量的研究表明,砷能够干扰性激素内分泌系统,降低促性腺激素、性激素含量,抑制精子生长,降低卵巢羟基类固醇脱氢酶(HSD)活性,推迟发情期。大量研究表明,砷对肾上腺内分泌系统也有干扰作用。砷可以通过影响糖皮质激素受体和盐皮质激素受体的表达,从而干扰肾上腺内分泌系统的稳态。研究人员通过深入研究还发现,砷可以通过多种途径干扰性激素内分泌系统和肾上腺内分泌系统。

4.2.2　有机化合物污染对内分泌系统及代谢系统的影响

由于土壤环境具有开放性特点,使其极易受到人类活动的影响。当土壤中有害物质过多,超过土壤的自净能力时,就会引起土壤的组成、结构和功能发生变化,微生物活动受到抑制,有害物质或其分解产物在土壤中逐渐积累。人为因素是造成土壤重金属、农药、石油污染的主要原因,致使土壤酸化、营养元素流失,进而破坏土壤生态系统,降低作物产量和品质。有害物质通过"土壤—植物—人体",或通过"土壤—水—人体"的形式间接被人体吸收,对人体健康造成危害。本节通过双对氯苯基三氯乙烷(dichlorobenzene trichloroethane,DDT)、二噁英、多氯联苯来介绍土壤中的化学性污染对内分泌系统及代谢系统的危害。

4.2.2.1　双对氯苯基三氯乙烷

双对氯苯基三氯乙烷作为一种典型致畸、致癌、致突变的持久性有机氯农药,曾被广泛用作除草剂和杀虫剂。DDT 的主要异构体和同系物为 o,p'-DDT、p,p'-DDE、p,p'-DDD,DDT 的代谢产物为对氯苯基-氯乙烯(P-chlorobenzene-vinyl chloride,DDE)。DDT 通常用于防治农业害虫、林业害虫、生活害虫和疟疾等,是首批因具有持久性污染被列入《斯德哥尔摩公约》的 12 种有机污染物之一。DDT 具有亲脂性和易挥发性,作用持久,具有急毒性和生物累积性,在绝大多数土壤、水体、食品和动物体中被检出。

由于具有挥发性,DDT 在环境中普遍存在,即使是南极融化的雪水中也能检测到微量的 DDT。DDT 有较高的稳定性和持久性,用药 6 个月后的农田里仍可检测到 DDT 的蒸发。大气中的 DDT 经沉降作用会进入陆地和水体。

土壤是农药在环境中的"储藏库"与"集散地",施入农田的农药大部分残留于土壤环境介质中。研究表明,表层土壤 DDT 降解 50% 需要 16~20 天,降解 90% 需要 1.5~2 年;与土壤结合的 DDT 降解 50% 需要 5~8 年,降解 90% 需要 25~40 年。1980 年,全国受 DDT 污染的耕地面积达 0.133 亿公顷,约占全国耕地总面积的 1/7,农田耕层土壤中总 DDT 含量为 0.419 mg/kg。1983 年禁用 DDT 后,土壤中 DDT 含量才逐渐下降。1985 年,全国农田耕层土壤中总 DDT 含量下降为 0.222~0.273 mg/kg;1989 年,全国 9 个省抽样检测土壤 DDT 残留量平均值范围为 0.0171~0.1337 mg/kg。近几年调查结果表明,大部分地区土壤 DDT 残留量比 20 世纪 80 年代初下降了 1~2 个数量级。总体上看,目前我国土壤的 DDT 污染已趋于缓和,大部分地区 DDT 残留量已下降至较低水平。但有报道称,我国部分地区及某些类型土壤中 DDT 残留量仍处在较高水平,甚至个别地区仍有 DDT 使用情况存在。因此,DDT 对土壤的污染并未因为 DDT 的限制使用而消失,而会在一定时期内长期存在。

通过环境介质或食物链进入人体的 DDT 和 DDE 可在人体的脂肪组织、血液和乳汁中蓄积。一般来说,暴露水平越高,机体 DDT 和 DDE 生物蓄积量越大。DDT 在体内的蓄积量随着年龄增长而上升,60 岁以上年龄组普遍高于其他年龄组。DDT 在人体内蓄积的形式以 p,p'-DDE 为主,其次是 p,p'-DDT。p,p'-DDT 蓄积在体内后,可通过脱氯化氢缓慢地转化为 DDE。动物实验证明,p,p'-DDT 在 3 年内可转化 20%,体内最后的蓄积量为摄入量的 7%～10%。正常情况下,当减少使用或停用 DDT 后,蓄积在人体内的 DDT 和 DDE 会逐年下降。由于 p,p'-DDT 下降比 p,p'-DDE 快,因此可以用 p,p'-DDE 和 p,p'-DDT 的比值反映 DDT 停用的历史。

DDT 及其机体内的主要代谢产物 DDE 可抑制线粒体电子呼吸传递系统中的亚结构细胞色素 C,导致电子渗漏增多,使渗漏的电子被 O_2 接受生成超氧阴离子,继而引发一系列的自由基生成反应。在自由基引发的机体损伤中,脂质过氧化被认为是主要的损伤。脂质过氧化可以引起多种细胞功能的损伤,并且和多种疾病的发生发展有密切关系,下面试举两例。

(1)DDT 的雌激素效应:DDT 及其代谢产物被广泛认为是具有较弱的雌激素效应的内分泌干扰物质,不仅影响类固醇激素的功能,还能够影响各类信号分子。研究表明 p,p'-DDT 具有抑制肝脏细胞对雌激素 E2 和 E1 的代谢速率的效果,通过调整 E2/E1 的比例,间接增加雌激素的负荷,从而增加生殖病变的风险。

(2)DDT 的神经内分泌干扰作用:在胎儿阶段,DDT 能与甲状腺激素和性激素依赖的系统相互作用,扰乱神经内分泌系统,并影响海马体和大脑皮质的发育。

DDT 对脂肪分化具有重要的调节作用,暴露于 DDT 的脂肪细胞中可观察到过氧化物增殖激活受体(PPARs)的亚型 PPAR-γ 的过表达。DDT 作为内分泌干扰物,其改变核内蛋白的作用同样影响脂肪的分化,亦可通过酪氨酸激酶的级联通路和受体型酪氨酸蛋白激酶(JAKs-STATs)信号传导通路对有丝分裂造成影响。长期暴露于 DDT 可引起 2 型糖尿病发病率升高,超重率上升,还会导致胰岛素阻滞和血脂异常等。

4.2.2.2　二噁英

二噁英通常指具有相似结构和理化特性的一组多氯取代的平面芳烃类化合物,属氯代含氧三环芳烃类化合物,包括 75 种多氯代二苯并-对-二噁英和 135 种多氯代二苯并呋喃(PCDD/Fs)。研究最为充分的有毒二噁英为 2 位、3 位、7 位、8 位被氯原子取代的 17 种同系物异构体单体,其中,2,3,7,8-四氯二苯并-对-二噁英(2,3,7,8-tetrachlorodibenzo-p-dioxins,2,3,7,8-TCDD)是目前所有已知化合物中毒性最强的二噁英单体,具有极强的致癌性和极低剂量的环境内分泌干扰作用。

二噁英为非商品化化学物,无任何工业用途,但其来源十分广泛。二噁英有极强的吸附性,可以吸附在大气尘埃、水中污染物及土壤中,故可广泛分布于大气、水体(尤其水中污泥)及土壤中。大气环境中的二噁英来源复杂,钢铁冶炼、有色金属冶炼、汽车尾气、焚烧(包括医药废水焚烧、化工厂的废物焚烧、生活垃圾焚烧、燃煤电厂等)等都会产生二噁英。含铅汽油、煤、防腐处理过的木材、石油产品以及各种废弃物(特别是医疗废弃物)等在燃烧温度低于 300~400 ℃时容易产生二噁英。聚氯乙烯塑料、纸张、氯气以及某些农药的生产环节,催化剂高温氯气活化等过程也会向环境中释放二噁英。二噁英还作为杂质存在于一些农药产品[如五氯酚(PCP)]中。

美国环境保护署(environmental protection agency,EPA)确定 TCDD 的主要来源为燃烧和焚化、化学品制造、工业城市废弃物处理及含 TCDD 再生资源的利用。EPA 认为,来自医院及城市废弃物焚烧的 TCDD 约占已知 TCDD 排放量的 95%。在五氯酚及除草剂等生产过程中,TCDD 以副产品的形式大量形成。另外,农村焚烧农作物秸秆、森林火灾、纸浆漂白、汽车尾气排放和香烟燃烧等过程也能产生大量 TCDD。

土壤作为二噁英的天然汇集地,在上述过程中产生的二噁英可通过大气干/湿沉降、有机氯农药施用、污水污泥农用以及废弃物的堆放等多种途径进入土壤。世界各国土壤二噁英污染调查研究资料表明,土壤中二噁英的水平与土地利用方式有密切关系。一般来说,农业与林牧区土壤往往含有较低的二噁英,而工业区和城市地区土壤中二噁英浓度往往较高。

另外,研究人员在人体血液、母乳和湖泊底泥中都检出了较低浓度的二噁英。我国曾用五氯酚钠作为防治血吸虫病的灭钉螺药物,其生产会有二噁英等副产品生成。作为首选的灭钉螺化学药物,五氯酚钠在我国被使用了几十年,每年的喷洒量约为 6000 t,这必然造成二噁英在喷洒区的沉积。另外,在我国 2008 年 8 月 1 日起施行的《国家危险废物名录》列出的 49 类危险废物中,至少有 13 类与二噁英直接有关或者在处理过程中可能产生二噁英。所以,未来几年甚至十几年内,开展二噁英污染调查和控制研究都是非常有意义的。

二噁英的主要吸收途径有消化道、皮肤和肺。2,3,7,8-TCDD 在肝脏与脂肪的分布比例有一定的种属差异,在人体中主要蓄积于脂肪组织,在实验动物中主要蓄积于肝脏。另外,二噁英可通过胎盘转移到胎儿体内,但胎儿体内的浓度一般不高于孕妇。二噁英还可以被分泌于乳汁中,借助乳汁转移到婴儿体内。

在校正年龄、性别、吸烟、饮酒等因素后,研究人员发现血清二噁英暴露水平与氧化损伤标志物(尿 8-OHdG 和尿 8-iso-PGF2α)无显著相关;排除吸烟因素后,研究人员发现不吸烟人群血清二噁英水平与氧化损伤标志物相关。外暴露二噁英水平与氧化损伤标志物相关,且以外暴露二噁英四分位分组,尿 8-OHdG 和尿 8-iso-PGF2α 均呈现上升的趋势,这表明外暴露二噁英导致的氧化损伤标志物浓度的升高具有剂量-反应关系。

二噁英作为一种环境激素,可扰乱内分泌系统的正常功能,影响机体整体、细胞和分子水平的信号传导作用,损害机体的健康和生殖功能。孕期妇女接触二噁英会使胎儿血清甲状腺素水平下降,即抑制甲状腺的功能。二噁英还会降低胰岛素水平或使胰岛素受体功能下降,引起糖代谢紊乱。

4.2.2.3　多氯联苯

多氯联苯(PCBs)是一类重要的持久有机污染物,具有良好的化学惰性、抗热性、不可燃性、低蒸气压和高介电常数,被广泛应用于电力工业、塑料加工业、化工行业和印刷业等领域。通常情况下 PCBs 非常稳定,不易分解,不与酸、碱、氧化剂等化学物质反应,极难溶于水,但因其对脂肪具有很强的亲和性,故极易在生物体的脂肪内富集。PCBs 进入环境后,通过迁移挥发、扩散、吸收、吸附、解吸等过程扩散至各种环境介质中,其同系物和异构体的组成会发生缓慢的生物转化,持久存在于土壤、水和沉积物中,被植物和水生生物吸收,并通过食物链传递和富集。

1960 年前后,研究人员在研究有机氯农药污染时发现了一组未知色谱,1966 年由瑞典科学家证实为 PCBs。之后的研究表明,在 1944 年左右,PCBs 就已经明显污染生态系统,而且污染的严重程度远远超出预料。据估计,存在于全世界海洋、土壤、大气中的 PCBs 总量为 25 万~30 万吨甚至更多,污染的范围很广,从北极的海豹、加拉帕戈斯的黄肌鲔到南极的海鸟蛋,日本、美国、瑞典等国家的牛乳中均能检出 PCBs。PCBs 的世界性污染主要来源于大量使用 PCBs 的工厂,如用 PCBs 作为绝缘油的电机工厂,用 PCBs 作为热载体和润滑油的化学工厂、造纸厂(特别是再生纸厂)。船舶的耐腐蚀涂料中也含有 PCBs,被海水溶出后也是相当大的污染源。这些污染源的 PCBs 以废油、渣浆、涂料剥皮等形式进入水系,沉积于水底,然后缓慢地向水中迁移,进而污染生态系统。

PCBs 在大气中主要附着在颗粒物上,在水中则附着在悬浮颗粒物上。在强烈搅动或存在表面活性剂的情况下,部分 PCBs 也会溶于水(有时溶解度达 10~20 mg/L)。污染海洋的石油能促使 PCBs 分散于水中,并随海水的流动而迁移。大量 PCBs 溶于海面漂浮的油膜,使海洋表层浮游生物受到严重污染。PCBs 污染大气、水、土壤后,通过食物链的传递,富集于生物体内。例如美国某地小麦、麦蒿中 PCBs 含量达 0.3 mg/L,牛乳中 PCBs 含量高达 28 mg/L。

PCBs 可通过哺乳动物的胃肠道、肺和皮肤被吸收。PCBs 进入机体后,广泛分布于全身组织,其中脂肪和肝脏中含量较多。PCBs在体内的代谢速率随氯原子的增加而降低。在哺乳动物体内,PCBs部分以含酚代谢物的形式从粪便中排出。所有羟基代谢物都通过胆汁经胃肠道从粪便排出,PCBs含氯量越高,发生羟基化反应的可能性越小。在人奶中亦能排出少量PCBs,但均以原形化合物的形式存在。

在不同剂量条件下,多氯联苯化合物的活性表现出不同的机制,其非单调剂量-反应曲线的形成源于高低剂量效应机制的差异。低剂量PCBs主要通过芳烃受体介导干扰鸡胚肝细胞的细胞色素(P4501AI)正常生理功能。随着剂量增加,细胞内的反馈调节作用慢慢占主导地位。当剂量升高到一定程度时,表现出一定反应性急性毒性机制,从而对鸡胚肝细胞的结构与功能产生损伤。

PCBs对人体内分泌系统的影响:PCBs有多种毒理效应,可危害代谢器官的功能和神经系统,具有化学致癌、致畸、致突变效应,生态食物链毒理学效应,环境"雌性化"效应,会促发赤潮及藻毒素效应等。PCBs的蓄积性将随含氯量的增大而增大,并可以通过食物链进入人体,在人体中积累和浓缩。PCBs的生物转化有两条途径:一条是形成甲磺基多氯联苯;另一条是转化成羟基多氯联苯,其中以形成羟基化代谢产物为主。羟基多氯联苯在结构上与雌激素和甲状腺激素类似,能够在生物机体内产生类雌激素干扰和甲状腺干扰,因而被广泛关注。

PCBs与人体促甲状腺激素水平的关系:美国一项对424名10～20岁青年人的流行病学研究显示,人群血液中的PCBs水平与促甲状腺激素水平呈正相关,与游离甲状腺素(FT4)水平呈负相关。另有研究调查了居住在有毒废弃物焚化炉附近7～10岁的671名儿童,结果发现他们血液内PCB118浓度与血清游离甲状腺激素呈正相关,而PCB138、PCB153、PCB180、PCB183和PCB187的浓度与血清游离甲状腺原氨酸(FT3)呈负相关。

PCBs可通过促进前脂肪细胞分化、加强葡萄糖摄取、激活脂肪生成相关基因或抑制瘦素基因表达而导致肥胖。血清中PCBs浓度与被调查人群的腰围呈线性正相关。除肥胖之外,PCBs暴露对糖代谢异常及糖尿病发生的影响也受到了人们的广泛关注。动物实验证实,PCBs可通过受体介导、氧化应激、激活PPAR-γ及干扰胰岛素依赖性信号传导通路等途径干扰胰岛素的分泌和功能发挥,诱发胰岛素抵抗和糖尿病的发生。

4.2.2.4 多环芳烃

多环芳烃(PAHs)是指两个以上苯环以稠环形式相连的化合物,是一类广泛存在于环境中的致癌性有机污染物。PAHs在环境中的存在形态及分布受其本身物理化学性质和周围环境的影响。空气中PAHs主要以气态和颗粒态两种形式存在,其中分子量小的 2～3 环 PAHs 在空气中主要以气态形式存在,4 环 PAHs 在气态、颗粒态中的分配基本相同,5～7 环的大分子 PAHs 则绝大部分以颗粒态形式存在。PAHs 比较稳定,主要通过呼吸道进入人体,因其具有亲脂性而易于在脂肪多的组织器官中蓄积,产生蓄积毒性。

PAHs 主要来源于燃料的不完全燃烧和热解,同时也来源于石油产品的挥发和泄露以及有机沉积物在缺氧条件下的岩化。人们通常把 PAHs 的来源分为两类:自然源和人为源。自然源主要包括森林大火、火山喷发等燃烧,以及沉积物成岩和生物转化等过程,同时自然储存的煤和石油中也含有大量的 PAHs;人为源则主要包括工业、交通和日常生活产生的污染。我国 PAHs 排放量估算研究发现,工业源与交通运输源具有较高的贡献率,而工业源中石化行业的贡献率最高。交通污染源主要来源于飞机、汽车等交通工具排放的尾气,这些废气中约有 100 种 PAHs。而日常生活源主要来自室内燃煤取暖、烹饪过程中燃料的不完全燃烧和食物高温热解。通常,室内空气中 PAHs 主要有两个来源:一是室外空气,二是室内吸烟、采暖、烹调等。研究表明,民用煤炉燃烧排放的 PAHs 中,致癌物占 35%～65%。受污染的室内空气中存在 30 多种致癌性物质,其中半数以上是 PAHs 及其衍生物。

一项调查显示,土耳其某石化工业区空气中多环芳烃的浓度为 7.3～71.9 $\mu g/m^3$,且冬季空气中的多环芳烃浓度要高于夏季。有研究人员对中国台湾台南市不同地区空气 PM_{10} 中多环芳烃的污染情况进行了调查,发现石化工业区的浓度为 116.8 ng/m^3,低于市中心和交通繁忙区。

PAHs 进入人体的主要途径有皮肤接触、呼吸道以及消化道。PAHs 在人体内的代谢比较复杂,其代谢主要发生在肝脏中,并且主要通过尿液和粪便排出体外。尿液中的代谢产物会在几天内排泄出来。PAHs 进入人体后,在某些非特异性酶的作用下被氧化为芳烃含氧化合物,进而在其他酶的作用下失去活性,形成水溶性的硫酸盐和葡萄糖苷酸,最终通过尿液或粪便等排出体外。水溶性的羟基或二羟基的硫酸、葡糖醛酸结合物是尿液中检测最多的 PAHs 代谢产物。

PAHs 暴露对人体健康的急性影响主要取决于暴露程度(如暴露时间)、暴露浓度、受暴露的 PAHs 种类及暴露途径。另外还有许多其他因素可能影响 PAHs 的健康效应,如暴露者本身的健康状况、年龄、性别等。萘是 PAHs 中挥发性最强的,也是一种在环境中普遍浓度最高的 PAHs,其进入人体的主要途径是呼吸暴露。美国环保署估算,人体通过呼吸、饮食、土壤和粉尘吸收的萘分别为 1.13 $\mu g/kg$、0.237 $\mu g/kg$ 和 0.235 $\mu g/kg$。当空气中多环芳烃的浓度高于 30 ng/m^3 时,1-羟基芘更适合作为环境空气 PAHs 污染的有效生物标志物。

非职业暴露不吸烟人群尿液中 1-羟基芘的生物暴露极限（biological exposure limits，BEL）为 0.24 μmol/mol，吸烟人群则为 0.76 μmol/mol。研究人员对 100 名不吸烟成人 24 h 呼吸的空气样品和尿液样品进行了研究，建立了 1-羟基芘与空气中 PAHs 暴露浓度的关系，在参考空气中苯并芘（BaP）污染与肺癌死亡率的剂量-反应关系模型的基础上，推算出若 PAHs 的致癌风险小于 1/10 000，则对应尿液中 1-羟基芘的浓度应小于 0.11 μmol/mol。BaP 作为 PAHs 中致癌性最强一类化学物，不仅在环境中广泛存在，也较稳定，而且与其他 PAHs 的含量有一定的相关性。BaP 广泛存在于煤焦油、煤、石油等燃烧产生的烟气，以及焦化、炼油、沥青、塑料等工业污水中。

大量流行病学研究表明，PAHs 暴露与代谢综合征（metabolic syndrome，MetS）、糖尿病的发生存在重要关联性。美国国家健康和营养调查的一项研究表明，普通人群中 PAHs 暴露会增加 MetS 的患病风险。PAHs 导致机体的氧化应激与炎性反应可能是其中最主要的机制。氧化应激产生的胰岛素抵抗是引起 MetS 发病的病理生理基础。胰岛素抵抗会使脂肪细胞膜上胰岛素受体的敏感性下降，糖代谢功能减弱，甘油三酯合成增加，MetS 的发生风险增大。PAHs 暴露会引起机体的炎症反应，促使体内炎性标志物白介素-6、C 反应蛋白生成增加，而炎症反应的形成与 MetS 的发生存在着紧密的联系。

4.2.2.5　五氯酚

五氯酚（PCP）是一种亲油的惰性氯代芳香族有机化合物，具有高挥发性，难溶于水，易溶于苯、乙醚，属于持久性有机污染物。从 1936 年起，PCP 逐渐被用作杀虫剂、抗菌剂和防腐剂等。目前，我国水环境中 PCP 污染较为严重，地表层水和沉积物中的 PCP 浓度依然逐年上升，大量的 PCP、五氯酚钠分布于湖泊中。

PCP 可经呼吸道吸入、消化道摄入和皮肤接触吸收等形式进入体内，PCP 的存在形式明显影响其在体内的吸收率，如干粉性 PCP 在肺和消化道的吸收率为 60%～100%，皮肤的吸收率仅为 1%，而 PCP 水溶液的皮肤吸收率可达 50%。当人们摄入被酚或氯酚污染的水和食物时，部分有机物在体内经代谢转化为 PCP，这是体内 PCP 的另一重要来源。经各种途径吸收的 PCP 会随血液进入全身各组织器官，其中肾脏和肝脏的含量最高，乳汁、脂肪和精液中的含量较少。PCP 在血液中主要与血浆蛋白结合，其结合率可达 96%，故血液中 PCP 的浓度可视为近期接触的暴露指标。PCP 主要经肝脏代谢，其主要代谢产物为五氯酚葡萄糖苷酸和四氯对氢醌（tetrachloro-hydroquinone，TCHQ）。但 PCP 在体内仅部分参与代谢，与葡萄糖醛酸结合生成五氯酚葡萄糖苷酸，经肝脏微粒体酶的细胞色素 P450 氧化脱氯生成不稳定的 TCHQ。TCHQ 可经四氯半醌自由基氧化生成四氯-1,4-苯醌（tetrachloro-1,4-benzoquinone，TCBQ），再经还原脱氯后生成三氯对氢醌(trichloroquinone，TriCHQ)，最后经尿液排出。

长期的 PCP 暴露能显著降低血清总甲状腺素(total thyroxine，TT4)、四碘甲状腺原氨酸(tetraiodothyronine，T4)、血清游离甲状腺激素水平，而血清胰岛素水平会显著上升。另有研究发现，长期暴露于低浓度 PCP 会改变斑马鱼血液中的甲状腺激素水平，影响代谢相关基因的表达，导致斑马鱼发育异常。

人群调查显示，持续暴露于 PCP 可干扰妇女正常的内分泌功能。PCP 可通过模仿天然激素与细胞质中的激素受体结合形成复合物，后者结合在 DNA 结合区的 DNA 反应元件上，从而诱导或抑制靶基因的转录和翻译，产生类似天然激素的作用。PCP 还可与天然激素竞争血浆激素结合蛋白，增强天然激素的作用，并可通过影响天然激素合成过程中的关键酶产生增强或拮抗天然激素的作用。

PCP 具有潜在甲状腺破坏作用，是三碘甲状腺原氨酸(triiodothyronine，T3)和甲状腺激素转运蛋白结合的强抑制剂。由于其可以与血液中的转运蛋白竞争，因此会干扰甲状腺激素的作用，而甲状腺激素对胎儿生长发育至关重要，尤其是大脑发育。

4.2.2.6　邻苯二甲酸酯类化合物

邻苯二甲酸酯(PAEs)又称酞酸酯，被广泛用作化工原料和应用于化工产品生产。PAEs 多为无色透明油状黏稠液体，难溶于水，易溶于二氯甲烷、甲醇、乙醇、乙醚等有机溶剂，比重与水相近，沸点高，蒸气压低，不易挥发。

工业上，PAEs 主要作为塑料的增塑剂和软化剂使用，也可用作农药载体及驱虫剂、化妆品、香味品、润滑剂和去泡剂的生产原料，还可应用于玩具、食品包装、乙烯地板、清洁剂、壁纸、个人护理用品、医用血袋和胶管等产品的生产中。邻苯二甲酸酯类化合物主要包括邻苯二甲酸二甲酯(demethyl phthalate，DMP)、邻苯二甲酸二乙酯(diethyl phthalate，DEP)、邻苯二甲酸二丁酯(dibutyl phthalate，DBP)、邻苯二甲酸二正辛酯(di-n-octyl phthalate，DOP)、邻苯二甲酸二异辛酯(diisooctyl phthalate，DIOP)、邻苯二甲酸丁基苄酯(butyl benzyl phthalate，BBP)等。由于 PAEs 的长期大量使用，而广泛存在于水体、土壤、底泥、生物体内、空气及大气降尘物等不同环境介质中。水中的 PAEs 主要来源于工业废水，另外，农用塑料薄膜、驱虫剂以及塑料垃圾等经雨水淋刷、土壤径流，也可使 PAEs 进入水体。

PAEs 主要经口、皮肤、呼吸道和静脉等途径进入人体，其中食物是主要的来源。PAEs 在人体内的半衰期比较短，经过两相反应迅速代谢，其原型及次级代谢物与葡萄糖醛酸共轭结合，最终从尿液中排出，故尿液中 PAEs 代谢物被认为是人类暴露于 PAEs 的敏感生物标志物。超过 75% 的美国人尿液中可检出 DIOP 及其他 PAEs。近年来，研究人员也发现人类体液(如血液、尿液、唾液、羊水、乳汁、脐带血)中均可检测出 PAEs 及其代谢物。加拿大 2007—2009 年的健康调查数据研究发现,6~49 岁人群的尿液中,11 种邻苯二甲酸单酯及其代谢物检出率差异较大,其中 DEP、DBP、BBP 及 DIOP 代谢物检出率较高。

低剂量的 PAEs 暴露表现为雄激素效应,会促进睾酮的合成和分泌;高剂量的 PAEs 暴露则表现为抗雄激素效应,会抑制雄激素分泌,表现为雄性生殖毒性。PAEs 可快速诱导热休克蛋白 70 基因的表达,呈剂量-反应关系,而组成型热休克蛋白基因表达不会受 PAEs 影响。

大多数 PAEs 化合物的急性毒性很低。大量试验研究证实,PAEs 具有较强的雄性生殖毒性,是典型的内分泌干扰物。动物实验表明,邻苯二甲酸(2-基)已酯(diethylhexyl phthalate, DEHP)会引起大鼠睾丸活性氧自由基产生,谷胱甘肽和抗坏血酸持续性下降,选择性诱导精母细胞凋亡,进而引起睾丸的萎缩。研究人员通过细胞、组织体外培养实验发现,DEHP 会显著抑制睾酮的产生。若雄性动物在出生前和发育早期暴露于 DE-HP,会导致睾丸萎缩、附睾发育不全、附睾畸形、肛殖距缩短、精子数量下降、尿道下裂、隐睾症等不良生殖症状和出生缺陷。将 3 周龄的雄性大鼠暴露于 DBP 中,7 天后研究人员发现大鼠生精细胞减少、睾丸萎缩以及睾丸类固醇激素生成减少。

流行病学调查及动物实验研究发现,PAEs 暴露与糖代谢紊乱密切相关。动物实验结果显示,在生长发育阶段暴露于 DEHP 可以使大鼠在发育早期出现胰腺功能损害,从而干扰胰岛 B 细胞功能和全身葡萄糖代谢平衡。哺乳期暴露于 DIOP 可损害后代雌性大鼠心肌细胞胰岛素信号转导及葡萄糖氧化。流行病学研究发现,PAEs 及其代谢物的对数转化浓度与男性的腹型肥胖和胰岛素抵抗密切相关。外国学者研究发现,墨西哥女性尿液中 DIOP 代谢物邻苯二甲酸(2-乙基己基)酯、邻苯二甲酸(2-乙基-5羟基己基)酯水平与血清葡萄糖升高密切相关,而 PAEs 暴露可能是引起糖代谢紊乱的潜在病因。

4.2.3 复合污染物对内分泌系统及代谢系统的影响

当大气接纳污染物的数量超过其自净能力,大气中污染物浓度升高,对人们的健康和生态环境造成直接的、间接的或潜在的不良影响时,称为"大气污染"。引起大气污染的各种有害物质被称为"大气污染物"。大气污染物主要通过呼吸道进入人体,小部分污染物也可以降落至食物、水体或土壤,通过进食或饮水经消化道进入人体。有的污染物还能通过直接接触黏膜、皮肤进入人体,如脂溶性物质更易经过皮肤而进入体内。

4.2.3.1　大气颗粒物

大气颗粒物是指悬浮于大气中,来源于不同固态和液态颗粒的混合物,成分复杂。在颗粒物中可以检测出的化学成分包括硫酸盐、硝酸盐、氨、氯化物、微量金属、晶体材料、有机化合物等,其生物组分包括病毒、细菌、孢子、花粉等。空气中的颗粒污染物按空气动力学直径可分为粗颗粒物(PM_{10})、细颗粒物($PM_{2.5}$)和超细颗粒物。虽然 $PM_{2.5}$ 粒子的粒径很小,但表面积大,易富集大气中的有害物质,会随着人的呼吸作用进入人体内,甚至是肺泡和血液当中,从而引发包括哮喘、支气管炎和心血管疾病在内的多种疾病。

我国大气颗粒物 PM_{10} 主要有六类来源:扬尘(土壤尘、道路尘、建筑尘),燃煤,工业排放,机动车排放,生物质燃烧,SO_2、NO_x 及挥发性有机物氧化产生的二次颗粒物。$PM_{2.5}$ 主要来源于机动车尾气、工业废气,它不仅能经呼吸道进入肺泡并沉积于肺泡,而且可以经血液循环到达全身各个器官,对人体产生危害。表 4.4 列举了我国 $PM_{2.5}$ 污染物的主要来源。

表 4.4　我国 $PM_{2.5}$ 污染物的主要来源

污染源	百分比/%
燃煤以及次生硫化物和氮氧化合物	45
交通运输	20
工业和建筑业	20
其他	15

2012 年 1 月 23 日,北京城区 $PM_{2.5}$ 浓度达 993 $\mu g/m^3$,比国际卫生组织设定的 $PM_{2.5}$ 标准值的宽限值 35 $\mu g/m^3$ 超出近 30 倍。2014 年,中国 161 个地级及以上城市开展了空气质量新标准监测,结果显示:各城市 PM_{10} 年均浓度为 35～233 $\mu g/m^3$,平均为 105 $\mu g/m^3$;各城市 $PM_{2.5}$ 年均浓度为 19～130 $\mu g/m^3$,平均为 62 $\mu g/m^3$。

肺是人体暴露于大气 $PM_{2.5}$ 的首要器官。$PM_{2.5}$ 及其吸附的有毒污染物被肺巨噬细胞、上皮细胞及成纤维细胞等细胞吞噬吸收后,通过代谢活化、遗传毒性、诱导氧化应激及炎症信号通路等分子机制,影响细胞的多种生理、生化过程,导致亚细胞结构和功能损伤。

20 世纪 90 年代,美国癌症协会的研究表明,$PM_{2.5}$ 的年平均浓度每增加 10 $\mu g/m^3$,总死亡率、心血管死亡率和肺癌死亡率会各增加 4%、6% 和 8%。我国研究人员在北京、上海、武汉以及太原等城市的研究表明,大气中 $PM_{2.5}$ 浓度每增加 10 $\mu g/m^3$,人群中急性死亡率、心血管疾病死亡率和呼吸系统疾病死亡率会分别增加 0.4%、0.53% 和 1.43%。哈佛大学也对美国的 6 个城市中超过 8000 名成年人进行了一项周期为 10 多年的流行病学研究,结果发现 PM_{10} 和 $PM_{2.5}$ 的浓度每增加 10 $\mu g/m^3$,死亡率分别增加 10% 和 14%。

(1)大气污染物对雌激素的影响:有研究表明,大气污染物会激活丘脑-垂体-肾上腺轴,刺激子宫收缩,引起胎膜早破,导致早产。另外,大气污染物可能影响母体激素水平,导致胎盘发育不良,引起新生儿低体重。还有文献报道,部分性激素(雌二醇、黄体生成素)和与生长代谢有关的激素(促甲状腺激素、生长激素)水平在空气质量短期改变时发生了变化,并且二者存在显著的相关性。

(2)大气颗粒物对甲状腺的影响:$PM_{2.5}$ 进入人体呼吸道,引起一系列的亚临床病理生理反应,包括系统炎症、氧化应激、血管功能紊乱等。美国的一项研究显示,颗粒物的暴露程度与甲状腺疾病的发生存在关联。多项研究表明,$PM_{2.5}$ 暴露对人体健康有较大的影响,可引起甲状腺疾病的发病率增高,尤其在老年人、有基础疾病的人群中较为明显。Mate 分析显示,甲状腺癌发病风险与较高的 $PM_{2.5}$ 浓度有关。另有研究显示,大气中 $PM_{2.5}$ 每增加 10 mg/m^3,甲状腺疾病的发病率增加 8%~10%。

一项对 1775 名 54~55 岁妇女长达 16 年的随访调查发现,大气颗粒物或二氧化氮的浓度每增加一个四分位数间距,人群糖尿病发病风险增加 15%~42%。一项有关 2 型糖尿病和 $PM_{2.5}$ 关系的队列研究表明,长期暴露于受污染的空气时,空气中的 $PM_{2.5}$ 浓度每增加 10 $\mu g/m^3$,2 型糖尿病的发病风险就会增加 25%。急性颗粒物暴露可诱发酮症酸中毒等急性糖尿病并发症。有研究表明,$PM_{2.5}$ 对 2 型糖尿病大鼠纤溶系统的影响更为明显,随着 $PM_{2.5}$ 的浓度增加,血液出现高凝状态,有形成血栓的风险,可能加速糖尿病血管并发症的进程。另有研究表明,$PM_{2.5}$ 暴露引起胰岛素敏感性下降和肝脏脂质代谢紊乱,这可能与脂质转运和下丘脑-垂体-肾上腺轴功能异常有关。总之,越来越多的流行病学研究表明,大气污染能增加或导致糖尿病的发生,其发病机制可能是污染物引起炎症反应、氧化应激和内质网应激等介导胰岛素抵抗和胰岛素敏感性下降,进而导致糖尿病的发生。

4.2.3.2　微塑料

微塑料指直径小于 5 μm 的塑料碎片和颗粒物,目前已经普遍存在于生态系统中。微塑料具有不同形状,如颗粒状、泡沫状、薄膜状、碎片状、纤维状和球状。在水生环境中,检测到的微塑料成分包括聚氯乙烯(polyvinyl chloride,PVC)、聚酰胺(polyamide,PA)、聚乙烯(polyethylene,PE)、高密度聚乙烯(high density polyethylene,HDPE)和低密度聚乙烯(low density polyethylene，LDPE)、聚丙烯(polypropylene，PP)、聚苯乙烯(Polystyrene，PS)、聚对苯二甲酸乙二醇酯(Polyethylene Terephthalate，PET)和聚己二酸/对苯二甲酸丁二酯(poly butyleneadipate-co-terephthalate，PBAT)等。

环境中微塑料的主要来源包括陆源输入、滨海旅游业、船舶运输业和海上养殖捕捞业等。由于人类在生活中有意或无意丢弃的塑料废弃物、被暴风雨冲刷到海洋的陆地上掩埋的塑料垃圾、常用的洗涤剂、生活护肤品以及工业原料等均含有大量微塑料成分，这些微塑料颗粒在污水处理过程中难以去除，会随陆源垃圾进入海洋。研究表明，日常清洗衣物的过程中，每次清洗可产生 1900 多个纤维颗粒进入废水中，废水中的纤维数量可达到 100 个/升以上。这些塑料垃圾进入海洋后逐渐发生光降解或破碎，形成不同形貌的微塑料。塑料制品在加工、成型和储运过程中也会造成微塑料颗粒泄露。

目前，东亚海域已经是塑料污染的重灾区。虽然我国近海有关微塑料的数据较少，但现有数据显示我国近海微塑料污染已经不容忽视。

环境中微塑料的成分具有明显的地域性，人类活动密集的沿海区域的微塑料污染问题比人类活动较少的地区更严重，且主要集中于近岸海域。全球范围内的微塑料分布特点如下：

(1)微塑料污染遍布全球，全球水体(包括极地地区的海滩)都有微塑料检出。

(2)发展中国家的总体平均微塑料丰度高于欧美发达国家，如拉芒什海峡西部水样的平均微塑料丰度为 0.27 ng/m³，而我国长江口水域的微塑料丰度为1675～6612 ng/m³。

(3)在水流交换慢的地区，微塑料的丰度要高于水流交换快的地区，这可能是聚集的微塑料被海水冲散、沉入海中、被多种海洋动植物摄入的共同影响导致。例如湖泊等相对封闭的水体，其微塑料丰度高于水体流动性更强的河流。

目前，微塑料污染的调查研究区域主要集中在海洋水域，包括加拿大、巴西、西欧、中国甚至南极洲附近海域。除水体和沉积物外，微塑料也在水生生物体内有不同程度的积累。淡水生物体中发现的微塑料主要赋存于消化系统中，但皮肤、肌肉、鳃、肝以及骨骼等生物组织中也可能有微塑料的赋存。

塑料在环境中呈现多孔、多裂缝、相对表面积大的微观结构特性，更容易成为携带其他污染物的污染源和传输媒介。持久性有机污染物容易吸附于微塑料的表面，增加其潜在的有害影响。目前，不同大小的微塑料上已被鉴定出许多疏水性和芳香族化合物，某些污染物富集后的浓度甚至高达周围环境中污染物浓度的一百万倍。由于微塑料颗粒很小，这些携带各种污染物的微塑料易被各个营养级的生物摄入，并能通过食物链的生物积累、放大效应传递，导致人类的健康效应风险进一步增加。

塑料制品在制造过程中需要加入一些添加剂来提高性能，改善其物理化学性质，这些添加剂有很多属于内分泌干扰物（最常见的添加剂有双酚 A、壬基酚等），均具有内分泌干扰效应。当这些塑料制品在环境中裂解、风化为体积微小的微塑料后，有毒有害的添加剂会从塑料中缓慢释放到环境中，微塑料就成了可携带多种具有内分泌干扰效应的化学品的一个复杂载体，具有不可忽视的生物毒性。

4.2.4 案例介绍

2002 年 2 月 22 日，美国阿拉巴马州加兹登的陪审团对孟山都公司（Monsanto Company）污染环境案作出了判决，认定其罪名成立。

孟山都公司作为一家跨国公司，成立于 1901 年，从事农业化学、生物工程的研究和生产，经历了一百多年的发展，已成为世界著名的种子公司，其生产的旗舰产品 Roundup 是全球知名的草甘膦除草剂，该公司也是转基因种子的领先生产商。

从 20 世纪 30 年代开始，孟山都公司开始在生产过程中使用多氯联苯。1971 年，孟山都公司在得知这种化学物质有致癌作用后，其在安尼斯顿的化工厂曾暂停生产多氯联苯。1979 年，美国全面禁止使用多氯联苯。但在此期间，孟山都公司设在安尼斯顿的化工厂向当地的河流中倾倒了数百万磅含有多氯联苯的废料，还有近 5000 t 含有多氯联苯的化学废料被放置在垃圾处理厂，严重污染了安尼斯顿的水源、土壤、空气，严重危害了当地居民健康。

安尼斯顿的两万居民指控孟山都公司排放的废料中含有多氯化联苯，严重污染了小镇的水源和土壤，对当地居民的身体造成了严重伤害。美国哥伦比亚广播公司在当地现场调查时发现，多氯联苯已将安尼斯顿变成了一座"死亡之城"。最后，孟山都公司同意以 7 亿美元来了结其在阿拉巴马州的官司。

多氯联苯在工业上的广泛使用已造成全球性环境污染问题。早在 1929 年，孟山都公司发明并开始制造多氯联苯，这种剧毒的药剂是有机氯家族的成员之一，这个家族还有二氧（杂）芑（dioxin）和呋喃（furan）等，但多氯联苯是毒性最强的一种。由于多氯联苯不具有水溶性，所以被倾倒在河里的多氯联苯以微型颗粒存在。

生活在多氯联苯污染地区的孩子大都免疫力低下，雄性和雌性激素的分泌也极不正常。另外，在多氯联苯污染严重的地方还有一种可怕的现象，即新生人口会出现男女比率失衡的状况。在安尼斯顿，已有数千名儿童患有脑瘫以及肿瘤等疾病。另外，与多氯联苯有过"亲密接触"的人患癌症的概率大大高于其他人。据报道，安尼斯顿当地居民的癌症发病率在美国高居第一位。尽管还没有直接证据证明多氯联苯就是致癌的罪魁祸首，但美国卫生部门在对当地居民的体检中发现，一些癌症居民的血液中，多氯联苯含量高达 $70\ \mu g/L$，而正常人体血液中多氯联苯的含量应该为 $0.5\ \mu g/L$。

4.3 生物性因素对内分泌系统及代谢系统影响

4.3.1 病毒对内分泌系统及代谢系统的影响

1 型糖尿病又称"胰岛素依赖型糖尿病",约占糖尿病总数的 10％,多于幼年及青少年时期发病,病情较重,血糖波动大,临床表现较典型,除血糖升高、尿糖阳性外,还有多尿、多饮、口干、多食、易饥饿、消瘦等症状,患者易出现酮症酸中毒,体内胰岛素含量极少或缺失,治疗必需使用胰岛素。1 型糖尿病病因不明,可能与遗传、病毒感染、自身免疫有关。早在 1926 年,科学家便发现糖尿病发病与病毒感染具有关联,迄今被认为与 1 型糖尿病有关的人类病毒有柯萨奇 B 病毒(coxsackie B virus,CVB)、风疹病毒(rubella xirus)、流行性腮腺炎病毒(mumps xirus)、巨细胞病毒(cytomegalo virus,CMV)、轮状病毒(rota virus)以及丙肝病毒等。

以 CMV 为例,CMV 属于 β-疱疹病毒亚科的双链 DNA 病毒,人类普遍易感,世界范围内 CMV 感染率为 40％～90％。CMV 只能在人纤维母细胞中增殖,且非常缓慢;人体感染 CMV 后细胞变大,呈圆形或椭圆形,细胞核变大,出现核内大的嗜酸性包涵体。若胎内感染 CMV 可引起早产、流产、死胎等,亦可致畸。该病毒亦可发生隐性感染,细胞免疫缺陷者易发生全身 CMV 感染。围产期感染 CMV 可导致新生儿先天畸形、智力低下、发育迟缓等后遗症。

临床研究发现,1 型糖尿病患者中 CMV 免疫球蛋白 G(IgG)、免疫球蛋白 M(IgM)阳性率均显著高于健康对照组。由于被研究人群的种族、年龄、地域差异性,目前 CMV 与 1 型糖尿病的关系尚存在争议。除了对 1 型糖尿病具有影响外,流行病学研究表明 CMV 与 2 型糖尿病也具有相关性。CMV 感染还与常见的肾移植、肝移植术后糖尿病的发生有关。若要进一步证实两者的相关性,还需要在增加样本数的同时,进行多区域、多种族、多年龄段的前瞻性随访研究,以探讨 CMV 导致糖尿病的具体机制,有效指导对糖尿病的防治。

4.3.2 细菌对内分泌系统及代谢系统的影响

毒性弥漫性甲状腺肿(Graves 病,Graves' disease, GD)是发生于甲状腺的一种器官特异性自身免疫性疾病,也是甲状腺功能亢进症的最常见病因(80％～85％),可伴发于 1 型糖尿病、恶性贫血、萎缩性胃炎、系统性红斑狼疮等自身免疫性疾病。本病患者血清中存在针对甲状腺细胞促甲状腺激素受体的自身抗体，其可使甲状腺细胞增生、甲状腺激素合成及分泌增加。近年来，研究人员对 Graves 病的研究取得了很大进展，其感染相关因素越来越受到重视，尤以小肠结肠炎耶尔森氏菌（Yersinia enterocolitia，以下简称耶氏菌）与 Graves 病的关系备受关注。

耶氏菌广泛分布于自然界，以饮用水、污水、动物的分泌物、食品（如牛奶、奶制品、蛋制品、肉食、水果、蔬菜等）、昆虫、蝇类为传播媒介。耶氏菌具有"嗜冷性"，能在水中和低温下（4 ℃）生长，为能在 4 ℃生长繁殖的少数肠道细菌之一。因此，冷藏保存食品时，应防止被耶氏菌污染。野生动物、家畜（猪、狗和猫）、牡蛎和水源中都能分离到耶氏菌，健康人或患者粪便中也能分离到，其传播方式可能与摄入被尿、粪便污染的食物（尤其是肉类）和接触感染动物等有关。

耶氏菌对 Graves 病的影响不是通过遗传或环境因素来发挥作用的，而是作为一个独立的危险因素影响 Graves 病的发生和发展。研究人员在受耶氏菌感染的患者体内检测到了针对甲状腺细胞的抗体，同时许多自身免疫性甲状腺疾病患者体内也检测到了针对耶氏菌的抗体，并且滴度水平明显高于对照组。减少耶氏菌的感染率可能降低或阻止 Graves 病的进展。促甲状腺激素受体抗体和耶氏菌抗体也存在一定的线性关系，这为确定耶氏菌和 Graves 病之间的关联提供了有力证据。但是这种关联是通过什么机制起作用，对以后的临床应用又有什么影响，值得深入研究。

根据"分子模拟"学说，许多研究提示耶氏菌菌体蛋白与促甲状腺激素受体存在同源性。菌体蛋白上有特异性促甲状腺激素结合位点，交叉吸附试验表明耶氏菌抗体能竞争性地与促甲状腺激素受体蛋白结合。

幽门螺旋杆菌（Helicobacter Pylori，HP）与上消化道疾病的发生有密切联系。HP感染与自身免疫性甲状腺疾病有关，可致抗甲状腺过氧化物酶、抗甲状腺球蛋白等一些自身抗体的出现。在治疗方面，HP会干扰甲减患者的治疗疗效。HP 在 Graves 病发病机制中的作用及与耶氏菌的关联尚未明确。尽管如此，对细菌感染与 Graves 病发生的关联进行研究，可为病因治疗提供新的方向。

思考题

1. 环境内分泌干扰物有哪些共同特点？

2. 电离辐射的剂量-反应关系是怎样的？相关治疗措施有哪些？

3. 我国大气污染颗粒物 PM_{10} 和 $PM_{2.5}$ 的主要来源有哪些？

4.微塑料颗粒对人体的危害主要依赖于什么产生？

5.选择两种物理性环境因素,阐述其对人体内分泌系统及代谢系统的影响。

6.镉及其化合物对人群内分泌系统及代谢系统的影响有哪些？

7.细菌对人群内分泌系统及代谢系统的影响有哪些？

第5章 环境因素对人群肿瘤的影响

5.1 癌症

癌症是一大类疾病,它可以在人体的任何器官或组织中发生,具体过程为:异常细胞先是无法控制地生长,然后侵入身体的邻近部位和(或)扩散到其他器官。后一过程称为"转移",是癌症患者死亡的主要原因。恶性肿瘤是癌症的其他常见名称。

癌症是全球第二大死亡原因。2018年,癌症造成全球约960万人死亡,占总死亡人数的1/6。肺癌、前列腺癌、结肠直肠癌、胃癌和肝癌是男性中最常见的癌症,而乳腺癌、结肠直肠癌、肺癌、宫颈癌和甲状腺癌是女性中最常见的癌症。癌症负担在全球范围内持续增长,给个人、家庭、社区和卫生系统造成了巨大的负担。

大量的研究表明,绝大多数肿瘤是环境因素与细胞遗传物质相互作用引起的。北欧研究人员对44 788对双胞胎进行了研究。由于双胞胎的遗传基因相同,如果一个患癌另一个未患癌,则可以认为癌症不是由遗传因素引起的。研究结果显示,由遗传因素导致的肿瘤病例只占30%,环境因素造成的占70%。因此,可以断定肿瘤是一种与环境因素相关的疾病。肿瘤发生与环境因素和不良生活方式有关,其中1/3与吸烟有关,1/3与不合理膳食有关,1/3与感染、职业暴露及环境污染等有关。

5.1.1 致癌物的分类及环境化学致癌物

国际癌症研究机构指出,化学致癌物是指能引起恶性肿瘤发生增多的化学物,在某些情况下诱发良性肿瘤的化学物也可认为是化学致癌物。目前有7000多种化学物经过了动物致癌实验,其中1700多种结果为阳性。致癌物的分类主要按对人的致癌危险性划分。2016年,国际癌症研究机构根据化学物对人的致癌危险,将已有资料报告的989种化学物分成四类。

Ⅰ类:对人致癌(carcinogenic to humans),共有118种。确证人类致癌物的要求有三点：①有设计严格、方法可靠、能排除混杂因素的流行病学调查。②有剂量-反应关系。③有调查资料验证，或动物实验支持。

Ⅱ A 类：对人很可能致癌(probably carcinogenic to humans)，共有 79 种。该类物质或混合物对人体致癌的可能性较高，在动物实验中发现了致癌性证据。该类物质对人体虽有理论上的致癌性，但实验性的证据有限。

Ⅱ B 类：对人可能致癌(possibly carcinogenic to humans)，共有 290 种。此类致癌物对人类致癌性的证据有限，对实验动物致癌性的证据并不充分。

Ⅲ 类：对人的致癌性尚无法分类(unclassifiable as to carcinogenicity to humans)，即有可能对人致癌，共有 501 种。

Ⅳ 类：对人很可能不致癌(probably not careinogenicity to humans)，仅 1 种。

根据性质不同，环境致癌物也可分为物理、化学和生物致癌物，日常生活中最常见的便是化学致癌物，表 5.1 给出了常见的环境化学致癌物。

表 5.1 常见的环境化学致癌物

类别	化学物举例
直接烷化剂	芥子气、氯甲甲醚、环氧乙烷、硫酸二乙酯
间接烷化剂	氯乙烯、苯、丁二烯烷化抗癌药
多环芳烃类	苯并芘、二甲基苯蒽、二苯蒽、三甲基胆蒽、煤焦油、沥青
芳香胺类	联苯胺、乙萘胺、4-氨基联苯、4-硝基联苯
金属和类金属	镍、铬、镉、铍、砷
亚硝胺及亚硝酰胺	二甲基亚硝胺、二乙基亚硝胺、亚硝酰胺
霉菌和植物毒素	黄曲霉毒素、苏铁素、黄樟素
固体(不可溶)物	结晶硅及石棉
嗜好品	吸烟、嚼烟、槟榔、鼻烟、过量的酒精饮料
食物的热裂解产物	杂环胺类、2-氨-3-甲基-咪唑喹啉、2-氨-3,4 二甲基苯甲酸
药(含某些激素)	环磷酰胺、噻替派、己烯雌酚

5.1.2 基因-环境交互作用

研究表明，大多数人类肿瘤是环境因素引起的。然而，同样暴露于特定致癌物，有些人发病而有些人不发病。此外,有些肿瘤具有明显的家族聚集现象。这些事实提示,肿瘤的发生还与个人的遗传因素有关。目前人们认为,环境因素是肿瘤发生的始动因素,而个人的遗传特征决定了肿瘤的易感性。因此,肿瘤的发生是基因和环境因素交互作用的结果。

基因-环境交互作用的具体过程如图 5.1 所示,外部因素(环境化学物、空气污染、传染源、饮食、烟草、酒精、内分泌干扰物)和内部因素(代谢物、激素、炎症反应、肠道菌群、衰老)引起的暴露可能诱发基因的改变,以及稳定且可能可逆的表观基因组改变。这些变化的模式(特征)和持久性取决于多种因素,包括表观遗传变化的类型、暴露的剂量和持续时间、组织类型和发育阶段。表观遗传变化可能是特定危险因素的"指纹",并且构成了外部暴露导致癌症结果机制中的"介体"或"传感器"。

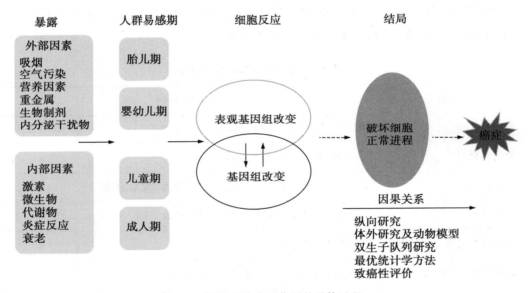

图 5.1　基因-环境交互作用的具体过程

5.2　物理性因素对人群肿瘤的影响

5.2.1　电磁辐射

5.2.1.1　基本性质

电磁辐射是由同相振荡且互相垂直的电场与磁场,在空间中以波的形式传递动量和能量的现象,其传播方向垂直于电场与磁场构成的平面。电场与磁场的交互变化产生了电磁波,电磁波向空中发射或传播形成电磁辐射。电磁辐射是一种复合的电磁波,以相互垂直的电场和磁场随时间的变化而传递能量。

电磁辐射是以一种看不见、摸不着的特殊形态存在的,是由空间共同移送的电能量和磁能量所组成的,而该能量是由电荷移动所产生的。例如,正在发射信号的射频天线所发出的移动电荷便会产生电磁能量。

电磁频谱包括形形色色的电磁辐射,从极低频的电磁辐射至极高频的电磁辐射,两者之间还有无线电波、微波、红外线、可见光和紫外光等。有些电磁辐射对人体有一定的影响。

5.2.1.2　来源

(1)自然源:雷电、太阳黑子活动、宇宙射线等。

(2)人为源:发射设备,如广播电视发射塔;通信设施,如雷达、移动通信塔;工业、医疗、科研用高频设备,如热合机、理疗机;交通设备,如电气化铁道、轻轨电车;电力设备,如高压输电线等。

5.2.1.3　对人体的影响

电磁辐射会对人体产生伤害是因为人体组织在电磁辐射的作用下,吸收了电磁场能量,进而引起了生物反应。根据电磁场对人体的作用,电磁辐射效应又可分为致热效应和非致热效应。

(1)致热效应:人体 70% 以上是水,水分子受到一定强度电磁辐射后互相摩擦,引起机体升温,从而影响体内器官的工作温度。体温升高会引发各种症状,如心悸、头胀、失眠、心动过缓、白细胞减少、免疫功能下降、视力下降等。产生致热效应的电磁波功率密度为 10 MW/cm^2,微观致热效应为 1 MW/cm^2,浅致热效应在 10 MW/cm^2 以下。当功率为 1000 W 的微波直接照射人体时,可在几秒内致人死亡。

(2)非致热效应:人体的器官和组织都存在微弱的电磁场,它们是稳定有序的,一旦外界电磁场的干扰强度过大,处于平衡状态的微弱电磁场将有可能受到影响甚至被破坏。电磁辐射对人体的非热效应体现在以下几个方面。

①神经系统:人体反复受到电磁辐射后,中枢神经系统及其他方面的功能会发生变化,如条件反射性活动受到抑制、出现心动过缓等。

②感觉系统:低强度的电磁辐射可使人的嗅觉机能下降。当人的头部受到低频、小功率的声频脉冲照射时,就会听到类似机器响、昆虫或鸟儿鸣的声音。

③免疫系统:和同龄正常人相比,长期接触低强度微波的人的体液与免疫球蛋白减少,T细胞与淋巴细胞转换率的乘积降低,细胞免疫能力下降。

④内分泌系统:低强度微波辐射可使人的下丘脑-垂体-肾上腺系统功能紊乱;促肾上腺皮质激素(ACTH)活性增加,内分泌功能受到影响。

⑤遗传效应:微波能损伤染色体。研究人员通过动物实验发现,用195 MHz、2.45 GHz和96 Hz的微波照射大鼠,会有4%～12%的精原细胞出现染色体缺陷。大鼠出现这种染色体缺陷后可引起后代智力迟钝、平均寿命缩短。

⑥累积效应:电磁辐射在人体内产生热效应或非热效应后,若人体尚未来得及自我恢复,便再次受到过量电磁波辐射的长期影响,其影响程度就会发生累积,久而久之会形成永久性累积影响。

电磁辐射在分子、细胞、组织器官和机体水平的生物效应如图5.2所示。

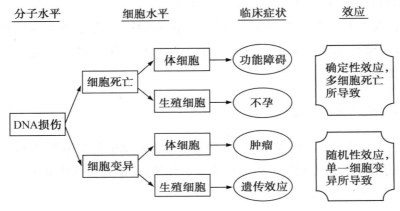

图5.2　电磁辐射在分子、细胞、组织器官和机体水平的生物效应

我国现行的《电磁环境控制限值》(GB 8702—2014)是国际上最严格的标准之一,通信公司建基站和国家环保部门检查都依据这个标准。

5.2.1.4　致癌效应

早在18世纪,科学家们就已经注意到电磁辐射与生命过程的相互作用。非电离的电磁辐射主要是以分子振动或热振动的方式传播能量,如微波辐射。有研究发现,微波辐射产生生物效应的主要敏感器官有神经系统(大脑皮层海马区)、眼睛晶状体、心血管系统、内分泌和生殖系统(睾丸间质细胞)等,微波辐射可以造成它们不同程度的损伤,从而导致功能丧失。随着科技进步和社会发展,移动电话、电脑等与人类密切接触的电子产品所产生的电磁辐射对机体的影响也将越来越受重视。

有研究报道表明,在发达国家,电磁辐射职业暴露人群中神经系统内的肿瘤、恶性黑色素瘤、乳腺癌、白血病和非霍奇金氏淋巴瘤的发生与接触极低频电磁场显著相关。长期以来,在众多肿瘤类型中,脑瘤与电磁场的关系得到了研究人员的密切关注。国外相关研究表明,极低频电磁场与脑癌存在关联,长期暴露于极低频电磁场的作业人员脑瘤发生率明显增加,存在显著的剂量-反应关系。尽管流行病学研究结果并不一致,但由于实验室中的阳性结果支持电磁场与脑癌发生有关,所以人们还是认为电磁场具有促癌作用。

有关电磁辐射致癌机制的探讨还缺乏系统性和深入性的研究。肿瘤的发生不一定是由细胞核 DNA 的直接损伤所导致,而可能是环境中的电磁辐射和化学性致癌因素协同作用产生的生物学效应,即电磁辐射可能是癌症发生的促进因子,而非直接启动因子。人们目前已经确定,电磁辐射可以抑制褪黑激素的分泌。褪黑激素是迄今为止人们发现的最有效的羟基清除剂,可以抑制自由基对 DNA 的损伤,这有效地解释了电磁辐射导致组织肿瘤发生的机制。细胞微核来自细胞受损伤后染色体断裂遗落的无着丝粒片段,或整条失落的染色体滞留在细胞内形成一个或几个次核,它提示细胞核内染色体受到损伤。当各种诱变因子作用于机体细胞后,在诱发染色体畸变的同时,也出现了细胞微核。细胞微核率与染色体畸变率之间有着密切的相关性,能够反映染色体的受损情况。

电磁辐射可使动物的染色体受损,对 DNA 遗传因子产生影响,导致细胞癌变。有研究发现雏鸡、猫的大脑皮质在低频调制的特高频、高频电磁波照射下,会有钙离子析出,而钙离子是生物体内进行信息传递、免疫系统工作和细胞繁殖时不可缺少的物质。实验还发现,低频电磁波会使褪黑激素的分泌量发生变化。褪黑激素对肿瘤细胞有抑制作用,褪黑激素减少可使组织分子发生改变,导致退行性疾病发生。

欧美许多国家的专家和一些政府机构确信,低频电磁辐射会显著增大下列疾病的发生率:癌症、新生儿形体缺陷、乳腺癌、脑瘤、恶性淋巴瘤、神经系统肿瘤、星形细胞发展、慢性骨髓细胞样白血病、染色体畸变等。

5.2.1.5　减轻电磁辐射危害的方法

减轻电磁辐射危害的方法有许多:其一,由于工作需要不能远离电磁波发射源的,必须采取屏蔽防护措施;其二,尽量远离电磁发射源。电磁波对人体的影响与发射功率大小、与发射源的距离紧密相关。电磁辐射的危害程度与发射功率成正比,而与发射源距离的平方成反比。以移动电话为例,虽然其发射功率只有几瓦,但由于其发射天线距人的头部很近,实际受到的辐射程度可能相当于距离几十米处一座几百千瓦的广播电台发射天线所产生的辐射程度。

鉴于此,我们在平时的工作和日常生活中应自觉采取措施,减少电磁辐射的危害,具体来说可以采取以下做法。

（1）不要把家用电器摆放得过于集中或经常一起使用，特别是电视、电脑、电冰箱不宜集中摆放在卧室内。

（2）各种家用电器、办公设备、移动电话等都应尽量减少操作时间。

（3）当电器暂停使用时，最好不要让它们处于待机状态，因为处于待机状态的电器可产生较微弱的电磁辐射。

（4）使用各种电器时，应尽量保持足够的安全距离。

（5）使用电热毯时，入睡前应切断电热毯电源；儿童与孕妇不要使用电热毯。

（6）佩带心脏起搏器的患者以及抵抗力较弱的孕妇、儿童、老人等，应考虑配备阻挡电磁辐射的屏蔽防护服。

（7）手机接通瞬间释放的电磁辐射最大，因此最好在手机响过一两秒或电话两次铃声间歇中接听。

5.2.2　紫外线

5.2.2.1　基本性质

紫外线是波长比可见光短、比 X 射线长的电磁辐射，波长范围为 $10\sim400$ nm，能量为 $3\sim124$ eV。紫外线是因在光谱中电磁波频率比肉眼可见的紫光还要高而得名，因此又称"紫外光"。

紫外线能使许多物质激发荧光，很容易让照相底片感光。当紫外线照射人体时，能促使人体合成维生素 D，以预防佝偻病。紫外线还具有杀菌作用，医院病房就利用紫外线消毒。但过强的紫外线会伤害人体，应注意防护。玻璃、大气中的氧气和高空中的臭氧层对紫外线都有很强的吸收作用，能吸收太阳光中的大部分紫外线，因此能保护地球上的生物，使它们免受紫外线伤害。

按照强度，紫外线可以划分为五个等级，一级紫外线强度最弱，五级紫外线强度最强。其中，一级紫外线多出现在阴雨天，二级紫外线出现在阴天，三级紫外线出现在多云天，四级紫外线出现在晴天，五级紫外线多出现于天气特别晴朗的情况下。春夏季节的紫外线强度大于秋冬季节；在一天中，上午 10 点到下午 2 点紫外线强度最强。

5.2.2.2　来源

紫外线一般有两种来源，即自然紫外线与人工紫外线。

（1）自然紫外线：自然紫外线是由原子的外层电子受到激发后产生的。自然界中主要的紫外线光源是太阳。太阳光透过大气层时,波长短于 290 nm 的紫外线会被大气层吸收。

(2)人工紫外线:人工紫外线是由多种气体的电弧(如低压汞弧、高压汞弧)产生的。在生产环境中,物体温度达 1200 ℃ 以上时,辐射光中均可产生紫外线,如电焊、气焊、电炉炼钢、探照灯、水银石英灯等均可产生对人体有害的紫外线。

5.2.2.3　剂量-反应关系

紫外线对人体皮肤的渗透程度是不同的。紫外线的波长越短,对人类皮肤危害越大。短波紫外线可穿过真皮,中波紫外线则可进入真皮。紫外线的不同波段会引起不同反应。

(1)短波紫外线简称 UVC,是波长为 200～280 nm 的紫外线。短波紫外线在经过地球表面同温层时被臭氧层吸收,不能达到地球表面。一旦接触短波紫外线,会对人体产生严重影响(如皮肤癌患病率增加)。因此,人们应重视短波紫外线。

(2)中波紫外线简称 UVB,是波长为 280～320 nm 的紫外线。此类紫外线的极大部分会被皮肤表皮所吸收,不能渗入皮肤内部。但是由于其阶能较高,会对皮肤产生强烈的光损伤,被照射部位真皮血管扩张,导致皮肤出现红肿、水疱等症状。长久照射中波紫外线会出现红斑、炎症、皮肤老化,严重者可引起皮肤癌。中波紫外线又被称作“紫外线的晒伤(红)段”,是应重点预防的紫外线波段。

(3)长波紫外线简称 UVA,是波长为 320～400 nm 的紫外线。长波紫外线对衣物和人体皮肤的穿透性远比中波紫外线要强,可到达真皮深处,并可对表皮部位的黑色素起作用,从而引起皮肤黑色素沉着,使皮肤变黑。因此,长波紫外线也被称作“晒黑段”。长波紫外线虽不会引起皮肤急性炎症,但对皮肤的作用缓慢,可长期积累,是导致皮肤老化和严重损害的原因之一。

5.2.2.4　致癌机制

紫外线是伤害性光线的一种,经由皮肤的吸收,会损伤 DNA。当 DNA 遭受破坏,细胞会死亡或发展成不能控制的癌细胞,这就是肿瘤形成的初期。癌症是 DNA 损伤和修复失误、癌基因激活和抑癌基因失活、生长和抑制生长失衡、氧化损伤加剧、抗氧化系统减弱、对诱变细胞免疫监视受到抑制等多个平衡失调的最终结果。DNA 损伤和基因突变会引发癌变,细胞增殖、免疫抑制则促进癌症的发生。目前,紫外线已经证实是诱发皮肤癌的重要因素。长期在户外工作的野外工作者(如渔民、农民),其皮肤癌发生率高于室内工作者。国内外研究报道,紫外线可能通过如下机制诱发皮肤癌。

（1）改变细胞周期：

当皮肤接受一定量紫外线照射后，会使细胞内的DNA受到一定损伤，机体会通过代偿机制产生一系列细胞生化反应，以清除DNA损伤。紫外线对细胞DNA的损伤主要是形成两种光合物：环丁烷嘧啶二聚体和6-4光合物，这两种光合物均能够造成DNA损伤。目前，人们已经找到修复DNA的方法。常见的修复方法有DNA切除修复、利用光复活酶修复、重组修复和复制后修复等。

当紫外线照射的时间过长时，会对细胞DNA造成严重损伤，细胞在复制前无法顺利完成DNA的修复，导致细胞凋亡，或者使突变的基因恶意复制，导致细胞癌变。复制过程中的错误会造成DNA的不完全修复，导致嘧啶序列改变，从而启动癌变过程。已知长期暴露于紫外线可以导致皮肤上皮细胞结构破坏、癌前细胞克隆增加，进一步的基因组变化会导致癌症发生。流行病学研究表明，照射紫外线后，基因突变和免疫抑制作用会诱发皮肤癌。由于着色性干皮病患者先天缺乏DNA修复的内切酶，不能切除DNA链上的损伤部分，因而容易发生皮肤癌。皮肤表皮基底层中的黑色素对紫外线具有防护作用，故肤色较深的人不易发生皮肤癌；而白种人因皮肤内黑色素细胞较少，长期受到紫外线照射后容易发生皮肤癌。国外一项实验研究表明，当小鼠在受到大剂量紫外线照射时，与转录酶活性相关的基因表达增加，在一定程度上加快了皮肤癌的发生。

（2）损伤皮肤免疫功能：

人体的皮肤具有一定的免疫功能，在表皮细胞中，分布着抗活性氧自由基酶（anti-reactive oxygen free radical enzyme），这些抗活性氧自由基酶能够产生一定数量的抗活性氧自由基。但是，当皮肤受到长时间或者大剂量的紫外线照射后，活性氧自由基数目增加，活性增强，抗活性氧自由基酶无法有效地抵抗活性氧自由基，皮肤的免疫调节平衡被打破，就会出现皮肤受损。皮肤的免疫功能中还包括一种可以吸收紫外线的物质——顺式尿苷酸（cis uridylic acid）。但是经过紫外线照射后，表皮中的顺式鸟苷酸会引起同分异构转化，即转化为具有生物活性的反式尿苷酸酶（trans uridylidase），这种反式尿苷酸酶能通过一系列机制反过来抑制皮肤自身的免疫功能，导致皮肤免疫功能下降，无法发挥正常的作用。紫外线通过对皮肤自身免疫调节的抑制造成皮肤损伤，会进一步发展为皮肤癌。此外，UVA照射后，机体内可溶性介质产生和细胞表面受体表达受到干扰，可诱发病理性细胞凋亡，对免疫系统产生抑制作用，阻止正常的免疫调节功能，从而增加了个体对肿瘤的易感性。

（3）影响信号通路：

核因子-κB是机体应答损伤时，对免疫反应起主要调控作用的转录因子。研究发现，紫外线能够活化核因子-κB，而核因子-κB对肿瘤坏死因子、环氧化酶-2和基质金属蛋白酶等有诱导作用。其中,基质金属蛋白酶可降解胶原纤维和弹力纤维等,这两种纤维是皮肤的重要组成部分,因此基质金属蛋白酶水平提升后,会导致皮肤松弛,加速皮肤老化。此外,基质金属蛋白酶还可降解细胞外基质,引起细胞移行,而这与肿瘤的转移有关。研究表明,这种酶可能增加基底细胞癌和鳞状细胞癌的侵袭性。丝裂原活化蛋白激酶(MAPK)属于丝氨酸-苏氨酸蛋白激酶,受到紫外线因素的影响,其信号通路会被激活,应激活化蛋白激酶(JNK)、细胞外调节蛋白激酶(ERK)和 p38 丝裂原活化蛋激酶(p38MPK)信号通路下游蛋白,环氧合酶-2 和 $p53$ 基因均出现磷酸化。UVB 主要引起基因的点突变,如鳞状上皮细胞癌涉及 $p53$ 基因的点突变,基底细胞癌涉及 *Patched* 基因的点突变,黑色素瘤涉及 p 基因的点突变。大量基因组的突变最终将导致恶性肿瘤的发生。

(4)影响关键酶的合成:

紫外线可通过影响关键酶(如鸟氨酸脱羧酶和环氧化酶)的合成,诱发细胞癌。氨酸脱羧酶是多胺合成中的一种调节酶,在细胞增生、分化、移行中,多胺属于关键性物质,鸟氨酸脱羧酶通过多胺在细胞的生长过程中发挥调节作用。研究表明,大剂量紫外线照射能降低表皮细胞中鸟氨酸脱羧酶的含量与活性,对细胞的正常生长、分化造成影响。环氧化酶能够对花生四烯酸产生催化作用,促使其形成前列腺素。近年来的临床研究显示,前列腺素在皮肤癌的形成、发展中起着促进作用。当皮肤受到大剂量紫外线照射后,环氧化酶转录增加,其催化的下游物质前列腺素的含量也随之增加。这些有害物质含量的增加可促进受损细胞的增生,当受损细胞增生达到一定量后,则可诱发皮肤癌。有研究人员对早期鳞状细胞癌患者进行了相关检测,发现癌细胞内前列腺素和环氧化酶的含量较高,这也证实了关键酶的损伤在皮肤癌诱发中扮演着重要角色。

5.2.2.5　采取合理的防护措施

采取合理的防晒措施阻断紫外线对人体皮肤的照射就可阻止或防止 DNA 损伤,避免损伤关键酶。因此,使用防晒剂能预防与治疗皮肤光老化。但是,对于防晒剂的使用需要做到防患于未然,如果在皮肤出现损伤后才使用防晒剂,那么效果会大打折扣。研究显示,即使在出现广泛的光损伤以后,使用防晒剂也能够对皮肤损伤产生抑制作用。因此,适当使用防晒剂,对于光损伤也会起到一定的治疗效果。单独照射紫外线,不需要其他化学性和物理性致癌因子的作用,便会引发皮肤癌。紫外线对于皮肤癌的诱导具有启动和促进的双重作用。UVA 的致癌作用主要是通过产生氧自由基系列导致 DNA 乃至染色体损伤,进而诱发皮肤肿瘤。

紫外线照射可通过不同的机制引起皮肤损伤,并诱发皮肤癌,因而公众在日常生活中应提高自我防护意识,尤其是在紫外线强度较大的季节,应积极地通过涂抹防晒剂、穿防晒衣等避免紫外线的直接照射。对于防晒剂的选择,需要将 PA 值、SPF 值作为硬性选择指标,前者代表防御 UVA 的能力,后者代表防御 UVB 的能力。SPF 值越高,对紫外线的抵御效果越好。在夏季,建议选择 SPF 值为 50 的防晒剂,以抵抗更强的紫外线;在秋冬季节,建议选择 SPF 值为 30 的防晒剂。

总而言之,皮肤癌是临床中常见的恶性肿瘤,对人体危害极大。引发皮肤癌的诱因复杂,包括长期紫外线照射、接触化学性致癌物质、慢性炎症刺激、辐射、病毒等。在臭氧层被破坏的当下,紫外线威胁日益严重。在紫外线的照射下,皮肤会出现光损伤,发生不可逆反应,继而诱发皮肤癌。

5.3 化学性因素对人群肿瘤的影响

5.3.1 无机化合物污染对人群肿瘤的影响

5.3.1.1 砷

砷是已知的导致癌症和许多其他严重威胁人类健康问题的类金属元素之一,在自然界中分布广泛。世界上超过 2 亿人饮用水中的砷超过世界卫生组织标准(10 μg/L)。在先前对高暴露人群的研究基础上,砷被国际癌症研究机构指定为Ⅰ类致癌物。在一些国家,地下水中天然含有高浓度砷,其中无机砷有剧毒。在地下水被中高水平的无机砷(砷和砷酸盐)自然污染的地区,饮用水是普通人群砷暴露的主要途径。在饮用水中砷含量较低的情况下,食物中的砷(如大米、大米制品、果汁、家禽)可能是砷暴露的一个重要途径。长期接触含砷的饮用水和食品可导致癌症和皮肤损伤。

(1)来源:砷是地壳中的自然物质,广泛分布在大气、水和陆地等环境中。人们因饮用受污染的水,在食品加工和粮食作物灌溉中使用受污染的水,在工业加工、食用受污染的食品和吸烟等过程中接触到砷,如图 5.3 所示。长期接触无机砷可导致慢性砷中毒。

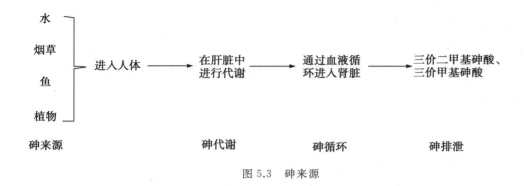

图 5.3　砷来源

①饮用水和食品:对公共卫生最大的砷威胁来自受污染的地下水。在一些国家(包括阿根廷、孟加拉国、智利、中国、印度、墨西哥和美国),地下水中天然含有高浓度无机砷。饮用水、用受污染的水加工食品和用受污染的水灌溉作物均为砷接触源。鱼类、贝类、肉类、禽类、奶制品和谷类也是砷的饮食来源。相对于受污染的地下水,上述食品中的砷通常含量很低。在海产品中,砷主要是以毒性较小的有机形式存在。

②工业加工:在工业上,砷用作合金添加剂,也可用于玻璃、涂料、纺织品、纸张、金属黏合剂、木材防腐剂制造和弹药处理等领域。砷还可用于制革工艺,并在一定程度上用于生产杀虫剂、饲料添加剂和药物。

③烟草:吸烟也可使人接触烟草中含有的天然无机砷,因为烟草植物主要是从土壤中摄取天然存在的砷。同样,在过去,人们通常使用含有砷酸铅的杀虫剂来杀灭烟草植物上的虫害。因此,吸烟也会使人接触高浓度的砷。

(2)砷作用的潜在机制:砷是国际癌症研究机构确认的人类致癌物,可致肺癌、皮肤癌、膀胱癌等多种癌症。砷在地球上广泛存在,人类不可避免地会接触到砷,但是对于砷致癌的机制还不明确,了解砷对健康的影响需要评估无机砷代谢的个体差异。无机砷(包括砷酸盐和亚砷酸盐)被吸收后,主要在肝脏中甲基化成单甲基化和二甲基化的化合物(如 MMA、DMA),然后与未甲基化的无机砷一起通过肾脏排出。DMA(Ⅲ)既是诱导机体癌变的促进物,又是致癌物,无机砷诱导的癌变均与其在体内甲基化代谢密切相关。流行病学研究也显示,长期高剂量砷暴露可显著增加皮肤癌的患病率,其机制可能与砷引起的氧化应激、干扰 DNA 修复和异常原癌基因表达有关。然而,甲基化过程是解毒还是增强毒性仍存在争论。

砷中毒的主要来源是水、烟草、鱼、各种可食用植物和谷物。化合物中的砷主要有五价砷(Ⅴ)和三价砷(Ⅲ)。在肝脏中,五价砷首先转化为三价砷。三价砷甲基化为五价一甲基砷酸酯[MMA(Ⅴ)],然后被还原为三价一甲基砷酸[MMA(Ⅲ)]。MMA(Ⅲ)被代谢为五价二甲基砷酸[DMA(Ⅴ)],并进一步代谢为三价二甲基砷酸[DMA(Ⅲ)]。三价化合物具有细胞毒性,而五价化合物一般无害。因此,砷是以甲基化形式在血液中循环的,仅能在尿液中检测到DMA(Ⅲ)和DMA(Ⅴ)。

(3)砷对癌症的影响:砷甲基化代谢产物比无机砷具有更强的诱导细胞癌变的能力,无机砷的长期暴露会导致肺、膀胱、肝脏、结肠和皮肤等器官的癌变。砷可以通过血-脑屏障,若成人暴露于砷可导致近期记忆衰退、智力下降和注意力受损等脑病和高级神经系统功能障碍;若发育个体暴露于砷可导致神经网络构建异常和功能障碍。2018年,《中华地方病学杂志》发表了一篇Meta分析,该研究纳入了14个相关研究,砷暴露组有13 927人,对照组有5720人,最终合并比值化为1.20(95%CI:1.09~1.33),即砷暴露组发生肿瘤的危险是非暴露组的1.20倍,这表明砷暴露可能是肿瘤发生的危险因素。乳腺癌和前列腺癌是世界上较常见的两种恶性肿瘤,这两种癌症都可以发展成激素依赖性或非依赖性亚型癌症,并与遗传易感性背景下的环境暴露有关。有Meta分析表明,砷暴露可增加乳腺癌的发病风险,这种关系的强度可能因地区和个体差异而有所不同。

5.3.1.2 铬

元素铬是第6组过渡金属(元素周期表上的原子序数为24,原子量为52),以各种氧化矿物的形式存在于自然界中,氧化态范围为−2~+6,+3(三价)和+6(六价)状态是最常见的。环境中的铬可能来自自然界和人为释放,土壤中的铬大部分是人为释放的,而所有水中的铬都是人为释放的。六价铬向三价铬的转化可能在还原条件下的环境中发生(亚铁、硫化物和有机物),而三价铬转化为六价铬可能在氧化条件下发生(由氧化锰矿物引起)。大多数三价铬化合物不溶于水,在土壤中稳定(这有助于抑制氧化),而六价铬化合物易溶于水,并且具有很高的移动性和生物利用度。除此之外,在环境中,三价铬化合物比六价铬化合物更具热力学稳定性。

(1)来源:六价铬化合物可用于抑制腐蚀(包括在水冷却系统内)、颜料制造(包括纺织印染油墨)、金属精加工(镀铬/电镀)、不锈钢生产、皮革制造(皮革鞣制)、耐火材料制造(高温工业炉衬)、钻探泥浆、烟火制造、化学合成和塑料生产。

六价铬的职业暴露主要源自吸入或皮肤接触,而一般人群的暴露则是由吸入或摄入受污染的空气、食物和饮用水而引起的。使用含铬的消费品(例如某些金属和木材或经过含铬化合物处理的皮革)也会引起皮肤暴露。

(2)吸收分布(即代谢)方式:铬以多种氧化态存在,但六价铬和三价铬最为普遍。口服或吸入铬后(以及全身吸收之前),可以在胃肠道或呼吸道内将六价铬还原为三价铬。如果在摄入前被还原为三价铬,铬将很难被细胞吸收,并且没有毒性。但是,六价铬很容易被胃肠道或呼吸道细胞吸收。全身吸收铬后,体内细胞和组织中的六价铬将继续还原为三价铬。在生物组织和排泄物中能精确测量总铬,这对如何评估人类流行病学研究的暴露水平具有重要意义。

接触途径会影响铬的局部和全身分布,因为六价铬会通过具有不同还原能力(取决于吸收部位)的流体和组织。口服摄入的六价铬很可能在胃肠道和肝脏中被吸收(两者都会将六价铬还原为三价铬)。由于首过效应,口服后,较少的六价铬可进入全身循环或被其他组织吸收。因为可能发生的细胞外还原较少,吸入的六价铬可能会以六价铬的形式吸收到呼吸道并分配到全身循环。通过注射(静脉内或腹膜内)或气管内滴注进入体内的六价铬绕过了还原与抑制全身性六价铬吸收和分布的机制,因此,六价铬在全身组织中引起的毒理作用因暴露途径而异。经口服和吸入接触六价铬引起的中毒反应大于其他途径暴露。鉴于这些毒代动力学特性,将动物体内的六价铬剂量-反应关系进行外推是复杂的。

(3)铬对人群肿瘤的影响:美国环保署于 1998 年进行的综合风险信息系统(IRIS)评估将六价铬归类为通过吸入途径引起癌症的已知人类致癌物,这是因为六价铬的吸入与人类肺癌发病率增加之间存在因果关系。六价铬的吸入单位风险(IUR)为 1.2×10^{-2} $\mu g/m^3$,这是基于铬酸盐生产工人肺癌的发病率增加而得出的数据。此后,其他卫生机构以及国际组织也得出了相同的结论。

关于六价铬的致癌机制,人们认为六价铬的毒性和致癌性可能与氧化应激增加有关。氧化应激源于自由基产生与抗氧化防御系统之间的不平衡,导致自由基解毒和修复损伤的能力降低。当六价铬还原成较低的氧化态时,会形成许多活性氧(ROS)。因此,外来六价铬引起的负面影响之一是六价铬在细胞中还原时形成 ROS,其产生的羟自由基能够与 DNA 碱基反应,导致 DNA 损伤,导致 DNA 改变、链断裂和 DNA 与蛋白质交联,从而破坏细胞功能和完整性。目前,研究人员已经开始在诸如心血管疾病和癌症的各种病理状况中研究自由基对细胞成分的损害。动物实验表明,六价铬暴露导致抗氧化防御元素的消耗,引起脂质过氧化。脂质过氧化已被认为在许多生物过程中起关键作用。

(4)案例介绍:中国辽宁省锦州市的一家铁合金厂于 1959 年开始试炼金属铬,1961年小规模投产,1965 年进入批量生产,导致含六价铬废水的排放量剧增,最大排出量为125 t/h。该厂废水全部排至厂外明沟,注入一干涸古河道中。生产过程中还有大量含铬蒸气扩散至大气中。投产以来的废渣先散放于厂内外空地,至发觉污染后集中堆放于厂外。至 20 世纪 70 年代,经长期累积堆放,废渣量已达 30 万吨,占地约 3 万平方米,形成了一座"渣山"。因常年的风吹雨淋,大量六价铬浸出、渗入地下。故这一污染事件是一起以六价铬为主要污染物的,具有气相、液相和固相的复杂而持久的污染事件。

1965 年,当地对直接饮用高浓度(20 mg/L)含六价铬地下水的 155 人进行了调查,发现他们曾出现口角腐烂、腹泻、腹痛、消化不良、呕吐等症状。高污染区居民曾出现白细胞数量偏高和中性粒细胞中幼稚型细胞偏高及核左移倾向。

据 1970—1978 年对污染带地区人群死因回顾调查,处于污染带上的居民恶性肿瘤调整死亡率为 71.89‰/10 万 ～ 92.66‰/10 万,而全区同期恶性肿瘤调整死亡率为 65.40‰/10万。其中,肺癌死亡率为 13.17‰/10 万～21.39‰/10 万,全区同期平均肺癌死亡率为 11.21‰/10 万;胃癌死亡率为 27.68‰/10 万～55.17‰/10 万,也高于全区同期平均水平,且有越靠近污染源,恶性肿瘤死亡率越高的迹象。

1982 年,有关部门围绕渣山修建了地下混凝土防渗墙,墙体嵌入基岩,将 30 万吨废渣封闭在大型混凝土池中。经两年多的连续观察,防渗墙对阻止地下水的继续污染有显著效果。1981 年,墙外观察井六价铬年平均含量为 18.15 mg/L,1983 年降至 4.30 mg/L。1982 年,墙内观察井六价铬年平均含量为 189 mg/L,1983 年升至 453.85 mg/L。污染区不同地段地下水的六价铬含量也逐渐下降,1983 年比 1982 年平均下降 26%～33%,超标率普遍减少 20%～40%。由此可见,持续 20 多年的铬污染正逐步得到治理和清除。

5.3.1.3 镉

镉是天然存在于环境中的有毒金属,但含量不高,是以工业和农业来源为主的污染物。经大气传播,镉可以在释放后传播很远的距离。人类活动大大增加了环境中的镉含量。镉易于蓄积在许多生物体内,特别是软体动物和甲壳类动物,在蔬菜、谷类和含淀粉的根茎植物中也发现了低浓度的镉。由于土壤到植物的镉转移率很高,因此饮食摄入镉是不可避免的。最重要的饮食镉来源是人们经常大量食用的食物,如大米、马铃薯、小麦、多叶蔬菜和谷类作物。因此,人类接触镉的主要途径是食用受污染的食物、主动和被动吸入烟草烟雾以及有色金属行业工人吸入含镉粉尘。减少全球环境镉释放与职业和环境接触的干预措施包括:①增加镉回收;②减少采矿和废物管理等活动的释放和排放;③改善负责处理含镉产品的工人的工作环境;④禁止吸烟。

在非吸烟人群中,食物是镉摄入的主要来源。镉的生物利用度、保留力和毒性受多种因素影响,包括营养状况。由于缺乏活跃的排泄机制,生物体内的镉可以沉积在组织和器官中。镉可被保留在肾脏中(半衰期为 10～30 年),其浓度与尿液中的浓度成正比。镉具有肾毒性,最初会引起肾小管损伤。镉还可以直接作用于骨组织或间接导致肾功能不全而引起骨损伤。长时间和(或)高暴露后,肾小管损伤可能发展为肾小球损伤、肾小球滤过率降低,最后发展为肾衰竭。此外,研究数据还表明,受环境污染影响的人群患癌症的风险增加,死亡率也有所增加。镉及其化合物已被归类为已知的人类致癌物。自1993 年以来,流行病学研究表明,镉暴露与肺癌有直接联系,其中对镉污染地区居民的一项研究结果为镉暴露与肺癌之间的联系提供了支持性证据。在动物研究中也有足够的证据表明镉化合物具有致癌性,而有关镉金属致癌性的证据有限。因此,国际癌症研究机构将镉和镉化合物归为对人类致癌的物质,这意味着有足够的证据证明它们对人类具有致癌性。此外,国际癌症研究机构关于镉和镉化合物的专著表明,已观察到镉暴露与肾癌和前列腺癌之间的关系。流行病学研究也表明了镉和镉化合物与膀胱癌、乳腺癌的发病有关。另外,镉会改变 DNA 修复进程,影响肿瘤抑制蛋白,从而导致染色体损伤。而且,镉还诱导表观遗传和信号转导过程的改变,这可能会导致细胞生长的失调,从而导致恶性肿瘤的发生。

5.3.2　有机化合物污染对人群肿瘤的影响

5.3.2.1　甲醛

(1)基本性质:甲醛又称蚁醛,化学式为 HCHO,是天然存在的有机化合物,为无色的刺激性气体,对人眼、鼻等有刺激作用,被列入"已知人类致癌物"。甲醛气体相对密度为1.067(空气为 1),液体密度为 0.815 g/cm³(−20 ℃),熔点为 −92 ℃,沸点为 −19.5 ℃,易溶于水和乙醇。40％浓度的甲醛水溶液俗称"福尔马林"(formalin)。

甲醛用途广泛,属于生产工艺简单、原料供应充足的大众化工产品。甲醛溶液是一种浓度较低的水溶液,从经济角度考虑不便于长距离运输,所以一般都在主消费市场附近设厂,进出口贸易也极少。工业上,人们主要采用甲醇氧化法和天然气直接氧化法生产甲醛。

甲醛是一种被广泛应用的重要化工原料,长期接触会对人体器官造成严重损伤。国际癌症研究机构于 2004 年 6 月在其 153 号出版物中,将甲醛列为 I 类致癌物。甲醛对肝脏组织有严重的损伤作用,可导致肝细胞核固缩,粗面内质网不规则改变。长时间或者大剂量暴露于甲醛中会引发肝中毒性病变,表现为肝细胞损伤和肝辐射能异常,严重时会引发癌症。

(2)来源:甲醛可由甲醇在银、铜等金属的催化下脱氢或氧化制得,也可从烃类的氧化产物中分解出,可作为生产酚醛树脂、脲醛树脂、维纶、乌洛托品、季戊四醇、染料、农药和消毒剂等物品的原料。一般来说,室内甲醛有以下几个来源。

①用于生产室内装饰的胶合板、细木工板、中密度纤维板和刨花板等人造板材。因为甲醛具有较强的黏合性,还具有加强板材的硬度及防虫、防腐的功能,所以目前生产人

造板使用的黏合剂是以甲醛为主要成分的脲醛树脂。

②用人造板制造的家具。某市消费者协会进行的一项比较试验结果显示,在抽取的60套中密度家具样板中,有29套甲醛超过国家有关标准,超标率高达48.23%。

③含有甲醛成分的其他各类装饰材料,如白乳胶、泡沫塑料、油漆和涂料等。专家特别提醒,乳胶黏合剂在装饰装修中被广泛用于木器工程和墙面处理,而封闭在墙面乳胶中的甲醛很难清除。

④室内装饰纺织品,包括床上用品、墙布、墙纸、化纤地毯、窗帘和布艺家具。在纺织生产中,为了增加抗皱性能、防水性能、防火性能,常加入一些含有甲醛的助剂。

(3)致癌性:经过动物研究发现,大鼠暴露于每立方米含15 μg甲醛的环境中11个月,可致鼻癌。美国国家癌症研究所在2009年5月12日公布的一项研究成果显示,频繁接触甲醛的化工厂工人死于血癌、淋巴癌等癌症的概率比接触甲醛机会较少的工人高很多。研究人员分析,长期接触甲醛增大了患上霍奇金淋巴瘤、多发性骨髓瘤、骨髓性白血病等特殊癌症的概率。

(4)其他危害:有关资料表明,室内空气污染比室外高5~10倍,污染物多达500多种。室内空气污染已成为多种疾病的诱因,而甲醛则是造成室内空气污染的一个主要因素。甲醛对健康的危害主要有以下几个方面。

①刺激作用:甲醛的主要危害表现为对皮肤黏膜的刺激作用。甲醛是原浆毒物质,能与蛋白质结合,高浓度吸入时会严重刺激呼吸道和眼睛,引起水肿、头痛。

②致敏作用:皮肤直接接触甲醛可引起过敏性皮炎、色斑、坏死。

③致突变作用:高浓度甲醛还是一种基因毒性物质。实验动物吸入高浓度甲醛后,出现了鼻咽肿瘤。

④甲醛会引起头痛、头晕、乏力、恶心、呕吐、胸闷、眼痛、嗓子痛、心悸、失眠、体重减轻、记忆力减退以及自主神经紊乱等。孕妇长期吸入甲醛可能导致胎儿畸形甚至死亡,男子长期吸入甲醛可导致男子精子畸形、死亡等。

(5)相关界值:《民用建筑工程室内环境污染控制标准》(GB 50325—2020)于2020年1月16日经中华人民共和国住房和城乡建设部批准发布,由此确定了我国室内甲醛浓度的标准值。有关标准根据甲醛指标形成的自然分类如表5.2所示。

表 5.2　有关标准根据甲醛指标形成的自然分类

标准名称	标准号	甲醛指标	适用的民用建筑	类别
《公共场所、卫生指标及限值要求》	GB 37488—2019	≤0.10 mg/m³	宾馆、旅店、招待所、公共浴室、理发店、美容店、影剧院、录像厅（室）、游艺厅（室）、舞厅、音乐厅、体育场（馆）、展览馆、博物馆、美术馆、图书馆、商场（店）、候诊室、候车（机、船）室与公共交通工具等公共场所	Ⅱ
《室内空气质量标准》	GB/T 18883—2002	≤0.10 mg/m³	住宅、办公室	Ⅰ、Ⅱ
《居室空气中甲醛的卫生标准》	GB/T 16127—1995	≤0.08 mg/m³	各类城乡住宅	Ⅰ

Ⅰ类民用建筑室内甲醛浓度指标 0.07 mg/m³ 的确定：世界卫生组织建议室内甲醛限量值定为 0.10 mg/m³；《室内空气质量标准》（GB/T 18883—2002）、《公共场所卫生指标及限值要求》（GB 37488—2019）将使用房屋室内甲醛限量值为 0.10 mg/m³，两者均包含装饰装修材料、活动家具和生活工作过程产生的甲醛污染。《中国室内环境概括调查与研究》资料表明，活动家具对室内甲醛污染的贡献率约为 30%，所以将Ⅰ类民用建筑室内甲醛浓度指标定为 0.07 mg/m³，相当于为房屋使用后活动家具等进入预留了适当净空间。

（6）剂量-反应关系：随着甲醛剂量的增加，它对细胞活性的抑制作用也逐渐增强，存在明显的剂量-反应关系。有实验表明，甲醛能对小鼠的肝脏造成严重的氧化性损伤，不同浓度的甲醛会对肝细胞和细胞膜造成一定程度的损伤，糖代谢也会受到影响，具体表现如下。

①当甲醛浓度达到 0.06～0.07 mg/m³ 时，儿童会发生轻微气喘。

②当甲醛浓度达到 0.1 mg/m³ 时，会有异味，使人感到不适。

③当甲醛浓度达到 0.5 mg/m³ 时，可刺激眼睛，引起流泪。

④当甲醛浓度达到 0.6 mg/m³ 时，可引起咽喉不适或疼痛，浓度更高时可引起恶心呕吐、咳嗽胸闷、气喘甚至肺水肿。

⑤当甲醛浓度达到 30 mg/m³ 时,会立即致人死亡。

(7)对机体的影响:甲醛会影响呼吸系统、免疫系统和中枢神经系统等。

①呼吸系统:甲醛对呼吸道具有刺激作用,可引起呼吸道炎症及肺功能损伤。吸入高浓度甲醛时可诱发支气管哮喘。长时间暴露在甲醛下可引起呼吸道炎症,严重者可导致肺功能损害,甚至引发癌症。

②免疫系统:有研究认为,吸入甲醛可以使机体的免疫功能受损,继而出现一系列相应的症状。有研究探究了甲醛染毒小鼠,观察其免疫损伤情况,发现甲醛可引起小鼠脾脏、胸腺质量下降,CD3⁺、CD4⁺、CD8⁺细胞数减少,CD4⁺/CD8⁺比值增大;甲醛还会抑制小鼠脾淋巴细胞的功能转化、迟发型超敏反应、自然杀伤细胞(NK 细胞)的活性及巨噬细胞的吞噬功能。综上所述,甲醛对机体细胞免疫、体液免疫、非特异性免疫均有抑制作用。

③中枢神经系统:甲醛对中枢神经系统也有损伤作用,它可以引起中枢神经系统的变性坏死,DNA、RNA 合成减少。在吸入甲醛对小鼠学习记忆能力的影响实验中,研究人员通过跳台实验、避暗实验及莫里斯(Morris)水迷宫实验对小鼠进行了神经行为学测试,结果证明吸入较高剂量甲醛可导致小鼠的学习记忆能力下降。因此,研究人员认为甲醛对小鼠中枢神经系统具有一定的毒性作用。

(8)遗传毒性和致癌机制:遗传毒性是甲醛对人体健康最主要的危害之一,涉及细胞的三个不同水平,即基因水平、DNA 水平和染色体水平。

①在基因水平上,甲醛可以直接引起碱基氧化,进而引起核酸分子的突变和损伤。

②在 DNA 水平上,部分学者用彗星试验证实,甲醛在一定浓度下可引起 DNA 链断裂,并且甲醛导致的 DNA-蛋白质交联(DPC)容易造成某些重要基因(如抑癌基因)的丢失,从而导致肿瘤或某些严重疾病的发生。

③在染色体水平上,研究人员通过胎肝微核试验和胎肝染色体畸变试验,证实了甲醛可致胎鼠肝微核率改变与染色体畸变,从而证明了甲醛可在染色体水平上产生遗传毒性。高浓度的甲醛能导致耳癌、鼻癌、喉癌,也可能导致白血病。

5.3.2.2　多氯联苯

(1)基本性质:多氯联苯(PCBs)是一组由碳、氢和氯原子组成的人造有机化学物质。氯原子的数量及其在 PCBs 分子中的位置决定了 PCBs 的物理和化学性质。PCBs 没有味道或气味,并且稠度范围从油状到蜡状固体。由于具有不易燃、化学稳定性高、沸点高和电绝缘等特性,PCBs 已在数百种工业和商业领域中得到使用,包括电气、传热和液压设备,油漆、塑料和橡胶制品中的增塑剂,颜料、染料和无碳复写纸等。

(2)环境来源:PCBs 可通过多种方式释放到环境中。含有多氯联苯的危险废物场所维护不善、非法或不当地丢弃 PCBs 废物、含有 PCBs 的变压器泄漏、含有 PCBs 的消费品不当使用等都可能导致 PCBs 污染。PCBs 在环境中不会立即消散,它们可以长时间在空气、水和土壤之间循环。PCBs 可以被携带很长距离,在远离释放区域的雪和海水中均有发现。通常,PCBs 越轻,从污染源转移的距离越远。PCBs 会积聚在植物(如粮食作物)的叶子和地上秆茎部分。PCBs 也会被吸收到小型生物(如鱼类)体内。所以,摄入鱼类的人可能会接触到鱼类中蓄积的 PCBs。

(3)健康影响:PCBs 已被证明会导致多种不利于健康的影响,会引起癌症以及许多严重的非癌症健康影响,包括对免疫系统、生殖系统、神经系统、内分泌系统的影响及其他健康影响。PCBs 对健康的不同影响可能是相互关联的,一个系统的改变可能会对身体的其他系统产生重大影响。

PCBs 是目前研究最广泛的环境污染物之一。研究人员已经在动物和人类中进行了许多研究,用以评估 PCBs 的潜在致癌性。美国环保署对 PCBs 致癌性的首次评估于1987 年完成,但当时的数据是有限的。1996 年,美国环保署完成了对 PCBs 致癌性的重新评估,15 位专家(包括来自政府、学术界和工业界的科学家)对 PCBs 重新评估进行了同行评审。同行评审员同意美国环保署得出的结论,即 PCBs 可能是人类致癌物。

动物研究提供了确凿的证据表明 PCBs 可致癌,人体研究引发了人们对 PCBs 潜在致癌性的进一步关注。两者的数据强烈表明,PCBs 可能是人类致癌物。

有研究人员审查了所有有关 PCBs 致癌性的文献,将其作为癌症重新评估的重要基础。而之后进行的重新评估得出的结论是,鱼类中可能会生物富集 PCBs,而与沉积物结合的 PCBs 是最致癌的多氯联苯混合物。除动物研究外,研究人员还对接触 PCBs 的工人进行了许多流行病学研究。研究发现,肝癌和黑色素瘤的患病率增加。

人体中的某些研究尚未证明 PCBs 暴露与疾病之间存在直接关联。但是,流行病学研究有一些方法学上的局限性,如研究中的个体数量太少而无法显示效果,或者难以确定实际的暴露水平,或者存在多种混杂因素(倾向于与 PCBs 暴露同时发生的因素,包括吸烟、饮酒以及在工作场所接触其他化学物质)。流行病学研究可能无法检测出癌症发生率的小幅增加,除非污染物暴露后的癌症发生率很高或暴露后会引发不同类型的癌症。

需要注意的是,PCBs 混合物的成分在释放到环境中后会发生变化。PCBs 会在鱼类和其他动物中产生生物富集,并与沉积物结合,而这些 PCBs 混合物是最致癌的。所以,摄入被 PCBs 污染的鱼或其他动物产品,并接触被 PCBs 污染的沉积物的人可能会比职业暴露工人接触到毒性更大的 PCBs 混合物。

美国环保署对癌症的重新评估得出的结论是,PCBs 可能是人类致癌物。国际癌症研究机构也宣布 PCBs 可能对人类致癌。美国国家毒理学计划已指出,PCBs 对人类具有致癌性。美国国家职业安全与健康研究所也已经确定,PCBs 是一种潜在的职业致癌物。

5.3.2.3 农药

(1)基本性质:《农药管理条例》(2022 年修订)将"农药"(除某些次要例外)定义为:用于预防、控制危害农业、林业的病虫、草、鼠和其他有害生物以及有目的地调节植物、昆虫生长的化学合成或者来源于生物、其他天然物质的一种物质或者几种物质的混合剂。

人类接触农药的方式有多种,不同暴露方式的暴露强度也不同。涉及农药行业的工人、农民、水果和蔬菜销售商以及消费者都可能暴露于不同浓度的农药中。农药暴露与许多健康疾病有关,例如霍奇金病(HD)、非霍奇金淋巴瘤(NHL)、帕金森病、内分泌干扰、呼吸系统疾病和生殖疾病。人们还认为,农药可引起人类癌症。例如,草甘膦与乳腺癌有关,含有烷基脲和胺的农药与脑瘤有关,暴露于 2,4-二氯苯氧乙酸(2,4-D)和 2,4,5-三氯苯氧乙酸混合物的人群中前列腺癌的发病风险增加。

农药时刻对人们的健康构成威胁,因为大多数人都主动或被动地接触农药。人们接触农药的方式也是一个值得关注的问题,因为它也决定了接触剂量。农药接触可大致分为三大类,分别为故意(偶然/自杀)接触、职业接触和非职业接触,其中可能包括长期和短期以及低剂量和高剂量的多种组合。

(2)暴露途径:在大多数发展中国家,一些人将农药作为自杀的毒药,尤其是在农村地区。为了评估有意和无意暴露于农药的情况,研究人员在斯里兰卡进行了案例研究,发现一年中约有 13 000 名患者因农药中毒而入院。在斯里兰卡,每年约有 1000 人因农药中毒而丧生,其中大多数患者(73%)是故意食用农药,而其余患者(27%)是偶然或职业性接触农药。

从事农药制造行业、农药运输的人员,市场上的水果、蔬菜经销商,农民,施药者和销售者均可能暴露于农药。巴基斯坦历史上曾发生过一次农药职业病暴发,其中有 2800 名参与喷洒马拉硫磷以控制疟疾的工人中毒。在研究过程中,研究人员发现这些患者由于有机磷农药中毒导致红细胞胆碱酯酶活性降低。

(3)农药对肿瘤的影响:研究表明,农药中毒与癌症发展有着密切关系。与农药有密切接触的人被发现患各种恶性肿瘤的风险更高,例如白血病、伯基特淋巴瘤、神经母细胞

瘤、威尔姆氏肿瘤、非霍奇金淋巴瘤、软组织肉瘤、卵巢癌、肺癌、胃癌、结肠癌、膀胱癌和直肠癌等

①儿童期癌症：目前发现许多儿童期癌症与农药接触有关。与其他类型的癌症相比，基于人群的急性粒细胞白血病（AML）病例对照研究提供了更具说服力的证据。研究人员在 0～9 岁年龄段的 491 例病例中比较了 *CYP1A1*、*CYP2D6*、*GSTT1* 和 *GSTM1* 基因的多态性，这些基因是负责编码、代谢致癌物质的酶。细胞色素 P450 家族的酶参与致癌化合物向具有遗传毒性和细胞毒性作用的反应性物质的转化，谷胱甘肽-S-转移酶是逐渐使这些反应性物质和许多农药灭活的酶之一。研究发现，孕妇在怀孕期间接触农药，且其孩子携带 *CYP1A1m1* 或 *CYP1A1m2* 突变的母亲患 AML 的风险增加。

一项类似的研究还发现，孕妇接触农药与儿童白血病之间存在显著关联。这些妇女在怀孕期间在农业领域工作，并接触过农药。农业健康研究（AHS）还揭示了，儿童期癌症与从事农药领域工作的父母有显著联系。

②前列腺癌：各种工业化学品和农药之类的环境内分泌干扰化学品（EDC）被释放到环境中，会带来严重的健康问题。激素依赖性癌症（如乳腺癌、睾丸癌、前列腺癌和男性生殖系统癌）的发生率增加与激素干扰物有关。在美国，前列腺癌占癌症发病率的 25%，是美国男性人口中与癌症相关的死亡的第二大主要原因。

2,2-二氯苯酚（DCP）是 2,4-二氯苯氧基乙酸（2,4-D）的代谢产物，被广泛用于农业领域以控制杂草。当将这些化合物与低浓度的 5α-二氢睾丸激素（DHT）结合处理细胞时，会刺激前列腺癌细胞增殖，约为以前的 1.6 倍。但当单独用 DHT 处理细胞时，没有观察到这样的效果。这些除草剂还增加了雄激素受体在细胞质/核中的定位，这表明 DCP 可能是肿瘤的启动子。

毒死蜱（CPF）是一种有机磷酸盐杀虫剂，被广泛用于农业领域。有机磷酸酯是胆碱酯酶的不可逆抑制剂，有神经毒性作用。将毒死蜱喂给性磷酸酯酶缺失的小鼠，会使小鼠易患前列腺癌。毒死蜱长期暴露 32 周并不能使动物患前列腺癌，但会抑制血浆中乙酰胆碱酯酶的活性，这表明需要进一步研究以得出"CPF 是前列腺癌的致癌物"的结论。

③乳腺癌：o,p'-二氯二苯基三氯乙烷（o,p'-DDT）及其代谢产物 p,p'-二氯二苯基二氯乙烯（p,p'-DDE）、p,p'-二氯二苯基二氯乙烷（p,p-DDD）和其他相关农药是常见的环境化学污染物，因此人群暴露于其中也是常见的。为了研究它们在乳腺癌细胞中的作用，研究人员对两种乳腺癌细胞 MCF-7（雌激素受体-α 阳性）和 MDA-MB-231（雌激素受体-α 阴性）进行了研究。在低浓度暴露下，MCF-7 细胞的细胞增殖和活力降低，而 MDA-MB-231 细胞未发生任何变化。在高浓度暴露下，MCF-7 细胞中发生了细胞侵袭，而在

癌症晚期且更具侵袭性的 MDA-MB-231 细胞中则减少了侵袭。

另一种除草剂莠去津对乳腺癌也可能具有致癌作用。对 Sprague-Dawley(SD)大鼠进行的致癌研究表明,莠去津会导致乳腺肿瘤的潜伏期缩短,腺癌和纤维腺瘤的患病率增加,但这些发现与在 Fischer-344 大鼠中的发现不一致。有趣的是,莠去津诱导的乳腺肿瘤仅在年老的雌性 SD 大鼠中发生。这是由于莠去津抑制了促黄体激素,因此动物的发情周期会有一个持续的阶段,此时雌激素和催乳素在血液中会保持高水平,但衰老后雌激素和催乳素水平较低。

在一项农业健康研究中,对农药施药者的配偶进行了一项风险研究。在 30 003 名妇女中,有 25.9% 的人使用了有机磷酸酯类(OP)杀虫剂。在随访期间,有 718 名暴露于有机磷酸酯类的妇女被诊断出患有癌症。使用有机磷酸酯类会增加患乳腺癌的风险。马拉硫磷与甲状腺癌的高风险有关,二嗪农的使用会使卵巢癌风险增加。

④结直肠癌:在美国,结直肠癌(CRC)是癌症相关死亡的第二大主要原因。在农业健康研究(AHS)中,研究人员进行了一项调查,以明确农药与结直肠癌之间的关系。大多数农药均未发现与结直肠癌患病有关。对于直肠癌,毒死蜱显示出显著的剂量-反应关系,接触者的患病风险增加了 2.7 倍。涕灭威被发现与结肠癌显著相关,高剂量暴露使患病风险增加了 4.1 倍。然而,研究人员缺乏有力的证据来证明这些农药与结直肠癌之间有密切联系,这需要用详细的机制进行进一步的研究。

另一项研究调查了有机氯农药狄氏剂和艾氏剂的长期健康影响。从 1954 年 1 月—1970 年 1 月,总共有 570 名参与狄氏剂和艾氏剂生产的员工被纳入研究,随访直到 2001 年 1 月,部分员工因疾病而死亡。在 343 名工人的血液中,狄氏剂的平均摄入量为 737 mg,并且在 2001 年之前,有 171 名员工死亡,而预期的数字是 226.6,标准死亡数(SMR)为 75.6。总死亡率的下降主要是由于心血管疾病死亡率下降,而不是由于癌症死亡率下降。但是研究人员却在低摄入量的亚组中观察到直肠癌的发病数量明显增加,因此研究人员认为接触这些农药与癌症发生率之间没有明确关系。为了估计癌症的患病风险,研究人员在西班牙安达卢西亚十个地区的居民中进行了基于人群的病例对照研究。根据集约化农业用地的公顷数和人均农药销售额,将这十个地区划分为农药高使用量地区和农药低使用量地区。研究发现,与农药低使用量地区相比,农药高使用量地区每十万人口中胃癌、结直肠癌、肝癌、膀胱癌和脑癌的患病率明显更高。这个研究说明,农药接触与癌症患病之间还是存在联系的。此研究主要探索了代森锰、代森锰锌和代森锌对转化的和未转化的结肠细胞的作用。代森锰和代森锰锌对 HT-29、CCD-18Co 和 Caco2 细胞有毒性。但是,代森锌并未引起细胞活力的显著降低。因此,研究人员推测毒性主要来自于代森锰和代森锰锌中的金属元素。

5.3.3　复合污染对人群肿瘤的影响

5.3.3.1　柴油尾气

（1）基本性质：柴油尾气是指柴油发动机燃烧柴油后喷出的尾气。柴油尾气中含有上百种不同的化合物，这种气体排放物不仅气味怪异，而且令人头昏、恶心，影响人的身体健康。世界卫生组织专家认定，柴油发动机尾气与石棉、砒霜等物质一样，具有高致癌性。柴油发动机常用于大型交通工具（如火车、轮船）、工业部门的重型设备（如采矿、建筑）和部分发电设备。柴油尾气由一氧化碳、氮氧化物和挥发性有机化合物（例如苯和甲醛）组成，其颗粒组分由元素碳和有机碳、灰粉、硫酸盐和金属组成，多环芳烃和硝基芳烃主要分布在气相和颗粒相上。柴油尾气污染物主要包括一氧化碳、碳氢化合物、氮氧化合物、二氧化硫、烟尘微粒（某些重金属化合物、黑烟及油雾）、臭气（甲醛等）。柴油尾气具有复杂的化学组成，并且随着发动机的工况变化，尾气的组成也显著不同。氮氧化合物和含碳颗粒物为最主要的污染物。此外，柴油尾气中还含有氧气、氮气、少量二氧化硫和大量二氧化碳等气体。

（2）排放现状：柴油机尾气污染物催化净化原理、方法和技术的研究是当今世界环境催化领域的热门和难点课题之一。随着环保法规的日趋严格，柴油尾气对环境的污染和对人体健康的危害越来越受到人们的重视。随着北美、欧洲和其他地区引入越来越严格的公路车辆排放标准，引发了对柴油汽车的改进，从而降低了柴油尾气中含碳颗粒物、氮氧化物和碳氢化合物的排放量。然而，柴油尾气在其他领域的排放标准尚不完善，其排放至今仍不受控制。

（3）柴油尾气与肿瘤：流行病学研究结果显示，柴油尾气可增加癌症患病风险。一项关于美国矿工的队列分析结果显示，随着柴油机废气排放量的增加，肺癌风险呈上升趋势。这项研究提供了一些有力的证据，证明暴露于柴油机尾气与肺癌之间存在关联，因为这些地下矿山中几乎没有潜在的混淆性暴露。在美国开展的另一项研究中，与暴露于低浓度柴油尾气或不暴露相比，暴露于高浓度柴油尾气的铁路工人患肺癌的风险增加了40％。美国卡车运输行业的一项大型队列研究报告结果显示，经常接触柴油尾气的驾驶员和码头工人的肺癌患病风险增加了15％～40％。随着工作时间的延长，这种风险呈显著上升趋势。这些队列研究的结果得到了其他职业群体研究以及病例对照研究的支持，其中包括暴露于柴油尾气的各种职业。

(4)致癌机制:柴油机所排放的微粒主要成分是碳,它可以深入人的肺部,损伤肺内各种通道的自净作用,从而使其他化合物发挥致癌作用。这些微粒上还吸附有很多有机物质,包括多环芳烃。在暴露于柴油尾气的人群中,研究人员观察到了暴露和效应的遗传毒性生物标志物,这充分表明柴油尾气通过遗传毒性在人体内诱发癌症。2012 年 6 月 12 日,国际癌症研究机构在一份声明中提到,经过一周的独立评估,他们决定把柴油机尾气从ⅡA 类致癌物调整为Ⅰ类致癌物。ⅡA 类致癌物物意味着可能对人体有致癌性,而Ⅰ类致癌物意味着对人类致癌。

(5)其他危害:柴油尾气的其他危害有以下几种。

①氮氧化合物的危害:柴油机排放的氮氧化合物大都是一氧化氮,只有少量二氧化氮。一氧化氮为无色气体,正常浓度下不会有直接毒性,但是浓度过高时会引起中枢神经瘫痪和痉挛,影响肺功能。一氧化氮在空气中氧化很缓慢,但有紫外线照射时会迅速转化成二氧化氮。二氧化氮是褐色气体,有刺激性气味,进入人体后会与水结合生成硝酸,引起咳嗽、气喘等症状,甚至导致肺水肿、闭塞性纤维性支气管炎等疾病。二氧化氮也是光化学烟雾的主要成分之一。

②含碳颗粒物的危害:柴油机所排放的微粒主要成分是碳。2 nm 以下的含碳颗粒物吸入肺部后会沉积起来;0.1~0.5 nm 的含碳颗粒物对人体危害最大,这种颗粒物吸入肺部后,除了有致癌作用外,还可导致慢性病、肺气肿、皮肤病及变态反应性疾病。

③一氧化碳的危害:柴油机燃烧过程的时间很短,可燃混合气在燃烧室内混合不均匀,所以燃料燃烧就可能不完全。燃料在燃烧区停留时间不足以完全燃烧生成二氧化碳而生成一氧化碳,尾气中就会有不完全燃烧产生的一氧化碳,甚至有未燃烧的燃料。负荷过大时也会产生很多一氧化碳。一氧化碳经呼吸进入肺部,被血液吸收后能与输送氧气的血红蛋白结合引起中毒,甚至使人窒息而亡。

④碳氢化合物的危害:燃料燃烧不充分会产生碳氢化合物,如烷烃、烯烃、芳香烃、苯、醛、酮、有机酸等。现在还未发现烷烃对人体有直接危害。烯烃略带甜味,有麻醉作用,且对黏膜有刺激作用。烯烃与氮氧化物是光化学烟雾的主要成分。芳香烃有香味,但也有很强的毒性。高浓度苯会引起白血病,损伤肝脏和中枢神经系统。醛类是刺激性有毒物质,柴油机排出的醛类主要有甲醛、乙醛和丙烯醛,它们都会刺激喉咙、支气管和眼黏膜,对血液也有伤害。

⑤硫化物的危害:柴油中含有的硫燃烧后以二氧化硫或三氧化硫的形式排出。二氧化硫是一种无色气体,在空气中会慢慢转化成三氧化硫,它与水结合会生成硫酸,对人的口鼻黏膜有强烈的刺激性。虽然以上所说硫化物的危害很大,但柴油机排放的硫化物对

环境造成的污染较小。

⑥二氧化碳的危害：近年来随着石油、煤炭等燃料的大量使用，二氧化碳在大气中所占的比例明显上升，而且每年都在继续增加，使全球温度逐步升高，造成明显的"温室效应"。

5.3.3.2　二手烟

（1）基本性质：二手烟也称为环境烟草烟雾，既包括吸烟者吐出的主流烟雾，也包括从纸烟、雪茄或烟斗中直接冒出的侧流烟，也就是吸烟者所呼出的气体和香烟本身燃烧时产生的烟雾的总称。被动吸烟即俗称的"吸二手烟"，不吸烟者每日被动吸烟 15 min 以上被定义为被动吸烟，又称"强迫吸烟"或"间接吸烟"。在日常生活中，绝大多数人不可能完全避免接触烟雾，因而成为被动吸烟者。吸烟在危害吸烟者自身健康的同时，二手烟也影响着非吸烟者。除了刺激眼、鼻和咽喉外，二手烟也会明显增加非吸烟者患肺癌和心脏疾病的概率，严重损害人们的身体健康。

（2）来源：二手烟是分布最广且有害的室内空气污染物之一，主要来自吸烟者所呼出的主流烟及香烟燃烧所释放的侧流烟。二手烟中含有 7000 多种已知化学物质，其中包含 69 种致癌物质。不同的香烟点燃时所释放的化学物质有所不同，但主要有焦油和一氧化碳等化学物质。

（3）对机体的影响及代谢机制：二手烟中含有的有害物质可分为以下四大类。

①一氧化碳：一氧化碳在香烟烟雾中的浓度约为万分之四，其与红血蛋白的结合力为氧气和红血蛋白结合力的 210 倍。所以一氧化碳被吸入人体后，红血蛋白输送氧气的能力会降低，进而使人体缺氧。

②尼古丁：尼古丁在进入人体后会使四肢末梢血管收缩、心跳加快、血压上升、呼吸变快、精神状况改变（变得情绪稳定或精神兴奋），并促进血小板凝结。尼古丁是造成心脏血管阻塞、高血压、脑卒中等心血管疾病的主要因素。

③刺激性物质：刺激性物质不但会对眼睛、鼻腔和咽喉产生刺激，也会刺激支气管黏膜下腺体的分泌，导致急性支气管炎及慢性支气管炎。

④致癌物质：除公认的致癌物质尼古丁以外，烟雾中含有较多的放射性元素（如钋），它们在吸烟时挥发，并随着烟雾被人体吸收，从而损伤机体组织细胞，对人体免疫力造成破坏，为癌细胞生长创造环境。

毋庸置疑，以上四大类有害物质对于吸烟者和二手烟吸入者同样有害。更值得注意的是，侧流烟中的一些有害物质比主流烟含量更高，如侧流烟中的一氧化碳是主流烟的 5

倍,侧流烟中的焦油和烟碱是主流烟的 3 倍,侧流烟中的氨是主流烟的 46 倍,侧流烟中的亚硝胺(强烈致癌物)是主流烟的 50 倍。

(4)"安全暴露"水平:有研究表明,被动吸烟不存在"安全暴露"水平。每燃烧一支香烟所形成烟草烟雾中,苯并芘高达 180 ng,这在一个 30 m^3 的居室内会形成 6 ng/m^3 的浓度,是卫生标准(浓度 1 ng/m^3)的 6 倍。在通气条件极差的环境下,暴露在充满烟草烟雾的房间内仅 1 h,被动吸烟者血液中碳氧血红蛋白的水平就从平均 1.6% 升至 2.6%,大致相当于吸一支焦油含量中等的香烟。由于二手烟雾包含很多能够迅速刺激和伤害呼吸道内膜的化合物,因此即便是短暂的接触也会产生危害,导致健康人上呼吸道损伤,使哮喘患者发作更频繁,病情更严重,甚至增加血液黏稠度,伤害血管内膜,引起冠状动脉供血不足,增加心脏病发作的危险。

(5)吸烟和二手烟趋势:近 20 年,我国成年男性吸烟率仍居高不下。尽管从 1996 年的 63.0% 降至 2015 年的 52.1%,但仍维持在高水平,远高于世界水平(36.1%)和欧洲地区水平(39.0%)。女性吸烟率从 1996 年的 3.8% 降至 2.7%,一直处于低水平状态。

我国各地区男性吸烟率差别不大,女性以东北和华北地区较高(4.71%~17.32%),不同地区青少年吸烟率不同。据有关学者调查,北京市 2008—2014 年的 177 所学校中,大、中学生尝试吸烟率从 30.05% 降至 24.30%。广州市青少年健康危险行为监测资料显示,青少年尝试吸烟率从 2008 年的 26.61% 降至 2013 年的 22.44%,而江苏省青少年尝试吸烟率从 2005 年的 22.6% 上升至 2008 年的 29.6%。

有研究人员做了关于二手烟的调查,1996 年和 2002 年二手烟暴露率分别为 53.84% 和 51.9%,变化不大,暴露场所以家庭为主,公共场所和工作场所暴露比例较低。2010 年二手烟暴露率为 72.4%,暴露场所以公共场所为主。2015 年的调查也显示,二手烟暴露场所中,以公共场所的暴露率为最高,与 2010 年相比各场所的暴露率均有所改善

(6)二手烟对肿瘤的影响:吸烟可导致多种肿瘤发生,如肺癌、口腔和鼻咽癌、食管癌、乳腺癌、结直肠癌等,其与肺癌的关系尤为密切。吸烟和二手烟暴露均是肺癌的重要危险因素,其中吸烟可增加 3 倍以上的肺癌发生风险。全球范围内,肺癌的发病率极高。2018 年全球统计数据显示,男性肺癌发病率位列恶性肿瘤发病率的第 1 位;在女性人群中,肺癌的发病率位列恶性肿瘤发病率的第 3 位。2012 年全球癌症统计数据显示,我国肺癌发病人数占全球恶性肿瘤发病人数的 35.78%,死亡人数占全球恶性肿瘤死亡人数的 37.55%。我国 2015 年的统计数据显示,肺癌分别居男性和女性人群恶性肿瘤发病率的第 1 位和第 2 位。其中,肺鳞癌占肺癌的 30%~40%,肺腺癌占肺癌的 40%~55%。

吸烟是引起肺癌最主要的原因,约 85% 的肺癌患者有吸烟史,包括吸烟和已戒烟者

（诊断前戒烟至少 12 个月以上）。吸烟与肺癌之间存在着明确的关系，开始吸烟的年龄越小，吸烟时间越长，吸烟量越大，肺癌的发病率和死亡率越高。调查显示，经常处于封闭的二手烟环境中，肺癌的发生率也明显增高，而吸烟者患肺癌的比例也明显高于没有患肺癌的人，这说明吸烟对于肺癌的发生有重要影响。国际癌症研究机构将二手烟界定为Ⅰ类致癌物，明确表示二手烟会对人类致癌。

吸烟诱发恶性肿瘤的主要生物学机制为：机体暴露于烟草致癌物中，致癌物与 DNA 之间形成共价键，即形成 DNA 加合物，体细胞中关键基因发生永久性突变并积累，正常生长控制机制被抑制，最终导致癌症的发生。专家指出，每日和吸烟者共处 15 min 以上，吸二手烟的危害便等同于吸烟。肺癌病理类型主要有非小细胞肺癌和小细胞肺癌，前者又分为肺鳞癌、肺腺癌、大细胞癌等，其分布与吸烟情况密切相关。吸烟者所患肺癌以肺鳞癌、小细胞肺癌为主，非吸烟者则以肺腺癌为主。肺癌患者有 75% 的致病因素可追究到吸烟上。每个人身上都有原癌基因，这种基因使人在胚胎时期能够生长，但其应该在适当的时候停止起作用，否则人就容易患癌，而吸烟可以使这种基因再次起作用。

要想使环境中二手烟浓度降低，只有减少一手烟的排放量才是治本之法。有关数据显示，一个地区成年人二手烟暴露水平与其相关知识程度、禁烟方法有着密切的关系，知识水平相对越高的地方，吸烟比例相对越低。一场制定无烟法规的运动正在全世界范围内迅速展开，部分地区禁止在所有工作场所和公共场所吸烟。在针对肺癌患者进行预防与防治时，应将戒烟计划视为一个关键因素。

世界卫生组织提出的最有效的控烟措施有以下六种：①监测烟草流行和预防政策；②保护人们不受二手烟危害；③为希望戒烟者提供戒烟帮助；④警示烟草危害；⑤确保禁止烟草广告、促销和赞助；⑥提高烟税。

肺癌位居我国恶性肿瘤发病和死亡率的首位，经济发达地区的肺癌发病和死亡率趋于稳定，欠发达地区则逐年增长，且城乡和男女差距逐渐缩小。肺癌的发生和死亡与吸烟和二手烟暴露密切相关。目前我国男性吸烟率仍居高不下，非吸烟者二手烟暴露仍十分广泛。虽然我国实施了一系列禁烟措施，但效果仍不显著，我们急需实施系统的、具有中国特色的禁烟措施，控制烟草流行，降低肺癌的发生和死亡率。

5.3.4　案例介绍

一名 52 岁男性患者，双手掌、手指指关节两侧、双足跖点角化 10 余年，且逐渐加重。最初，患者背部出现指甲盖大的红色斑块，无明显症状，无破溃，无渗出，但有缓慢增大趋势。后来，患者左手掌出现黄豆大的红色肿物，反复破溃、渗出，局部有压痛。患者出生于巴彦淖尔杭锦后旗,属于饮水型砷中毒病区。患者长期饮用高砷水,1994 年离开原籍迁往目前居住地,并进行了体检。当时的系统查体未见明显异常。但皮肤科检查显示,该患者双手指指关节两侧、掌跖有密集分布的黄豆大角化性丘疹,左手掌小鱼际处有约 1.5 cm×2.0 cm 的肿物,表面溃疡、渗血、结痂。躯干密集分布米粒至指甲盖大的色素脱失斑及色素沉着斑,背部有约 2.0 cm×3.0 cm 的淡红色斑块,其上有少量结痂、鳞屑。辅助检查显示,血、尿常规及生化检查均未见明显异常,胸部 X 线、腹部超声检查未见异常。皮肤组织病理检查显示,左手掌真皮内弥漫鳞状细胞肿瘤团块,细胞异型性明显,真皮炎细胞浸润;背部细胞全层排列紊乱,细胞异型性明显,可见角化不良细胞,真皮浅层炎细胞浸润。根据患者临床表现、既往史及组织病理,诊断该患者患有:①慢性砷中毒;②鳞状细胞癌(左手掌);③鲍恩(Bowen)病(背部)。

思考题

1.对人群肿瘤有影响的环境因素主要分为哪几类?

2.请简述人类致癌物的分类以及常见的环境化学致癌物。

3.对人群产生影响的物理因素主要有哪几种?会导致哪些类型的肿瘤和癌症?

4.请简述常见空气污染物引起肿瘤和癌症的作用机制。

5.我国是农药使用大国,请简述农药对肿瘤的影响及引起的常见肿瘤类型。

第6章 环境因素对人群其他健康的影响

环境是人类生存发展的物质基础,人与环境的关系就像鱼和水一样密不可分。流行病学研究表明,人类疾病中有 70%～90% 与环境有关。环境污染物在环境中可通过物理、化学和生物作用而发生迁移、富集和转化,以污染母体的方式或转化形成的新污染物通过多种环境介质(水、空气、食物等)、多种途径进入人体。影响人类健康的环境因素主要有生物因素、物理因素和化学因素。这些环境因素会对人体呼吸系统、心血管系统、内分泌系统等产生重要影响。此外,它们还会对人的神经系统、泌尿生殖系统、免疫系统、消化系统以及骨骼系统产生相应的健康危害。

6.1 环境因素对人群神经系统的影响

神经系统是机体内起主导作用的系统,对维持内环境稳态、保持机体完整统一和与外环境协调平衡等方面具有重要意义。神经系统分为中枢神经系统和周围神经系统两大部分,通过直接或间接地调节机体内各器官、系统的功能,使机体能适应内、外环境变化。影响神经系统发育的因素多种多样,包括内源性因素与外源性因素。这些因素在中枢神经系统的信号传导、神经发育以及突触的可塑性等多个方面起着至关重要的作用。人类生活在不断变化的复杂环境中,不可避免地会接触到各种外源性的环境因素,一些环境毒物具有神经毒性,可引起中毒性神经系统疾病,导致神经系统结构和功能发生改变;也有一些环境因素可与机体遗传因素共同作用,从而导致退行性神经系统疾病的发生,如阿尔茨海默病、帕金森病等。

影响神经系统的环境因素复杂多样,按照环境因素的属性可分为物理性环境因素、化学性环境因素和生物性环境因素。本节主要介绍这三大类环境因素的接触机会、影响神经系统的发病机制、相应的疾病表现和临床症状、与神经系统疾病之间的剂量-反应关系等。

6.1.1 物理性环境因素对神经系统的影响

物理性环境因素主要有电磁辐射、噪声等，科学研究已证实，这些环境因素可以通过不同接触途径和不同作用机制对神经系统造成一定的影响。关于这些环境因素的许多内容已在前文进行了详细阐述，故本节仅重点探讨其对神经系统的影响。

6.1.1.1 电磁辐射

电子产品让人类生活变得更便捷，同时也产生了不益于人体健康的生物效应，其中电磁辐射产生的非热效应对暴露人群神经系统的影响尤为重要。神经系统（尤其是中枢神经系统）是电磁辐射的主要敏感靶器官，最易受到损伤。诸多研究已证实，电磁辐射对学习记忆和行为、神经衰弱综合征、脑瘤、脑组织结构改变有重要的影响。电磁辐射可使脑组织中海马区发生改变，而海马区是与学习记忆功能最为密切的脑组织结构。同时，电磁辐射能够使血-脑屏障的通透性增加，利于许多有害物质顺利进入脑组织，从而损伤神经元，造成神经系统慢性炎症。另外，电磁辐射可以调节乙酰胆碱的释放，引发神经细胞内相关基因表达调控改变，影响神经系统内信号通路相关蛋白的表达。电磁辐射可通过以上机制造成神经系统的损伤，严重影响个体学习记忆能力和空间认知能力。

胚胎早期的神经系统发育对个体出生后学习与记忆能力的发展有着决定性作用，这一时期神经系统对环境电磁辐射较为敏感，产生的生物学效应甚至可延续至个体成年期。长期接触电磁辐射易出现头痛、头昏、失眠、多梦、疲乏、烦躁、耳鸣等神经功能紊乱症状，导致机体神经衰弱综合征的发生。电磁辐射使得神经元膜离子通道的通透性发生变化，从而使细胞内电流出现异常，导致神经元内环境紊乱。同时，电磁辐射还会破坏机体的抗氧化平衡和自由基平衡，导致大脑内产生氧化应激，促进活性氧形成，造成神经元兴奋毒作用。长期暴露于电磁辐射的人群患脑瘤（如神经纤维瘤和神经胶质瘤）的风险显著增加，两者之间存在剂量-反应关系。

6.1.1.2 噪声

噪声除对机体造成听觉系统的特异性危害外，还可引起其他危害，如对神经系统、心血管系统、消化系统及内分泌系统等系统的非特异性损伤。其中，噪声对神经系统的作用被认为是噪声影响人体健康的早期敏感指标。持续性的高强度噪声可以引起大脑皮层紊乱，使兴奋和抑制过程平衡失调，导致条件反射异常，脑血管功能紊乱，脑电位发生改变。长期接触噪声者常出现头痛、头晕、耳鸣、烦躁、易怒、心悸、入睡困难、早醒、多梦、精神不振、疲乏无力、注意力不集中和记忆力减退等神经衰弱综合征，甚至出现精神失常。噪声性神经衰弱综合征不仅是噪声作业的主要职业危害之一，也是噪声危害的重要早期预警。在 80～85 dB(A) 范围内，噪声可对人的神经系统产生较大影响，造成神经行为功能紊乱。

6.1.2　化学性环境因素对神经系统的影响

随着现代工业的高速发展，我国重金属污染问题日益严重，水体和土壤重金属污染问题尤为突出。重金属及其化合物具有持续性蓄积危害的特性，其生物半衰期较长，可以在环境中长期残留并持久存在。尽管重金属在环境中存在浓度较低，但长期暴露可使其持续性蓄积在人体组织和器官中，使受污染的人群体内污染浓度增加。

重金属可因接触方式的不同而引起不同类型的中毒。重金属广泛存在于人类生活环境中，职业工人在重金属生产加工环境中因长期接触细微粉尘、烟雾或蒸气而极易引起职业性中毒。日常生活环境中，汽车排放尾气、使用含铅(或汞)的颜料和油漆、使用含重金属的生活用品、过量服用含重金属的药物、摄入被重金属污染的食物或水等均增加了人群重金属暴露的风险。当机体一次大量或长期接触的重金属超过人体排泄与代偿能力时，就会引起急/慢性健康损伤，通常会引起神经系统、消化系统、呼吸系统和循环系统等系统的损伤，其中神经系统的损伤尤其严重。

在临床上，由铅、汞、锰、铊和类金属元素砷等引起的中毒对神经系统的损伤尤为常见。例如，急性铅中毒可导致周围神经和中枢神经功能改变，严重者可表现为脑神经受损和精神障碍，导致中毒性脑病的发生；慢性铅中毒对神经系统影响的早期表现为一般性神经衰弱，随后可出现神经衰弱综合征、四肢远端麻木、痛触觉减退等神经炎症状，也可损害周围神经系统，出现"铅麻痹""垂腕""垂足"等症状；急性铊中毒可出现胃肠道刺激症状，继而出现神经麻痹、精神障碍、肌肉萎缩、肢体瘫痪、脱发等症状。慢性铊中毒可引发失眠、行为障碍和精神异常。高浓度的锰暴露易引起急性锰中毒，表现为中枢神经异常。锰进入人体后的毒性突出表现在神经系统，早期表现为类神经症和自主神经功能障碍，继而表现为锥体外系神经障碍，并伴有激动、愉快、情绪不稳定等情绪改变；后期可出现典型的帕金森综合征，以及感觉障碍、浅/深反射异常等。砷暴露可导致神经系统功能障碍，神经系统异常症状的检出率较高。地方性砷中毒患者早期多表现为典型的末梢神经炎症状，出现四肢感觉障碍、痛温觉减退等。此外，患者多出现头痛、头晕、失眠、记忆减退、多梦、心烦、易怒等自主神经功能紊乱症状。下面将重点介绍汞、苯以及微塑料对神经系统的影响。

6.1.2.1　汞

（1）特性：汞俗称水银，是唯一的液态金属。汞的熔点低，常温下可蒸发，且温度越高、空气流动越快时蒸发越多。因具有较大的表面张力，溅落的汞可立刻形成许多小汞珠。汞附着力强，易被吸附在粗糙的桌面、泥土、衣物上，易溶于类脂质、硝酸和热浓硫酸，不溶于水和有机溶剂。

（2）污染来源和污染水平：汞在科学、工农业方面得到了广泛应用。人类可在汞矿开采与冶炼过程，电工器材及仪器仪表制造和维修，使用农业用杀虫剂、防霉剂及选种剂等含汞农药，使用含汞偏方或含汞美白化妆品等日常生产生活中接触汞。汞广泛存在于大气、水、土壤等环境介质中。据估计，全球自然及人为来源的汞排放和过去活动的再排放量为 6000～11 000 t/a，其中人类来源的汞年排放量约为环境排放量的 80%。河流、湖泊和海洋沉积物中汞的总背景浓度分别为 50 $\mu g/kg$、100～300 $\mu g/kg$ 和 24～400 $\mu g/kg$，而某些城市、工业或矿化地区沉积物中可含有高达100 mg/kg的总汞和 100 $\mu g/kg$ 的甲基汞。全球范围内，表层土壤中的汞储存量远远超过水生环境和大气环境中的汞储存量，全球无污染土壤中的汞含量在 10～50 $\mu g/kg$ 之间。北欧的气态汞总量平均值为 1.98 ng/m^3，然而，汞矿区空气中的汞浓度可达 290 ng/m^3。汞会在大气、陆地和海洋中流动，气态汞和颗粒态汞可通过大气运输，而陆地和海洋则在生态系统中发挥着重新分配汞的作用。

（3）吸收、分布和代谢方式：人类主要会暴露于汞蒸气和有机汞（如甲基汞和乙基汞）中。金属汞主要以汞蒸气的形式经呼吸道吸收进人体，也可经皮肤吸收，但消化道难以吸收。汞及其化合物进入机体后，首先分布在红细胞和血浆中，随后到达机体许多器官和组织中。汞最初集中在肝脏内，随后转移至肾脏，主要分布在肾皮质中。另外，汞在体内诱发形成的金属硫蛋白主要集中在肾脏，其对汞在体内的解毒、蓄积以及保护起到一定作用。汞也能通过血-脑屏障和胎盘屏障进入并长期蓄积于脑组织和胎儿体内，从而损伤脑组织，影响胎儿的生长发育。汞在人体内的半衰期约为 60 天，主要经肾脏排出，其中尿汞排出量（未产生肾脏损害时）约占总排出量的 70%。但尿汞排出较为缓慢且不规则，每日排汞量相差较大，即使停止接触汞十多年后，尿汞仍可能超过正常水平。另外，汞也可经粪便、胆汁、乳汁、汗液、唾液、毛发、呼出气等排出。

（4）发病机制及临床表现：汞蒸气具有高脂溶性，进入人体呼吸道后可迅速弥散，透过肺泡壁被快速吸收，吸收率可高达 85%，从而引发急性汞中毒。机体暴露于汞可发生急/慢性汞中毒，神经系统、免疫系统和肾脏是急性汞中毒的主要靶点。急性汞中毒可出现牙龈炎（如牙龈红肿、酸痛、出血，流涎带腥臭味）、蛋白尿、红细胞尿、肾衰等肾功能疾病,皮炎(主要表现为头面部和四肢部位居多的红色斑丘疹),神经系统及全身症状(如出现头痛、头昏、乏力、失眠、发热)以及恶心、呕吐、腹痛、腹泻等其他症状。慢性汞中毒较为常见,主要表现为神经系统症状、牙龈炎、肾脏损害等。

汞中毒引起的神经系统症状最初可出现类神经症和自主神经系统紊乱,表现为易兴奋、头昏、乏力、失眠多梦、心悸、多汗等;接着主要出现意向性震颤,可伴有运动失调、动作迟缓等类帕金森病症状;最后可能会出现幻觉和痴呆。部分患者可能会出现周围神经病,表现为四肢感知觉障碍。严重时,汞中毒可引起中毒性脑病和中毒性精神病。

慢性甲基汞中毒是人类长期暴露于被汞(甲基汞)污染的环境所引起的疾病,主要是水体汞(甲基汞)污染和由此导致的鱼贝类等食物甲基汞污染,造成摄入者体内甲基汞蓄积超过一定阈值,引起的以中枢神经系统损伤为主要中毒表现的环境污染性疾病。

水体汞污染是引起慢性甲基汞中毒的重要原因,水中胶体颗粒、悬浮物、浮游生物等都可吸附汞,并通过沉降作用进入底泥,底泥中的汞在微生物的作用下,可形成神经毒性很强的甲基汞,甲基汞可溶于水从而进入水体。水体中的甲基汞易被水生生物(如浮游生物、鱼贝类等)吸收。据估计,浮游植物和海洋浮游动物中的甲基汞浓度分别为 $1.0 \sim 6.5~\mu g/kg$ 和 $0.5 \sim 200~\mu g/kg$。甲基汞可通过食物链在水生生物体内富集,通过生物放大作用可使生物体内富集高浓度的甲基汞,进而在人类和动物摄入这些水生生物时造成慢性甲基汞中毒,甚至引发公害病。

甲基汞主要经消化道摄入,在胃酸作用下生成氯化甲基汞,其中 95%～100% 经肠道吸收进血液,随后分布至脑、肝、肾及其他器官中。大脑中甲基汞浓度可达血液中的6倍,这是因为脑细胞中富含类脂质,而甲基汞具有脂溶性、原型蓄积性,并且可通过血-脑屏障,因此甲基汞对大脑类脂质具有较高的亲和力,较易蓄积于脑细胞中。对于成年人,甲基汞主要侵害大脑皮层,导致感觉障碍、视听障碍和运动障碍,也可侵入小脑,导致共济失调。另外,甲基汞能通过胎盘屏障,侵入胎儿脑部,严重影响胎儿的大脑发育,对胎儿脑部造成损伤甚至遍及全脑,导致先天性水俣病的发生。

甲基汞损伤神经系统的分子机制主要有:

①抑制 β-微管蛋白,干扰神经元内部结构及生化反应的动态平衡,干扰神经递质的释放,破坏线粒体的结构和功能。

②可与谷胱甘肽等抗氧化物结合,抑制谷胱甘肽过氧化物酶(glutathione peroxidase,GPX)和超氧化物歧化酶(superoxide dismutase,SOD)等过氧化物酶体系的活性,降低机体消除自由基的能力;也可诱发产生自由基,在蛋白质、核酸等生物大分子的局部引起自由基反应,使脑中脂质过氧化物的含量增加,引发脂质过氧化。

③与金属硫蛋白结合,影响酶的活性。

④抑制星形胶质细胞对谷氨酸盐的摄取,影响星形胶质细胞的结构和功能。

⑤诱导神经细胞中细胞凋亡相关基因的过量表达,导致细胞凋亡。

⑥破坏细胞内钙离子动态平衡,使细胞内钙离子浓度升高,造成细胞损伤。

慢性甲基汞中毒流行病学概况可以从地区分布、人群分布以及汞摄入量与疾病发病症状的关系三方面来阐述。

①地区分布:慢性甲基汞中毒流行地区通常存在汞及甲基汞污染。企业使用或生产汞及汞化物,导致大量含汞或汞化物的废气、废水、废渣排入周围环境,造成区域性汞污染(主要是水体汞污染)。汞经微生物转化后形成甲基汞,通过生物放大及食物链作用不断蓄积,最终造成区域性人群慢性甲基汞中毒的发生。最具有代表性的区域性人群慢性甲基汞中毒事件为发生在日本熊本县水俣湾的水俣病,类似情况也在日本新潟县阿贺野川地区出现过。我国第二松花江和松花江也曾受到甲基汞污染,导致沿江渔民出现了慢性甲基汞中毒。

②人群分布:污染区的人群均可发病,发病症状取决于甲基汞摄入量。发病与性别关系不大,但孕妇和哺乳期女性可能为危险人群。由于甲基汞可通过胎盘屏障,且胎儿对甲基汞有较强的敏感性,因此在慢性甲基汞流行的区域,先天性水俣病的发病率很高,甚至可达 100%。

③汞摄入量与疾病发病症状的关系:慢性甲基汞中毒主要损害人体中枢神经系统,可造成成人水俣病和病情更为严重复杂的先天性水俣病。水俣病的中毒症状与人体甲基汞的蓄积量密切相关。研究显示,甲基汞蓄积量与症状的反应关系如下:总负荷约 25 mg 可使人知觉异常,总负荷约 55 mg 可致步行障碍,总负荷约 90 mg 可出现发声障碍,总负荷 200 mg 以上可导致死亡。

6.1.2.2　苯

苯为无色透明且具有特殊芳香气味的有毒易燃液体,在生产、储存、运输及使用过程中若发生泄漏,易造成爆炸燃烧和人员中毒事故。苯易挥发,具有流动性,泄漏后能造成较大范围内的地面或物品污染,且不易消除。住宅环境里的苯主要来自建筑装饰中大量使用的化工原材料,如涂料、填料及各种有机溶剂等,这些物品都含有大量的有机化合物,装修后会大量挥发到室内各个角落。苯蒸气易损伤人的中枢神经系统,高浓度苯对中枢神经系统有麻醉作用,轻者出现头痛、头晕、耳鸣、复视、轻度兴奋、步态蹒跚等酒醉状态,重者会出现明显头痛、恶心、呕吐、神志模糊、知觉丧失、昏迷、抽搐等症状,可因呼吸中枢麻痹而死亡。慢性苯中毒也会影响神经系统,常见的表现为神经衰弱和自主神经功能紊乱综合征,少数患者会出现肢端感觉障碍,表现出痛触觉减退、麻木,也可发生多发性神经炎。

6.1.2.3　微塑料

微塑料颗粒会影响水生浮游动物的存活，可以穿透鱼类的血-脑屏障，导致其行为紊乱。微塑料可以在生物体内不同组织和器官中富集和转移，进而通过食物链进入高级消费者的大脑，从而影响其神经系统。更重要的是，除微塑料自身造成的神经毒性、氧化损伤等毒性效应外，微塑料颗粒也可以作为其他化学物质（如重金属、多环芳烃）的载体，这些化学物质的神经毒性效应也是已知的。微塑料与持续性有机污染物等复合体组成的新型污染物具有更复杂的毒性效应。

有研究学者发现，微塑料很可能从水中吸附汞并影响汞在海鱼类不同组织（如大脑和肌肉）中的生物积累，具有毒理学交互作用。微塑料-汞混合物可通过抑制乙酰胆碱酯酶、增加脑和肌肉的脂质氧化、改变能量相关酶（乳酸脱氢酶和异柠檬酸脱氢酶）的活性而引起神经毒性。除海洋生物外，微塑料的生物蓄积对淡水生物的毒性作用也得到了证实。研究人员通过模拟淡水鱼暴露于聚苯乙烯微塑料（polystyrene microplastics，PS MPs）进行动物实验，发现 PS MPs 可蓄积在淡水鱼鱼体组织中，且表现出明显的浓度和时间依赖性效应。PS MPs 在淡水鱼鱼体组织中的蓄积浓度会持续升高，直至暴露结束。PS MPs 在鱼体组织中的浓度分布遵循"肠＞鳃＞肝≈脑"的规律。然而，淡水鱼体内微塑料的生物累积量因暴露浓度和时间、鱼类种类、微塑料颗粒大小和摄食量等因素的不同而异。因此，微塑料污染及微塑料与其他污染物复合体的污染对生物机体神经系统的影响和作用机制还需进一步的研究。

6.1.3　生物性环境因素对神经系统的影响

生物性环境因素中，对神经系统可产生危害的毒素主要有动物毒素和植物毒素。其中动物毒素是陆生和水生有毒动物产生的极少量有毒物质，大多数是有毒动物毒腺分泌的蛋白类化合物，如蛇毒、蜂毒、蜘蛛毒、蜈蚣毒、蝎子毒等。另外，还包括江河海洋动物产生的动物毒素，如河豚毒素、章鱼毒素、扇贝毒素、石房蛤毒素等。根据毒素的生物效应，动物毒素可分为神经毒素、心脏毒素、细胞毒素、凝血毒素和抗凝血毒素等，其中神经毒素是通过作用于神经组织不同的靶器官而发挥作用的。动物性食品中的神经毒素影响较为广泛的有麻痹性贝类毒素（paralytic shellfish poison，PSP）和河豚毒素（tetrodotoxin，TTX）。植物毒素是天然存在于植物中，对人或动物有毒的一类物质，成分主要有生物碱、非蛋白质氨基酸、多肽、糖苷类、草酸盐及真菌毒素等。毒蕈中毒为较常见的植物毒素中毒。

麻痹性贝类毒素是世界范围内分布最广、危害最大的一类海洋生物产生的神经毒素,主要阻断神经细胞内的钠离子通道,从而影响神经冲动的传递。产生麻痹性贝类毒素的微藻主要来源于赤潮中的有毒藻类,包括塔玛亚历山大藻、微小亚历山大藻、链状亚历山大藻等。在淡水蓝藻中也发现有分泌麻痹性贝类毒素的种类。贝类等摄食了有毒水藻,就会将毒素富集于体内,通过食物链传递给食用了被毒素污染的贝类等海产品的人类或动物,引起人类或动物中毒甚至死亡。麻痹性贝类毒素毒性很强,人体中毒剂量为 600~5000 MU(MU 为毒力单位,1 MU 为 18~22 g 小白鼠在 15 min 内死亡的毒力),致死量为 3000~30 000 MU。目前,麻痹性贝类毒素中毒尚无特效解毒方法。麻痹性贝类毒素遇热稳定,易被胃肠道吸收,且难以被人体内消化酶破坏。因此,一旦食用麻痹性贝类毒素很快便会出现毒性作用,且对神经系统和心血管系统有高度特异性。

麻痹性贝类毒素中毒的主要机制为:阻断细胞内的钠离子通道,造成神经系统传导障碍而产生麻痹作用。轻度麻痹性贝类毒素中毒的临床症状包括唇周刺痛或麻木,多数出现在 30 min 内。进而这种感觉逐渐扩散到面部和颈部,导致全身肌肉松弛麻痹,呼吸困难。严重情况下,进食受污染贝类后 2~12 h 内可能会出现呼吸暂停。因麻痹性贝类毒素的危害性大,全球许多组织都制定了贝类水产品及其制品中的麻痹性贝类毒素限量标准。国际上多以石房蛤毒素为贝类产品中麻痹性贝类毒素的检测指标。世界卫生组织规定,100 g 贝类可食部分的麻痹性贝类毒素限量为 80 μg 石房蛤毒素当量。我国 2016 年实施的《食品安全国家标准 鲜、冻动物性水产品卫生标准》(GB 2733—2015)规定麻痹性贝类毒素含量不得超过 4 MU/g,《无公害食品 水产品有毒有害物质限量》(NY 5073—2006)规定麻痹性贝类毒素含量不得超过 400 MU/100 g(相当于 80 μg/100 g)。

河豚毒素是河豚体内的一种剧毒物质,属于生物碱类天然神经毒素,毒性比氰化钠强 1000 倍,摄入 1~2 mg 便足以导致个体(50 kg)死亡。河豚毒素广泛存在于红鳍东方鲀、豹纹东方鲀、月腹东方鲀等鲀科鱼中,目前在其他水/陆生动物体内(如虾虎鱼、织纹螺、蟾蜍)也有发现。一些细菌(如弧菌属、假单胞菌属等)也可分泌河豚毒素。我国明确规定,养殖红鳍东方鲀和养殖暗纹东方鲀中河豚毒素含量不得超过 2.2 mg/kg。河豚毒素为钠离子通道阻断剂,主要作用机制为:可选择性地与肌肉、神经细胞细胞膜表面的钠离子通道受体结合,使钠离子通道被阻断,从而影响机体的神经兴奋与传导、中枢神经系统的调控功能,以及影响心脏搏动、骨骼肌收缩、平滑肌蠕动、激素分泌等一系列生理功能。

河豚毒素是一种较为强烈的神经毒素,较低浓度的河豚毒素便可抑制钠离子通过神经细胞膜。人体摄入河豚毒素,经吸收后可迅速作用于机体末梢神经和中枢神经系统,表现为感觉神经麻痹,继而出现运动神经麻痹,严重者可出现脑干麻痹从而导致呼吸/循环衰竭。另外,河豚毒素也具有治疗成瘾、治疗癫痫、麻醉及镇痛等医疗方面的用途。不同性别、不同鱼体组织和不同季节的河豚所含有河豚毒素的量也不同。一般情况下,春季为雌鱼的卵巢发育期,卵巢和肝脏含河豚毒素最多,毒性最大,因此春季最易发生河豚中毒事件;夏秋季雌鱼产卵后,卵巢功能退化,毒性减弱。多数品种的河豚新鲜洗净的鱼肉无毒。

毒蕈中毒又称"毒蘑菇中毒",属于真菌性食物中毒,指个体因食用有毒的真菌子实体而引发的中毒。毒蕈所含毒素成分复杂,多数毒蕈毒性较低,有轻微中毒表现,少数毒蕈毒性极高,短时间内可致人死亡。毒蕈中含有的精神毒素可导致机体产生幻觉,引发谵妄、昏睡、精神错乱等症状,有些可引起四肢麻木、感觉及运动障碍等周围神经炎症状。除精神症状外,毒蕈中毒还可表现为胃肠道不适、肝功能损害、肾功能损伤、溶血等。

6.2 环境因素对人群泌尿生殖系统的影响

6.2.1 物理性环境因素对泌尿生殖系统的影响

物理性环境因素包括电离辐射(如 X 射线、γ 射线等)和非电离辐射(如电磁波、温度、超声、噪声等),各类物理性环境因素会对人体泌尿生殖系统产生不同程度的损害。本部分将对电离辐射与非电离辐射对泌尿生殖系统的影响进行介绍。

6.2.1.1 电离辐射

放射线包括中子、X 射线、γ 射线等。这些射线直接或间接作用于细胞内,形成高活性的自由基,损伤 DNA,进而引起细胞变性甚至死亡。因此,这些射线被广泛地应用于肿瘤治疗。不同类型的细胞或组织对射线的敏感性不同。细胞或组织的放射敏感性与它们的增殖能力成正比,与分化程度成反比,即增殖能力越高或分化程度越低的细胞或组织对放射线越敏感。

生精细胞对放射线特别敏感,而间质细胞对放射线的耐受性相对较高。放射线对生育力的影响是多方面的:它可以作用于睾丸曲细精管上皮,导致精子功能低下、精子数量减少,即少精症;可以影响精子的产生,或直接作用于精子,使精子存活率下降,影响精子的质量;可以引起生精细胞染色体的突变,导致胎儿畸形或流产;还可以作用于间质细胞,使雄激素生成减少,性功能降低。

人类最容易受损伤的细胞是睾丸曲细精管的支持细胞和精原细胞,频繁接触小剂量的放射线也会有隐性或持续作用。大剂量放射线直接作用于睾丸,对精子的产生有快速而严重的影响。用 X 线照射睾丸,一次照射 100～600 Gy,可使有正常生育力者约 7 周后出现无精症,组织学的恢复约在照射后 5 个月出现。单次照射 6 Gy,睾丸生精上皮就会受抑制,超过此剂量,则可能产生永久性损伤。

放射性辐射主要分为自然源性和医源性。1986 年 4 月 26 日,切尔诺贝利核电站发生爆炸,而这场灾难的遗留问题却影响至今。有研究指出,切尔诺贝利灾难所产生的核辐射引起了受辐射人群生殖细胞及体细胞的基因突变,甚至与新生儿死亡有一定相关性。

医源性的放射性辐射主要来自放射性治疗,放射性治疗是癌症的主要治疗手段之一。放射性治疗可以加速绝经期的来临,并引起永久性的不孕症。研究表明,高剂量的放射性治疗可引起不孕,而低剂量的放射性治疗可引起始基卵泡储备的部分消耗,从而导致卵巢早衰。腹部、脊柱、盆腔等部位经放射线照射后均可直接对性腺造成影响并导致性类固醇激素的分泌产生障碍,甚至导致不孕症。脑部肿瘤的放射性治疗可引起下丘脑-垂体轴的功能异常。放射性治疗对卵巢功能的副作用与受照射的剂量及年龄有关。引起人类半数卵泡丧失的照射剂量为 4 Gy。卵巢对于电离辐射的敏感性也随着年龄的增加而逐渐上升。40 岁以下的女性,电离辐射引发卵巢早衰需20 Gy,而老年妇女只需6 Gy。然而,患分化型甲状腺癌经放射性治疗而幸存的女性,1 年后其性腺功能、生育力、妊娠结局等并没有受到显著影响,只是更年期的年龄稍有提前。

6.2.1.2 非电离辐射

非电离辐射对泌尿生殖系统的影响有以下方面。

(1)电磁效应:手机、路由器、微波炉、电磁炉等现代设备给人们的生活带来了极大便利,但亦对生殖系统产生了不同程度的影响。有研究显示,在日常生活中,产前磁场暴露最高水平超过 16 mG 可增加流产的风险。输卵管暴露于超过 0.75 mT 的电磁场会对早期胚胎发育造成损害,并可减缓卵裂的速度。暴露于极低频率的磁场可显著降低雌性小鼠发情间期子宫内膜的厚度,并在一定程度上缩短发情周期持续时间。这些改变可能与小鼠子宫内膜发育不良有关,可能增加新生幼鼠低出生体重和死亡的风险。

此外,另有动物实验研究了中频磁场与生殖的关系。该实验发现,暴露于中频磁场对于实验动物的发情周期、交配、生育指数、黄体数量、胚胎植入部位以及胚胎植入前后的丢失并无显著影响,而暴露于其中的子宫及卵巢组织也没有病理学及组织病理学的异常。因此研究者得出结论:在胚胎植入前,暴露于中频磁场对于生育力及早期胚胎发育并无毒害作用。

(2)噪声:现代科技的发展给人类生活带来了极大的便利,但也带来了噪声的困扰。

动物实验表明,噪声污染不仅使雄性大鼠血清卵泡生成素(FSH)、黄体生成素(LH)及睾酮水平发生明显变化,而且还可以显著降低与之交配的雌性大鼠的妊娠率,并使异常妊娠、死亡或被吸收的胚胎有所增加。此外,噪声性压力及其对内分泌系统的潜在干扰也可能对妊娠产生负面影响。一项前瞻性队列研究发现,暴露于 90 dB 及以上噪声的女性,其胎儿的出生体重比较低,且更易出现胎儿宫内生长受限。这都表明噪声对女性生殖会有不利影响。

(3)微波:微波是一种波长较短的电磁波,其生物学效应有热效应和非热效应。微波照射对男性生殖功能有明显影响。微波对睾丸组织的作用及所引起的损害范围、严重程度因照射剂量及作用时间而异。一般照射剂量所造成的损害是可逆的,因为它不会损害精原细胞。大剂量照射则会损害精原细胞,从而导致不可逆损害。微波照射后,精子数量下降,照射四周后降至最低水平,照射后两个半月左右基本恢复正常。微波照射对附睾亦有一定影响。动物实验表明,在微波照射后附睾质量有明显的下降,附睾细胞某些酶活性下降,精浆肉毒碱呈下降趋势,在照射四周后降至最低水平,之后逐渐恢复正常。

(4)温度:睾丸内生精细胞对温度非常敏感。正常情况下阴囊随外界温度变化而收缩或松弛,以维持阴囊内温度在 32～33 ℃之间,一旦温度超过此界限,就会影响精子的生成。这一事实充分证明,适宜的温度对精子生成是至关重要的。动物实验证实,小鼠睾丸在 45 ℃温度条件下,15 min 以内即可造成严重损伤。有研究人员使用温水、红外线、微波、热吹风等热源直接作用于人睾丸,使局部温度升高至 43 ℃,保持 10～15 min,发现睾丸生精作用停止,约一个月后才逐渐得到恢复。睾丸在受热后,其生精细胞可发生变性、脱落,精原细胞核固缩,染色质和胞浆溶解,精子亦表现为核染色质溶解、空泡样变性。

热应激会影响雌性动物外周循环中的性激素水平、卵母细胞发育及成熟、胎儿及胎盘生殖、早期胚胎发育、哺乳等。热应激还可通过刺激活性氧的产生,损伤排卵前的卵母细胞,但抗氧化剂可减轻这种损伤。热暴露主要通过影响类固醇激素水平损伤生殖系统。研究表明,热暴露可减少雌性黄体生成素的分泌,降低外周循环中黄体酮的浓度,降低血浆及卵泡内雌二醇的浓度,并延缓排卵。

6.2.2　化学性环境因素对泌尿生殖系统的影响

6.2.2.1　碘

(1)特性:碘单质呈紫黑色晶体,易升华,升华后易凝华,有毒性和腐蚀性。碘单质遇淀粉会变蓝紫色,主要用于制造药物、染料、碘酒、试纸和碘化合物等。碘是人体的必需微量元素之一,健康成人体内的碘的总量为 30 mg(20～50 mg),国家规定在食盐中添加碘的标准为 20～30 mg/kg。

(2)污染来源和污染水平:碘是人体必需微量元素,主要来源于食物,其余来源于水和空气。食物提供的碘几乎占人体所需碘的 90% 以上,食物中的无机碘易溶于水形成碘离子。碘主要是在胃和小肠中被迅速吸收,空腹时 1～2 h 即可完全吸收;胃肠道有内容物时,3 h 也可完全吸收。

碘缺乏病是一种世界性的地方病。全世界有 110 个国家流行此病,约有 22 亿人口生活在碘缺乏地区。我国曾是世界上碘缺乏病流行最严重的国家之一,在全面实施食盐加碘为主的综合防治措施以前,全国(除上海市外)各省、自治区、直辖市均不同程度地存在碘缺乏病。据统计,20 世纪 70 年代全国碘缺乏病病区人口约 3.74 亿,曾有地方性甲状腺肿患者约 3500 万人,地方性克汀病患者约 25 万人。从 1979 年起,我国在一些重病区推广实施以食盐加碘为主的综合防治措施。到 1993 年,全国地方性甲状腺肿患者减少至 800 万人左右,地方性克汀病患者减少至 18 万人左右,碘缺乏病的流行得到了一定程度的控制。从 1995 年实施全民食盐加碘后,我国在消除碘缺乏病上取得了巨大成就。2005 年全国第五次碘缺乏病监测结果显示,儿童甲状腺肿大率由 1995 年的 20.4% 下降到 2005 年的 5.0%。到 2010 年年底,我国除西藏、新疆和青海 3 个省份达到基本消除碘缺乏病的阶段目标外,其他省份均达到消除碘缺乏病的阶段目标。

据调查,岩石、土壤、水质和气象条件对碘缺乏病的流行有重要影响。碘缺乏病的病区地理分布特点是山区高于平原,内陆高于沿海,农村高于城市,具体流行特征如下。

①地区分布:明显的地区性是碘缺乏病的主要流行特征。碘缺乏病主要流行在山区、丘陵以及远离海洋的内陆,但平原甚至沿海也有散在的病区。过去全世界除冰岛外,各国都有不同程度的流行。亚洲的喜马拉雅山区、拉丁美洲的安第斯山区、非洲的刚果河流域等都是著名的重病区。我国的碘缺乏病病区主要分布在东北的大小兴安岭、长白山山脉,华北的燕山山脉、太行山、吕梁山、五台山、大青山一带,西北的秦岭、六盘山、祁连山和天山南北,西南的云贵高原、大小凉山、喜马拉雅山山脉,中南的伏牛山、大别山、武当山、大巴山、桐柏山,华南的十万大山等地区。这些地区的共同特点是地形倾斜,洪水冲刷严重;有的降雨量集中,水土流失严重,碘元素含量极少。除上述山区外,在一些内陆丘陵、平原地带也有不同程度的碘缺乏病流行。

②人群分布:碘缺乏病在流行区任何年龄段都可能发生。发病年龄一般在青春期,且女性早于男性。碘缺乏病流行越严重的地区发病年龄越早。从重病区到轻病区,男女患病率比可以从 1∶1 到 1∶8。

③时间趋势:采取补碘干预后,可以迅速改变碘缺乏病的流行状况。1995—2005 年,

我国连续开展的 5 次全国碘缺乏病监测结果显示,儿童地方性甲状腺肿患病率分别为 20.4%(1995 年)、10.9%(1997 年)、8.8%(1999 年)、5.8%(2002 年)和 5.0%(2005 年),呈逐年下降趋势。

(3)碘缺乏病对泌尿生殖系统的影响:碘是人体维持正常生理活动的必需元素,碘的生理作用主要是通过在甲状腺内合成甲状腺激素和三碘甲状腺原氨酸来实现的。甲状腺激素是人体正常生理代谢中不可缺少的激素。

甲状腺激素是高等动物生长发育所必需的激素,具有促进组织分化、生长与发育成熟的作用。若胚胎期缺乏甲状腺激素,则神经系统发育、分化会受到影响,婴儿出生后往往智力低下。若儿童期缺乏甲状腺激素,则体格和性器官发育会受到严重影响。适量甲状腺激素可使钙盐在骨组织中沉积,甲状腺激素分泌不足时钙盐沉积障碍,会导致骨骼发育受影响,但过量甲状腺激素又可使钙盐从骨骼中释放出来。适量甲状腺激素对于维持人体水分含量正常、防止含透明质酸的黏蛋白堆积有重要作用。甲状腺激素严重缺乏时常使细胞间水潴留,大量含透明质酸的黏蛋白沉积,引起黏液水肿。甲状腺激素不足可使消化功能减弱,胃肠蠕动变慢,并可能影响造血功能而引发贫血;甲状腺激素不足还可使性器官发育延迟,性功能减弱,男性出现乳房发育等。

(4)剂量-反应关系:正常人血液中无机碘浓度为 0.8～6.0 $\mu g/L$。血液中的碘离子可穿过细胞膜进入红细胞,正常成人体内含碘量为 20～50 mg,其中 20% 存在于甲状腺中。血碘被甲状腺摄取,在甲状腺滤泡上皮细胞内合成甲状腺激素,甲状腺激素中的碘被脱下成为碘离子,再重新被甲状腺摄取作为合成甲状腺激素的原料。

碘主要通过肾脏由尿排出,少部分由粪便排出,极少部分可经乳汁、毛发、皮肤汗腺和肺呼气排出。正常情况下,每日由尿排出 50～100 μg 碘,占排出量的 40%～80%。通过唾液腺、胃腺分泌及胆汁排泄等途径从血浆中排出的碘和从粪便中排出的碘占总排出量的 10% 左右。通过乳汁分泌方式排泄的碘对于由母体向哺乳婴儿供碘有重要的作用,可使哺乳婴儿得到所需的碘。乳汁中含碘量为血液的 20～30 倍,一次母体泌乳会丢失较多碘,约在 20 μg 以上。通常可用尿碘排出量来估计碘的摄入量。碘的最低生理需要量为每人 75 $\mu g/d$,供给量为生理需要量的 2 倍,即每人 150 $\mu g/d$。

碘含量与地方性甲状腺肿患病率呈负相关。根据代谢测定,碘的生理需要量成人为 100～300 $\mu g/d$,我国推荐每日供给量 150 $\mu g/d$。妊娠和哺乳期妇女及青少年对碘的需求量比一般人高,推荐每人每天摄入量为:0～3 岁为 50 μg,4～10 岁为 90 μg,11～13 岁为 120 μg,14 岁以上为 150 μg,孕妇和哺乳期妇女为 250 μg。碘主要来源于食物和水,当碘摄入量低于 40 $\mu g/d$ 或水中含碘量低于 10 $\mu g/d$ 时,可能发生地方性甲状腺肿的流行。

6.2.2.2　砷

(1)特性:砷俗称"砒",有灰、黄、黑褐三种同素异形体,具有金属性,不溶于水,易溶于硝酸和王水,在潮湿空气中易被氧化,主要以硫化物矿的形式存在于自然界。砷及其化合物主要用于合金冶炼、农药医药、颜料等工业,还常常作为杂质存在于原料、废渣、半成品及成品中。在上述生产或使用砷化合物的作业中,若防护不当吸入含砷空气或摄入被砷污染的食物、饮料时,常有发生急/慢性砷中毒的可能。砷化合物可经呼吸道、皮肤和消化道被人体吸收。

(2)污染来源与机体吸收方式。

①呼吸道吸收:室内外空气中的砷大部分是三价砷,并多以颗粒物为"载体"被吸入肺部。含砷的颗粒物被吸入呼吸道后主要沉积在肺组织内,其沉积率与颗粒物直径大小有密切关系。室内外空气中的砷主要来自于含砷煤炭的燃烧,并多以氧化物的形式向空气中排放,其中三氧化二砷毒性较强。在燃煤污染型地方性砷中毒病区,由于煤中含砷量较高,在没有烟囱的室内燃烧,致使室内空气中砷含量增高,使居住者自呼吸道吸入过量的砷。

②消化道吸收:饮用水、粮食、蔬菜中的砷以三价或五价砷的形式经消化道摄入后,大部分在胃肠道内被吸收。在消化道内,五价砷比三价砷更易吸收,无机砷比有机砷更易吸收。砷在胃肠道吸收率较高,一般可达$95\%\sim97\%$或更高。调查证实,东南亚地区及我国部分地区的地方性砷中毒多为居民长期饮用高砷水所致。有机砷与无机砷的吸收方式和吸收速率有很大差异。无机砷进入胃肠道后,以可溶性砷化物的形式被迅速吸收,而有机砷(如一甲基砷、二甲基砷、三甲基砷等)主要通过肠壁的扩散被吸收。

③皮肤黏膜吸收:关于砷经皮肤黏膜吸收的研究报告尚少,其吸收机制尚不清楚。但可以肯定的是,被吸收的砷可以储存于皮肤角质中。此种现象是否与砷易诱发皮肤癌有关,还需要进一步研究。

(3)对泌尿生殖系统的影响:慢性砷暴露可致肾小球肿胀、肾小管空泡变性、炎细胞浸润、肾小管萎缩等,严重者可使肾皮质、肾髓质广泛坏死。地方性砷中毒患者尿中会出现蛋白、白细胞、红细胞、糖类等物质;血清、尿液中 β_2 微球蛋白(β_2-microglobulin,β_2-MG)和 N-乙酰-β_2-D-氨基葡萄糖苷酶水平显著高于正常人。综合文献报道,砷致肾损害的主要机制有以下几种:无机砷蓄积、肾小管内皮损伤、细胞内谷胱甘肽耗竭、超氧阴离子自由基堆积、细胞信号转导异常、金属硫蛋白诱导合成减少等。

砷具有较强的生殖毒性,可引起人类少精、不育等。有研究表明,砷对雄性动物血清及精浆中补体抑制活性有影响,从而间接影响精子产生、分化、成熟、获能等环节。许多研究表明,砷具有类雌激素作用,慢性砷中毒患者精子畸形、男性不育可能与此作用有关。

6.2.2.3　硒

(1)来源:硒是稀散非金属之一,粗硒是铜冶炼过程中的副产品。硒产量增长一直较为缓慢,年供应量有限。但硒的用途非常广泛,可应用于冶金、玻璃、陶瓷、太阳能、饲料等众多领域。随着世界经济的发展和新的应用领域的出现,硒的下游需求不断增长,在一定程度上导致硒的价格不断上涨。

(2)剂量-反应关系:虽然硒在人体内发挥着许多重要的生物学作用,但其生理需要量与中毒剂量范围很窄,环境介质中硒水平过高可导致机体摄入过量的硒。当土壤中硒含量超过 0.5 mg/kg,植物中硒含量超过 5 mg/kg 时,有可能引起人和动物患地方性硒中毒。

(3)对泌尿生殖系统的影响:含硒蛋白参与精子的形成,如硒多肽与哺乳动物精子线粒体的角质外膜结构有密切联系,在精子中段和尾部都含有硒蛋白。有研究人员给雄性大鼠染氟的同时给予一定剂量的亚硒酸钠,并观察睾丸和附睾结构、精子质量、血清睾酮等指标的变化。结果发现,硒对氟致雄性大鼠生殖内分泌损伤具有明显的拮抗作用。另有研究表明,精液中硒水平与反映 DNA 损伤的标志物 8-羟基脱氧核糖鸟苷(8-OHdG)水平呈负相关。

6.2.3　案例介绍

地方性克汀病原指欧洲阿尔卑斯山区常见的一种体格发育滞后、痴呆和聋哑的疾病,是在碘缺乏地区出现的一种比较严重的碘缺乏病。患者出生后就有不同程度的智力低下、体格矮小、听力障碍、神经运动障碍和甲状腺功能低下等症状,还伴有甲状腺肿大。具体可概括为呆、小、聋、哑、瘫。全世界每年有近千万婴儿因缺碘导致智力损伤。

6.2.3.1　发病机制

(1)胚胎期:由于缺碘,胎儿的甲状腺激素供应不足,导致胎儿生长发育障碍,特别是中枢神经系统的发育分化障碍。由于胚胎期大脑发育分化不良,可引起耳聋、语言障碍、上运动神经元障碍和智力障碍等。

(2)出生后至两岁:若出生后摄碘不足,会使甲状腺激素合成不足,引起甲状腺激素缺乏,明显影响身体和骨骼的生长,从而表现出体格矮小、性发育落后、黏液性水肿及甲状腺功能低下等症状。婴幼儿可以通过母乳(乳腺有浓聚碘的作用)及自身进食两方面摄取碘,从而改善部分碘缺乏症状。

6.2.3.2 临床表现

根据临床表现,地方性克汀病可分为神经型、黏液水肿型和混合型三种。神经型地方性克汀病的特点为精神发育迟缓,听力、言语和运动神经障碍,但没有甲状腺功能低下的症状。黏液水肿型地方性克汀病以黏液性水肿、体格矮小或侏儒、性发育障碍、克汀病面容、甲减为主要表现。混合型地方性克汀病兼有上述两种类型的特点,有的以神经型为主,有的以黏液水肿型为主。

(1)智力低下:智力低下是地方性克汀病的主要症状,其程度轻重不一。轻者能做简单运算,参加简单生产劳动,但劳动效率低下;有的运动障碍较明显,不能从事复杂的劳动。严重者生活不能自理,甚至达到痴呆的程度。

(2)聋哑:聋哑是地方性克汀病(尤其是神经型患者)的常见症状,其严重程度大致与病情一致,多为感觉神经性耳聋,同时伴有语言障碍。神经型地方性克汀病患者听力障碍比黏液水肿型患者严重。

(3)生长发育落后:生长发育落后主要表现在四个方面:①身材矮小,下肢相对较短,保持婴幼儿时期的不均匀性矮小,黏液水肿型地方性克汀病患者比神经型患者明显。②婴幼儿生长发育落后,表现为囟门闭合延迟,骨龄明显落后,出牙、坐、站、走等延迟。③克汀病面容,表现为头大,额短,眼裂呈水平状,眼距宽,鼻梁下榻,鼻翼肥圆,鼻孔向前,唇厚,舌厚且大,舌头常伸出口外,常流涎。④性发育落后,黏液水肿型地方性克汀病患者性发育落后比神经型明显。

(4)神经系统症状:神经型地方性克汀病患者的神经系统症状尤为明显,一般有下肢痉挛性瘫痪、肌张力增强、腱反射亢进,可出现病理反射及踝阵挛等。

(5)甲状腺功能低下:甲状腺功能低下主要见于黏液水肿型地方性克汀病患者,神经型患者少见,主要表现为黏液水肿,皮肤干燥,皮肤弹性差,皮脂腺分泌减少;精神及行为改变表现为反应迟钝,表情淡漠,嗜睡,对周围事物不感兴趣。

(6)甲状腺肿大:一般来说,神经型地方性克汀病患者多数有甲状腺肿大,黏液水肿型则甲状腺肿大者较少。

6.3　环境因素对人群免疫系统的影响

免疫系统是由生物体体内一系列的生物学结构和进程所组成的疾病防御系统。免疫系统可以检测各类病原体和有害物质,并且在正常情况下能将这些物质与生物体自身的健康细胞和组织区分开来。环境因素对人群免疫系统的影响方式可以分为三类：免疫抑制、超敏反应和对自身免疫性疾病的影响。

6.3.1　物理性环境因素对人群免疫系统的影响

物理性环境因素对人群免疫系统的影响主要体现在免疫抑制方面，例如电离辐射和粉尘对免疫系统的影响。

6.3.1.1　电离辐射

电离辐射引起的放射病均有不同程度的造血功能障碍症状，如全血细胞减少、白细胞不同种类比例变化、淋巴细胞染色体畸变率增加、T 淋巴细胞功能低下等。2011 年，日本福岛核电站爆炸事件被评定为 7 级核事故，福岛县成人终生辐射摄入平均实际剂量约为 10 mSv，1 岁婴儿的辐射摄入实际剂量约为成人的两倍。辐射摄入估计剂量的影响将取决于撤离前和撤离期间所处位置与辐射源之间的距离，所处位置不同则暴露水平不同。图 6.1 所示为福岛核电站事故后南相马市成年居民的辐射摄入估计有效剂量，该事件对多地居民造成了伤害，且将对事故区域造成长期影响。

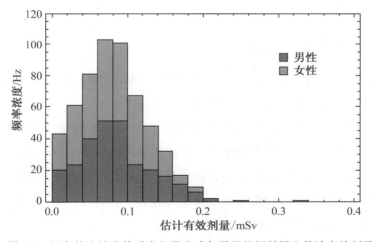

图 6.1　福岛核电站事故后南相马市成年居民的辐射摄入估计有效剂量

6.3.1.2　粉尘

有些粉尘会影响肺泡表面细胞的完整性，降低呼吸道抵御能力，或者作用于呼吸道黏膜使其功能亢进，造成黏膜下毛细血管扩张、充血，黏液腺分泌增加，阻留更多粉尘，长期则形成黏膜肥大性病变。继而由于黏膜上皮细胞营养不足，造成萎缩性病变，使呼吸道抵御能力下降，空气中的病原体更易侵袭肺部，发生肺部非特异性感染。

6.3.2 化学性环境因素对人群免疫系统的影响

外源化学物可以通过免疫抑制和诱发超敏反应来影响免疫系统。外源化学物对免疫功能的抑制作用途径非常丰富,可以大致分为直接作用和间接作用。

外源化学物的免疫抑制涉及体液免疫功能、细胞免疫功能、巨噬细胞功能、NK 细胞功能及宿主抵抗力等。具有免疫抑制作用的化学物有很多,大致包括以下几类。

(1)多卤代芳烃类:如多氯联苯(PCBs)、多溴联苯(PBB)、六氯苯(HCB)、四氯二苯呋喃(TCDF)、四氯二苯对二噁英(TCDD)等。

(2)多环芳烃类:如苯并(a)蒽(BA)、7,12-二甲基苯并(a)蒽(DMBA)、三甲基胆蒽(3-MCA)、苯并(a)芘(BAP)等。

(3)农药类:如滴滴涕(DDT)、美曲磷酯、甲基对硫磷等。

(4)金属及其化合物:如铅、镉、砷、汞、铬、镍、锌、铜、甲基汞、有机锡等。

(5)大气污染物:如二氧化氮、二氧化硫、臭氧、一氧化碳等。

(6)工业污染物:如氯乙烯、苯、苯乙烯、联苯胺、三硝基甲苯、石棉等。

(7)治疗用药物:如环磷酰胺、氨甲蝶呤、6-巯基嘌呤、5-氟尿嘧啶、环孢菌素 A、雌醇、白消安等。

6.3.2.1 三丁基锡

(1)特性:三丁基锡(tributyltin, TBT)是锡离子(Sn^{4+})的一种有机衍生物,含有三个碳原子和一个锡的共价结合键,是毒性较高的环境污染物。

(2)污染来源与污染水平:TBT 是防腐涂料中最常用的有机锡。自 20 世纪 50 年代起,TBT 作为防腐剂被广泛应用于船体及海洋建筑物的涂料中,以防止海洋软体动物及微生物的附着,加快船舶航行速度,节省航运燃料。此外,TBT 还作为原核微生物的广谱灭菌剂被应用于纺织、工业水处理、造纸和酿酒等领域。由于 TBT 广泛而长期的大量使用,其造成的环境污染也逐渐引起人们的注意。自 20 世纪 80 年代后期,许多国家相继发现了有机锡对海洋环境及海洋生物所造成的严重危害,进而陆续采取相应措施来限制或禁止有机锡在海洋中的使用。1982 年,法国率先限制了有机锡防污漆的使用,禁止长度小于 25 m 的船只使用含有机锡的防污漆。1988 年以后,北美地区、英国、澳大利亚、新西兰等国家和地区也出台了类似的规定。国际海事组织于 2003 年 1 月 1 日起禁止 TBT 用于船体涂料,并于 2008 年 1 月 1 日起全面禁止 TBT 的使用。至 2009 年,已有 28 个国家和地区签署了国际海事组织提出的相关合约。

尽管很多国家和地区已经限制或禁止使用 TBT,但因其不易被微生物降解,故沿海地区沉积物中 TBT 的含量仍然很高。日本的一项调查显示,大阪城港区 4 个监测点水样中 TBT 含量为 $2\sim33$ ng/L,沉积物中 TBT 含量为 $2\sim966$ ng/g(干重);越南北部和中部地区沉积物中 TBT 含量分别为 $0.89\sim34$ ng/g(干重)和 $2.8\sim1100$ ng/g(干重)。研究人员在浅封闭水和沉积物中同样监测到了较高浓度的 TBT。

(3)对免疫系统的影响:免疫系统被认为是 TBT 的重要毒性靶器官之一。TBT 对脊椎动物和无脊椎动物都可以产生严重的免疫毒性。高剂量的 TBT 暴露可以导致胸腺和脾脏等免疫器官发生形态学改变,甚至萎缩。TBT 对人体 T 细胞具有毒性作用,还可以抑制 B 淋巴细胞的成活、增殖以及分化。另外,TBT 还会降低 NK 细胞和吞噬细胞的吞噬效能及活性,导致机体的抑菌能力、溶菌酶活性和酚氧化酶水平均显著下降。因此,TBT 可以抑制机体的细胞免疫、体液免疫、非特异性免疫。

6.3.2.2　甲苯二异氰酸酯

(1)特性:甲苯二异氰酸酯(TDI)属于异氰酸酯类化合物,是制造聚氨酯的原料之一,被广泛用于制造泡沫塑料、黏合剂、橡胶、合成纤维、特种油漆等,是一种低毒物质,也是公认的工业致敏原。

(2)污染来源和污染水平:由于价格低廉,TDI 的使用频率极高。室内装修材料、家居床的床垫及表层的复合面料等都是由聚氨酯泡沫制作而成的,并且聚氨酯泡沫也能被用来填充沙发的内部软体结构。聚氨酯弹性地板被广泛用于生产车间、电子机房、宾馆、健身房、游泳池等场地,而这类地板中也含有 TDI。TDI 在室外环境中的污染比室内更加严重。以 TDI 为原料的聚氨酯产品具有机械强度高、弹性好、耐油、耐低温、耐辐射等特点。因此,聚氨酯被广泛应用于交通、海洋、建筑、矿山、航空航天等领域,例如,交通安全标志分道柱、海底石油管道保护套、大型采矿机械的齿轮以及步带轮等都含有聚氨酯。建筑行业中使用的防水材料、浇灌材料、密封材料等都是由聚氨酯材料加工而成的。

1951 年第 1 例 TDI 哮喘病例被报道,20 世纪 60~70 年代又报道了 TDI 引起的哮喘病例数百例。TDI 作业工人中,哮喘患病率为 5%~10%,其发病过程符合变应性机制。TDI 哮喘患者变应原支气管激发实验呈阳性反应,乙酰胆碱吸入实验也呈现气道高反应性(即使脱离接触后,这种高反应性仍然可以持续)。

(3)对免疫系统的影响:TDI 在生产和使用过程中会挥发到空气中,并通过呼吸道进入人体。TDI 急性吸入毒性主要为明显的刺激和致敏作用。但目前针对 TDI 哮喘的具体发病机制研究较为局限,许多环节(尤其是启动机制)尚不明确。多次接触 TDI 后引起的过敏性肺炎可表现为咳嗽、气短,X 线胸片有双肺点状及纤维索条影等表现。此外,TDI 经动物的气管和鼻腔进入人体时,均可引起皮肤过敏。但 TDI 引起的免疫反应大小取决于浓度大小,在引起呼吸道反应的浓度下,不会发生皮肤病理性改变,因此由 TDI 造成的过敏性皮炎较少。

6.3.2.3 室内装修与儿童白血病

近年来,有关室内装修与儿童白血病发生有联系的观点屡见不鲜。装修装饰材料中的有害物质主要包括家具、塑料橡胶制品、印染制品、油漆、胶黏剂、着色剂、大理石等材料中的苯及其衍生物、甲醛、铅等毒性化学物及氡等放射性元素。

国际癌症研究机构已将苯、甲醛、氡列为Ⅰ类致癌物,将铅列为ⅡB类致癌物,并认为苯可导致白血病或淋巴瘤。苯主要通过呼吸道进入人体,长期小剂量暴露可蓄积毒性,其代谢产物氢醌、苯二酚等会聚集于骨髓,被骨髓中的髓性过氧化物酶(MPO)进一步代谢为苯醌、苯三酚等,可对骨髓产生渐进性和不可逆的损伤。甲醛具有基因毒性,可致使 DNA 加合物形成,使细胞染色体断裂,引起免疫系统、造血系统损伤。铅常添加在染料着色剂中,广泛用于色彩鲜艳的儿童家具。当机体同时接触其他致癌物时,铅会降低细胞修复 DNA 损伤的能力。因此,装修材料中的有害物质可能直接损伤 DNA、造血系统等,也可能在损伤机体之后使其他致癌物有可乘之机,最终导致白血病。

室内装修是中国儿童白血病发病的危险因素,室内装修应尽量选择符合国家强制标准的装修材料,并通风后再入住,以降低白血病的发病危险。

6.3.2.4 氯化汞与自身免疫性肾炎

外源化学物会引起自身免疫反应和自身免疫病,其基本病理特征为化学物质诱导体内自身抗原,刺激机体免疫活性细胞(特别是辅助 T 细胞),进而激活 B 细胞,产生一种或多种自身抗体。抗原与抗体结合形成免疫复合物,随血液循环到某些部位沉积下来,干扰相应器官的正常生理功能,并通过激活补体,促使炎性细胞浸润,造成组织损伤。

汞能够通过人体的免疫系统,造成肾小球的自身免疫性损伤。氯化汞暴露可引起自身免疫性肾炎。人们一般认为,氯化汞经肾小球滤过时,改变了肾小球基膜的抗原性,机体产生抗肾小球基膜抗体,形成抗基膜抗体型肾小球肾炎。该病变进一步发展,沿肾小球基膜形成颗粒状沉积,这可能与肾小球基膜损伤后,抗原物质进入血液,与相应抗体形成循环免疫复合物,沉积在肾小球有关。

6.3.3 生物性环境因素对人群免疫系统的影响

生物性环境因素多见于花粉等空气污染物,其作用主要是诱发超敏反应,引起过敏性荨麻疹、过敏性哮喘等疾病,在时间上常表现出季节分布特异性。另外,有研究表明,一些病毒的感染可能与免疫系统疾病有关,如人类嗜 T 细胞病毒(HTLV)和 EB 病毒(EBV)感染与淋巴细胞白血病有关。另外,部分国外研究人员称乙肝、丙肝病毒感染可能是成人急性髓性白血病的危险因素,其机制可能为病毒引起肝损伤而间接影响造血系统,但目前尚无明确定论。

生物安全是近几年的热点问题,我国基层医疗机构的医疗废物处理能力和管理水平虽然有了较大发展,但医疗废物的管理仍然任重而道远,尤其在技术手段欠佳、交通不便的偏远地区。部分患者居家治疗时产生的医疗废物(如居家腹膜透析产生的碘伏帽、腹膜透析废液、腹膜透析废液袋等)也可能成为潜在的污染源。

免疫系统是保护人体的重要屏障,环境污染对人体免疫系统的破坏将使人类在面对病原体和其他损伤性因素时面临更大的威胁,因此需要予以相当程度的重视。除上述外源化合物外,还有些外源化合物(如微囊藻毒素、酚类物质等)主要通过影响神经系统、内分泌系统感染人体代谢系统,从而间接降低人体免疫力。对于这些污染物的影响,除了要做到减少排放、研发降解途径、减少人群暴露外,保证人群获得科学的营养供应也是重要的保护途径。

6.3.4　案例介绍

1992 年,哈尔滨职业病防治院报道了一起甲苯二异氰酸酯急性中毒事件。事件发生于某塑料制品厂复合车间。经调查,该车间是用聚氨酯树脂黏合剂生产高压聚乙烯的车间。该车间比较狭小,生产工人有 7 人(其中女工 6 人),车间内设一台干式复合机(自带机械通风),并在车间 2.4 m 处的窗上装有一台轴流风机。从 1992 年 1 月至 1992 年 3 月,该车间间断生产。用化学比色法对作业环境中的甲苯二异氰酸酯进行测定,发现在生产条件下,作业环境中甲苯二异氰酸酯的浓度为 $0.37 \sim 0.39$ mg/m³,超过国家标准(0.2 mg/m³)$0.17 \sim 0.19$ mg/m³,超标近 1 倍。经临床检查发现,在生产期间工人均有不同程度的甲苯二异氰酸酯暴露,7 名工人中有两人发生急性甲苯二异氰酸酯中毒。以下是两名中毒工人的基本情况。

工人 1:女,32 岁,工龄 4 年,复合工。生产过程中出现咳嗽、气短、胸闷、胸痛、头晕、流泪、咽痒等症状。查体可见口唇发绀,双肺布满大小水泡音及哮鸣音。X 线胸片显示肺纹理增强。肺功能测验报告提示:阻塞性通气功能障碍,肺功能显著减退。

工人 2:女,35 岁,工龄 6 年,复合工。生产过程中出现同工人 1 相似的症状。查体可见口唇发绀、气急,双肺可闻及干性啰音。X 线胸片显示肺纹理增强,有肺结核病灶。肺功能测验报告提示:混合性通气功能障碍,肺功能显著减退。

上述两名工人临床诊断为急性甲苯二异氰酸酯中毒、过敏性哮喘。

急性甲苯二异氰酸酯中毒会有眼部刺痛、异物感、流泪、视物模糊，咽干、咽痛、剧咳、胸闷、呼吸困难、气喘等呼吸系统症状，甚至出现肺水肿、昏迷。中毒患者应立即脱离现场，及时去医院就医。入院后应予以吸氧、解痉、抗炎、改善微循环、营养神经治疗，症状可明显缓解。

该起中毒事件可以归因于车间作业环境狭小，致使生产中放散出的有害气体不能及时扩散、稀释。因此，该工厂应改善工作环境，加强劳保措施。该事件是一起职业性中毒事件，虽然近年来我国环保督察力度逐渐加大，对于农村家庭作坊、小型加工厂采取了一系列规范措施及查处或关停，但某些地区依然存在违法加工、"三废"违法排放的现象。职业性中毒事件有演变成区域性中毒事件的可能，相关部门应当提高警惕，并予以充分重视。

6.4 环境因素对人群消化系统的影响

在整个生命活动中，人体必须从外界摄取营养物质作为生命活动的能量，以满足人体发育、生长、生殖、组织修补等一系列新陈代谢活动的需要。人体消化系统各器官协同合作，把从外界摄取的食物进行物理性、化学性消化，吸收其营养物质，并将食物残渣排出体外。消化系统是保证人体新陈代谢正常进行的一个重要系统。消化系统疾病为全身最大的疾病群，涉及食道、胃、小肠、大肠、肝、胆、胰、脾、肠系膜等众多器官与组织，发病率高，会给患者家庭、国家及社会带来沉重负担。消化系统疾病的致病因素及发作诱因复杂，不仅与患者的生活习惯、身体素质和职业因素等有关，不良环境因素（如水体污染、食物污染等）也会引起或加重人体消化系统疾病，从而影响人民群众的身体健康。

6.4.1 物理性环境因素对消化系统的影响

消化道疾病的发病与多种物理性环境因素有关，气象条件、电离辐射会通过一些直接或间接的方式致病或加重病情。

6.4.1.1 气象条件

微小气候变化会影响病原微生物中间宿主的密度和生活习性，对病原微生物的传播和传染病在人群中的流行产生影响。另外，气候变化还能够改变人类的生活习惯，影响人类食物、清洁饮用水和生活用水的供给，从而增加人类接触病原体的概率，降低易感人群的免疫力。

气温是影响消化系统疾病的主要气象因素之一。高温条件下，血液重新分配，消化系统血流减少,导致消化液分泌减少,消化酶活性减弱,胃液酸度(游离酸和总酸)降低,胃肠道的收缩和蠕动减弱,吸收和排空速度减慢,引起食欲减退和消化不良,导致胃肠道疾患增多。当温度高于一定数值时,细菌、病毒等微生物的繁殖开始活跃,导致肠道传染病高发。

气湿是影响消化系统疾病的重要气象因素。较为极端的湿度(湿度低于 10%或高于 90%)会显著增加消化系统疾病的发病率,并有持久的作用。气湿与高温结合会形成"高温低湿"和"高温高湿"两种让人不适的情况,前者一般出现在我国北方(炎热干燥的天气),后者在南方的夏季更为常见。

6.4.1.2　电离辐射

医疗照射是目前广大人群最常接触的放射来源,过量照射可导致急性放射病。特别是 X 射线,它导致的世界人口年均有效剂量占人工辐射源总年均有效剂量的 95%以上。

放射性肠炎(radiation enteritis,RE)是由辐射事故或者盆/腹腔恶性肿瘤放射性治疗引起的肠道放射性损伤,可累及肠道任何节段,是放疗的特征性毒性反应,也是放疗的常见并发症,偶见于辐射事故中受大剂量照射导致肠型急性放射病的患者。肠型急性放射病是机体受到 10～50 Gy 剂量射线照射后引起的以频繁呕吐、反复腹泻、便血水等胃肠道症状为主要特征的非常严重的急性放射病。2004 年济宁"10.21"辐射事故中,根据患者临床表现、现场模拟、生物剂量估算、电子自旋共振(electron spin resonance,ESR)等结果,检测机构综合估算事故受害者全身照射剂量为 20～25 Gy,被诊断为肠型急性放射病。虽然经过造血干细胞移植等积极救治,但患者仍于受照 33 天后死于多器官功能衰竭。

有相关前期研究发现,前列腺癌患者晚期胃肠道不良反应的发生率随着小肠接受不小于 65 Gy 剂量照射的强度增大而增加,而且放疗中出现过急性肠道不良反应的患者,也易出现慢性肠道不良反应。小肠、结肠的耐受剂量为 45～65 Gy,直肠的耐受剂量为 55～80 Gy,这些剂量范围与控制许多常见恶性肿瘤所需的治疗剂量非常接近。不同肠道放射性肠炎的发病阈值不同,但造成这种差异的原因尚不明确。

放射性肠炎的发病机制为肠道上皮细胞和血管内皮细胞受到放射性损伤,引起局部黏膜炎性水肿、坏死甚至纤维化,进而使肠腔内免疫功能失调,从而加剧肠道的炎症反应及损伤。放射性肠炎分为急性和慢性两种,一般以 3～6 个月为界。急性放射性肠炎表现为恶心、呕吐、腹痛、间断性的水样腹泻等,慢性放射性肠炎表现为肠出血、肠穿孔、局部脓肿以及肠腔狭窄所致不同程度的肠梗阻等。

据报道,70%的盆腔放疗患者肠道会出现炎症症状,其中 50%会发展为慢性肠道疾病。放射性肠炎发病率的统计结果差异较大,而照射总剂量大于 50 Gy 的患者发病率较高。国外文献报道放射性肠炎发病率为 5%～15%,国内文献报道放射性肠炎发病率为 2.7%～20.1%。不同部位的肠管出现放射性肠损伤的发病率从大到小依次为:直肠、乙状结肠、横结肠、回肠、空肠和十二指肠。以盆腔区放疗为例,若4～4.5周内照射剂量低于 42～45 Gy,胃肠道损伤的发病率很低;但若 4.5～6 周内照射剂量为 45～60 Gy,发病率逐步上升;若再加大照射剂量,发病率将迅速增加。一般估计,在 5 周内照射量超过 50 Gy时,放射性肠炎的发病率约为 8%。

6.4.2　化学性环境因素对消化系统的影响

消化系统肿瘤的发生除与遗传因素有关外,也与环境因素有密切关系。化学性环境因素种类繁多且复杂,下面主要从燃烧产物、二甲基酰胺、黄曲霉毒素和微囊藻毒素等方面介绍化学性环境因素对消化系统的影响。

6.4.2.1　燃烧产物

由燃烧或热解作用产生的全部物质称为"燃烧产物",通常指燃烧生成的气体、可见烟等。其中,散发在空气中能被人们看见的燃烧产物叫"烟雾",它实际上是由燃烧产生的悬浮固体、液体微粒和气体共同组成的混合物,其粒径一般在 0.01～10 μm 之间。这类污染物的主要来源有:①燃烧物自身的杂质成分,如煤中含硫、氟、砷、镉、灰分等杂质。②燃烧物经高温后发生热解或合成反应的产物,各种固体燃料燃烧后会产生大量 SO_2 和颗粒物,还有部分 CO、CO_2、NO_x 等。此外,还有很多有机成分,如多环芳烃。来自煤层的天然气燃烧产物中含 SO_2;液化石油气燃烧产物中甲醛和 NO_x 较多,产生的颗粒物浓度虽低,但其中可吸入颗粒物占 93% 以上;用原煤制出的气体简称"煤气",燃烧产物主要是 CO_2 和 CO,若制气过程中脱硫不充分,则燃烧产物中还有 SO_2。③吸烟产生的烟草燃烧产物,烟草燃烧产物有 3800 多种。在我国,最早在接触燃烧副产物的工人中进行的回顾性研究发现,烟囱清扫工人、废物焚烧工、可燃气工人以及接触柴油机排出废气的汽车修理工人等患食管癌的风险有所增加。

1996 年,英国就 1974—1986 年间 72 个垃圾焚烧厂周围居民的年肿瘤发病情况进行了调查,结果显示胃癌、结肠癌、肝癌和肺癌的发病率随居住距离增加而下降。1997 年,意大利的一项回顾性队列研究发现,焚烧厂工作人员的胃癌患病率比普通人高,并且潜伏期可达 10 年以上。1997—2006 年,西班牙对焚化厂和危险废物回收与处理厂周围居民的 33 种癌症死亡率进行研究发现,生活在焚化厂附近和废旧金属与报废车辆处理厂附近的居民,胃癌和肝癌总死亡率相对危险度和 95% 置信区间高于其他地区。另外,中国台湾进行的一项加油站密度与胃癌死亡率的关联性研究发现,高密度区人群胃癌死亡率比中、低密度区人群胃癌死亡率高,且具有显著差异性。2011 年意大利的一项前瞻性队列研究结果显示,焚烧环境暴露是妇女胃癌、结直肠癌、肝癌、乳腺癌死亡增加的危险因素之一。

6.4.2.2　二甲基甲酰胺

二甲基甲酰胺(N,N-dimethylformamide,DMF)是具有鱼腥味的无色透明含氮有机化合物,分子量为 73.09,相对密度为 0.945 kg/L(25 ℃),沸点为 153 ℃,熔点为 −61 ℃,蒸汽压为 0.49 kPa(25 ℃)。

DMF 是一种重要的化工原料,因其溶解能力强、挥发性低而在合成纤维、腈纶、石油化工、农药、医药等行业有十分广泛应用。急性 PMF 中毒多发生于职业接触人群。此外,排放源附近的居民也是主要的 DMF 接触人群。我国已成为世界 PMF 产量最大的国家,PMF 产量达全球总产量的 45%。同时,作为全球 DMF 使用量最大的国家,我国存在相当数量的被动暴露人群。2016 年,国际癌症研究机构将 DMF 重新归为 ⅡA 类致癌物。国外 DMF 环境空气质量长期标准为 0.01～0.03 mg/m³,短期标准为 0.03～0.06 mg/m³。我国尚未制定环境空气 DMF 质量标准,车间环境 DMF 接触限值及合成革行业 DMF 排放标准如表 6.1 和表 6.2 所示。

表 6.1　车间环境 DMF 接触限值

相关标准	接触限值/(mg/m³)	标准来源
车间空气的最高容许浓度	10	《工业企业设计卫生标准》(GBZ 1—2010)
车间空气时间加权平均容许浓度	20	《工作场所有害因素职业接触限值
车间空气短时间接触容许浓度	40	第 1 部分:化学有害因素》(GBZ 2.1—2019)

表 6.2　合成革行业 DMF 排放标准

		排放限值/(mg/m³)	标准来源
厂界无组织排放浓度限值		0.4	《合成革与人造革工业污染物排放标准》(GB 21902—2008)
有组织排放浓度限值	聚氨酯湿法工艺	50	
	聚氨酯干法工艺	50	

DMF 是亲肝性毒物,对肝脏的损害最明显。DMF 主要经呼吸道吸入、皮肤接触进入体内,会引起急/慢性中毒性肝损伤。DMF 在体内的代谢方式首先是甲基的羟基化,生成 N-羟甲基-N-甲醇酰胺(N-hydroxymethyl-N-methanolamide,HMMF);然后部分 HMMF 脱羟甲基后分解成甲基甲酰胺(methylformamide,NMF)和甲醛,NMF 还可经过羟基化再分解成甲酰胺,少量未转化的 DMF 以原形从尿中排出。在体内,HMMF 和 NMF 分子上的甲酰基会发生氧化作用,生成一种对肝脏有害的活性中间产物异氰酸甲酯(methyl isocyanate,MIC),MIC 可以和谷胱甘肽(glutathione,GSH)结合生成 S-(N-甲基甲氨酰)谷胱甘肽[S-(N-methylcarbamoyl)glutathione,SMG],再转化成巯基尿酸(mercaptouric acid,AMCC)排出体外。研究表明,HMMF、NMF、AMCC 是 DMF 在体内的主要代谢产物,三者在尿中的含量分别占 DMF 摄入量的 22.3%～60%、3%～4% 和 9.7%～22.8%。

DMF 累积接触量与肝损伤累积发病率之间呈对数曲线关系。在初始阶段,特别是累积接触量小于每月 200 mg/m³ 时,肝损伤累积发病率随 DMF 累积接触量的增加而呈快速上升趋势,之后逐渐趋缓。有研究发现,DMF 接触员工上岗一周后肝功能异常率为 8.43%,上岗两周后肝功能异常率为 14.90%,上岗一个月后肝功能异常率为 18.04%。

国内外学者对 DMF 中毒机制开展了大量研究,其中 DMF 代谢活化、氧化应激、内质网应激、Ca^{2+} 稳态失衡、肠道菌群代谢以及基因多态性可能与 DMF 的肝毒性作用相关。DMF 中毒者临床上可表现为乏力、食欲不振、恶心呕吐、腹痛,腹痛往往呈现阵发性绞痛,并伴有腹胀、便秘或腹泻等症状。急性 DMF 中毒时可发现丙氨酸转氨酶(alanine aminotransferase,ALT)异常升高,胆红素轻中度升高,胃十二指肠纤维镜检查可发现黏膜充血、水肿、糜烂,出血点或黏膜脱垂等损害,B 超检查可发现有肝肿大等症状。

研究人员对 DMF 暴露性肝损伤的现况研究进行了定量 Meta 综合分析,发现 DMF 职业暴露的肝损伤危险性为非暴露的 6.31 倍。有学者通过动物实验给予大鼠及小鼠慢性吸入 DMF(0、0.2 mg/m³、0.4 mg/m³、0.8 mg/m³,6 h/d,每周 5 天,连续 2 年),发现各 DMF 染毒组动物肝细胞腺瘤和癌症的发生率均明显升高。1990—2007 年,我国 DMF 中毒事件分布于 14 个省份,集中在南方及沿海地区,尤以浙江、广东两省居多,中毒人数占统计总数的 75%,多发生于服装厂、皮革制造厂和化工厂等工厂,且多为小型工厂。

6.4.2.3 黄曲霉毒素和微囊藻毒素

黄曲霉毒素(aflatoxin,AFT)是一类结构类似的化合物,相对分子量是 312～346,其基本结构都有二呋喃环和香豆素,在紫外线下都发出荧光。AFT 的毒性与其结构有关,凡二呋喃环末端有双键者毒性较强并有致癌性。AFT 主要污染粮油及其制品,玉米、花生和棉籽油最易受到污染，其次是稻谷。

微囊藻毒素（microcystin，MC）是水华暴发时微囊藻属、鱼腥藻属等蓝藻产生的次级代谢产物，是淡水中分布最广泛的蓝藻毒素之一，具有毒性强、对人体各器官损害大等特点。它能够强烈抑制蛋白磷酸酶的活性，是强烈的肝脏肿瘤促进剂。

肝癌是世界上第六大常见恶性肿瘤。世界卫生组织 2002 年的数据显示，全球每年新增约 63 万例肝癌病例，死亡人数约 60 万。我国年肝癌发病人数约 35 万，每年约有 32 万人死于此病，发病率和死亡率均占癌症的第二位。肝癌的发生是一个多阶段、多因素长期暴露和累积的综合结果，其中包括环境与遗传两大因素。根据我国 35 个肿瘤登记处的统计结果，肝癌发病率最高的县市为江苏启东、广西扶绥和江苏海门，男女性合计发病率分别为 75.6％/10 万、65.4％/10 万和 62.6％/10 万，均为当地发病第一位的恶性肿瘤。除乙型肝炎病毒（hepatitis B virus，HBV）外，摄入被黄曲霉毒素污染的食物是广西扶绥肝癌高发的主要原因，而饮水污染可能是江苏启东肝癌高发的主要原因。

6.4.3　生物性环境因素对消化系统的影响

生物性环境因素对消化系统的影响主要体现在肠道传染病（intestinal infectious disease，IID）方面，生物性病原体可通过空气、水、土壤等介质对消化系统产生影响。

肠道传染病是由细菌、病毒、寄生虫等多种病原生物引起的以粪-口为主要传播途径的常见传染病，包括痢疾、伤寒和副伤寒、病毒性肝炎及霍乱等。世界卫生组织的资料显示，全球 5 岁以下儿童每年死于肠道传染病者约 500 万人，发病 7.5 亿～10 亿人次，即使在经济发达的国家和地区也未完全解决这一问题。例如，美国、日本等国都出现过出血性大肠杆菌肠炎的流行。

相关研究表明，肠道传染病发病率与生活饮用水水质有关，及时洗刷餐具、改水改厕是预防肠道传染病发生的重要因素。干旱和洪涝灾害期间的水源更易受到排泄物和病原体污染，会引起各种常见疾病和肠道传染病，腹泻、痢疾、霍乱、伤寒等发病率明显上升。联合国发展计划署在《2006 年人类发展报告》中指出，全球有 11 亿人用水困难，每年有 180 万儿童死于不洁净用水引发的腹泻。非洲地区一些国家由于水源不洁净、卫生设施和供水条件缺乏导致霍乱肆虐。世界卫生组织曾报道，津巴布韦仅在 2008 年 8 月至 2009 年 1 月期间，霍乱病例就有 6 万多例，死亡 3000 多人。

病原微生物污染土壤也可危害人体消化系统，它们主要通过污染农作物等方式间接地对居民健康产生危害。例如，人体排出的含有病原体的粪便污染了土壤，人直接接触受污染的土壤或生吃在这种土壤中种植的瓜果蔬菜等就会引起肠道传染病。许多肠道致病菌在土壤中能存活很长时间，如痢疾杆菌可存活 25～100 天，伤寒杆菌可存活

100～400天,肠道病毒可存活 100～170 天,蛔虫卵可存活 7 年之久。

6.4.3.1　隐孢子虫病

隐孢子虫(cryptosporidium)可通过卵囊污染水源及饮用水,引起隐孢子虫病的传播。隐孢子虫卵囊可在 4 ℃的水中存活 13 个月,是已知的最具有抗氯性的病原体之一。若患隐孢子虫病的人或动物的粪便污染了水源或饮用水,可导致该病的介水流行。隐孢子虫感染人体可导致持续性霍乱样腹泻,并伴有胃痉挛、恶心、低烧、消化功能障碍等症状。1993 年,美国威斯康星州某地市政供水被隐孢子虫卵囊污染,导致 40.3 万人罹患隐孢子虫病,60 多人死亡。

隐孢子虫病已被世界卫生组织列入全球六大腹泻病之一,并被世界卫生组织和美国疾病预防控制中心列入新发传染病,引起了大众的广泛关注。我国地广物丰,虫种资源丰富,水网密集,且我国为畜牧业大国,养殖业发展与生态环境污染等均是水源性隐孢子虫病暴发和流行的隐患。

6.4.3.2　诺如病毒

近年来,诺如病毒引发的公共卫生问题越来越受到社会的关注,全球 1/5 的急性胃肠炎与诺如病毒感染有关。在我国,自 1995 年诺如病毒被首次检出以来,其已成为腹泻病暴发的优势病原体,尤其是 2014 年以后,诺如病毒引起的聚集性和暴发疫情大幅增加,显著高于历史水平。

诺如病毒是一组杯状病毒科的病毒,以前人们也称之为"诺瓦克样病毒"。诺如病毒对温度、湿度等有极强的耐受性,可在外界长时间存活,18 个病毒颗粒即可引起感染。诺如病毒可通过食物、水、生活接触、空气气溶胶等途径传播,极容易在学校、托幼机构等人口密集区暴发流行。

诺如病毒感染的潜伏期多在 24～48 h 之间,最短为 12 h,最长为 72 h。感染者发病突然,主要症状为恶心、呕吐、发热、腹痛和腹泻。儿童感染者普遍出现呕吐症状,成人感染者多以腹泻为主,24 h 内腹泻 4～8 次,粪便为稀水便或水样便。原发感染患者的呕吐症状明显多于续发感染患者,有些患者仅表现出呕吐症状。

6.4.4　案例介绍

江苏省启东县位于长江口,是由长江、黄海泥沙沉积而成的新平原。全县三面临水,类似半岛,气候温和湿润,年平均温度 15 ℃,年降雨量为 1000～1500 mm,平均相对湿度为 77%。启东县的水源来自长江,土质偏碱性,盐含量及有机质含量较高,渗透性大。居民以玉米为主粮,其次为米、麦。启东县是我国原发性肝癌(以下简称肝癌)高发区,1972—1991 年的登记报告显示:肝癌男性标化死亡率为 77.69/10 万,女性为 22.65/10 万,合计为 49.79/10 万。经过 30 多年对启东县的流行病学调查和实验研究,研究人员一致认为:启东肝癌是在乙型肝炎病毒感染、黄曲霉毒素暴露、遗传因素、饮水污染和微量元素缺乏五个因素的协同作用下引起的。

黄曲霉毒素对某些动物的致肝癌作用已经得到实验证实。初步调查发现,启东县粮食(特别是当地的主粮玉米)中黄曲霉菌及毒素的污染情况比较严重,每百粒玉米中带黄曲霉菌的粒数、玉米表面的黄曲霉带菌数及黄曲霉毒素的检出率均显著高于上海市区。黄曲霉毒素在食品中的污染属于世界性问题。一般来说,热带和亚热带地区食品污染较重,其中以花生、玉米的污染最为严重。20 世纪 60—80 年代,12 个国家的调查结果表明:花生的黄曲霉毒素阳性率为 0.9%~50%,平均含毒量为 25~1000 ng/g,含毒量最高的样品达 25 000 ng/g;玉米的黄曲霉毒素阳性率为 3.5%~73%,平均含毒量为 5~400 ng/g,最高含毒量为 12 500 ng/g。损伤机制方面,食物中的黄曲霉毒素经肝脏代谢成 AFT-2,3-环氧化物后会损伤 DNA,修饰 DNA 上的碱基,使 DNA 遗传信息出现错误,进而失去正常调控功能。另外,AFT 可诱导 $p53$ 抑癌基因的突变,作为一种环境因素,可在分子水平上促进肿瘤发展。

根据肝癌地理分布的不均衡性,20 世纪 70 年代,苏德隆教授等提出饮水污染是肝癌的一个独立危险因素。饮用启东地表水与自来水发生肝癌的危险性是饮用井水的 3.34 倍。饮水污染越严重,发生肝癌的概率也越大,呈剂量-反应关系。

微囊藻毒素不但能够调节与细胞增殖相关的癌基因和抑癌基因表达,而且具有明显的肝毒性,可特异性地作用于肝脏,引起肝脏损伤,甚至引发肝癌,被认为是除肝炎病毒和黄曲霉毒素以外,环境中致肝癌的重要原因。有研究发现,启东县沟塘水、河水中微囊藻毒素的阳性率及平均含量均显著大于井水。虽然已有文献证实微囊藻毒素具有促肝癌作用,但饮水污染可能还包括诸多其他致癌、促癌物质,需要进一步发现。

6.5 环境因素对人群骨骼系统的影响

人体运动系统主要由肌肉、骨骼和关节组成,其中肌肉是主动部分,骨骼是被动部分。在神经系统的支配下,人体通过肌肉收缩,牵动骨骼以关节为支点产生位置变化,完成运动过程。骨骼是人体的重要组成部分,骨和关节约占成年人体重的 30%。骨骼作为运动系统的杠杆参与运动,同时骨骼还具有保护内脏器官、提供肌肉附着点等多种功能。人体骨骼结构承受力较强,但是不同部位的骨骼对于压缩、拉伸、剪切等力的承受能力不同。青少年的骨骼强度比老年人高,男性骨骼强度比女性高约5%。软骨是一种结缔组织,具有较好的弹性和韧性;长骨的软骨具有吸收冲击能量和承受负荷的作用;关节软骨摩擦系数很低,对运动十分有利。骨间连接称为"关节",关节的运动方式是转动。人体各部分的运动实际上是围绕关节的转动,关节面的形状及结构与运动形式密切相关。

骨骼是人体最具动力和代谢活力的组织之一,具有丰富的血供和良好的自我修复能力,并在整个生命过程中保持着活跃性。骨骼系统疾病包括多种骨以及关节的疾病,除遗传因素所致的骨骼系统结构与功能异常外,主要有骨/关节损伤,骨折,软组织、软骨及骨的慢性损伤,颈/腰椎退行性疾病,骨/关节化脓性感染、结核,非化脓性关节炎、骨坏死以及骨肿瘤等。骨骼的结构和功能会随着环境因素的改变而改变,不良环境因素会引起或加重人体骨骼系统疾病,影响人们正常的生产、生活活动。

6.5.1 物理性因素对骨骼系统疾病的影响

通常,电磁辐射、气象条件等环境因素会对骨骼系统产生多种直接或间接的损伤。在16~19世纪的英国,尤其是在有"雾都"之称的伦敦,常见到因佝偻病而致残的儿童。在很长一段时间里,人们都不清楚这种可怕的疾病到底是什么原因引起的。19世纪末20世纪初,人们发现能以晒太阳的方式来治疗佝偻病,但原理尚不清楚。直到1930年,德国科学家确定了维生素D的化学结构,人们才了解到阳光中的紫外线与人体中的"抗佝偻病因子"——维生素D有着密切的关系。酵母菌或麦角中的麦角固醇经日光或紫外线照射后形成维生素D_2且能被人体吸收,储存于人体皮下的胆固醇衍生物-7-脱氢胆固醇在紫外线的照射下可转变成维生素D_3。维生素D_2、维生素D_3吸收后可转化为相应的活性形式,作用于小肠、肾、骨等靶器官,参与维持细胞内、外的钙浓度和钙磷代谢调节。如果人们居住或工作在日照不足、空气污染严重(阻碍紫外线照射)的地区,可能会出现维生素D缺乏,导致佝偻病、骨软化症、骨质疏松症等骨骼系统疾病。

有研究表明,宇航员在太空中飞行6个月后,骨盆和脊柱骨密度下降超过10%。动物实验证实,大鼠生活在具有X射线和微重力的模拟空间环境中可引起骨骼损伤。此外,国外大量关于放疗引起骨骼损伤的研究表明,盆腔肿瘤患者放疗后骨盆骨折发生率达9.7%,乳腺癌患者放疗后自发性骨折发生率达25.5%,周围性肺癌患者放疗后肋骨骨折发生率达34.1%。宫颈癌患者放疗后骨密度也明显下降。而且,除了直接受射线照射的靶组织或邻近组织外,远离靶区的未受照骨骼也可能发生损伤。当人体全身或局部受到一次或短时间内分次大剂量射线照射,或长期多次受到超过当量剂量限值的射线照射后,会发生一系列骨组织代谢和临床病理变化,称为"放射性骨损伤"。按其病理改变,放射性骨损伤分为放射性骨质疏松、放射性骨髓炎、放射性骨折、放射性骨坏死和放射性骨发育障碍等。骨组织受到电离辐射后，骨细胞变性坏死，可产生以骨密度减低为主的一系列病理变化过程，即放射性骨质疏松。骨组织受到一定剂量的电离辐射后，在骨质疏松的基础上继发细菌感染而产生炎症改变，即放射性骨髓炎。骨组织在骨质疏松和骨髓炎病变的基础上产生连续性破坏，会出现放射性骨折。骨组织受到电离辐射后骨细胞或骨营养血管损伤，导致血液循环障碍引起骨块或骨片坏死，即放射性骨坏死。骨与软骨受到电离辐射导致骨骼的生长发育受阻，骨骼的长度和周径都小于正常水平，即放射性骨发育障碍。

人群在生活、生产环境中若受到某种电离辐射，受照剂量积累到一定程度、未加防护或防护不当，则可能出现相应的放射病，损害骨骼系统的正常结构与功能。放射性骨损伤属于确定性效应，存在剂量阈值。但由于各种射线所含能量不同，人群中个体受照射情况各异，人体各部位软组织厚薄程度不一以及受照后处理方法不同等原因，目前尚难以确定一个准确的通用阈值。骨质疏松、骨髓炎、病理骨折、骨坏死是骨骼损伤的一个发展演变过程，骨骼损伤程度和 X 线征象的变化与受照剂量、照射后的时间具有一致性，同时损伤程度还与受照射部位保护是否得当以及受照射局部的处理方式等影响因素有关。

6.5.2 化学性因素对骨骼系统疾病的影响

人体骨骼中的钙与混溶钙池保持着相对的动态平衡，骨骼中的钙不断从破骨细胞释放到混溶钙池中，混溶钙池中的钙又不断沉积于成骨细胞中，由此使骨骼不断更新，维持骨骼正常的形态和功能。骨骼的正常代谢还涉及多种微量元素（如氟、铜、镁、锌、锰、锶、铝等），它们或是骨骼生长发育所必需的，或是与骨营养素相互作用，在维持骨骼健康方面起到重要作用。此外，环境中还存在正常条件下骨骼系统不需要的元素（如镉），它们的存在对骨骼维持正常的结构与功能构成威胁。环境中许多化学物质过量或缺乏都会导致成骨细胞与破骨细胞作用失衡，引起骨骼系统疾病。

6.5.2.1 氟

氟广泛分布于自然界中，其化学性质活泼，常温下能同所有的元素化合，尤其是金属元素，所以氟一般不以游离状态存在，而是以化合物形式存在。另外，氟还可与土壤胶体和黏土矿物发生吸附。氟的成矿能力很强，各种岩石（如片麻岩、花岗岩、安山岩、玄武岩等）和第四纪黄土中都含有一定量的氟，一般在 370～800 mg/kg 之间。地下水中含氟量比地表水高。空气中含氟量较低，但大气受到较严重的氟污染时，人体可从空气中吸入较多的氟。各种食物都含有不同浓度的氟，植物中氟含量受到品种、产地土壤及灌溉用水中氟含量的影响。叶类蔬菜氟含量比果实类蔬菜高，用高氟水灌溉时可达较高浓度。

瓜果类含氟量较低,即使在氟中毒病区,瓜果类鲜品含氟量也多在 0.5 mg/kg 以下。粮食含氟量一般高于瓜果类,有些地区含量可以超过 1 mg/kg。除奶类含氟量很低外,动物性食物中含氟量往往高于植物性食物,且含量与动物生长环境有关。通常情况下,海产动物中含氟量高于陆生动物。在动物性食物中,骨组织及筋腱等部位含氟量较高。食盐中也含有氟,每千克食盐可含氟数毫克至数十毫克。某些地区取暖、做饭和烘烤食物时使用的高氟劣质煤是室内空气和粮食氟污染的重要来源。砖茶中氟含量也很高,一般在 300 mg/kg 以上。

人体主要通过饮水及食物摄入氟,少量的氟来源于空气。氟主要经消化道吸收,其次是经呼吸道,但皮肤也可吸收极少量的氟。溶解于水溶液中的氟(包括饮水和饮料中的氟)几乎可以全部被消化道吸收,而食物中的氟 80% 都可被吸收。当空气受到燃煤污染时,空气中大量氟化物可经呼吸道进入人体。肾脏是无机氟的主要排泄途径,也有少量氟可经粪便、毛发、汗液排出。环境中过量的氟进入骨组织后,会经过一系列反应形成氟化钙。氟化钙难溶于水,主要沉积于骨、软骨、关节面、韧带和肌腱附着点等部位,造成骨质硬化、骨密度增加,并可使骨膜、韧带及肌腱等发生硬化。氟会刺激骨膜和骨内膜,使成骨细胞功能活跃,其产生的生长因子、细胞因子等可促进成骨细胞及破骨细胞的活动,加速骨转换,又促进新骨形成、骨内膜增生,从而造成骨皮质增厚、表面粗糙、外生骨疣等病变,导致骨骼形态和功能发生变化。

氟对成骨细胞的作用呈双向性,即长期小剂量摄入氟可以促进骨形成,大剂量摄入则会诱导细胞凋亡,引发骨质疏松。氟离子可改变骨基质胶原的生化特性及骨基质的性质,导致异常胶原蛋白的形成,影响骨盐的沉积,引起骨质疏松和软化。氟对软骨细胞也有毒害作用,会影响软骨的成骨作用,甚至导致人体身高发育受阻。此外,过量氟可消耗大量的钙,使血钙水平降低,刺激甲状旁腺,使甲状旁腺激素分泌增加。血钙水平降低,再加上甲状旁腺激素增加,会促使钙从骨组织中不断释放到血液中,最终导致骨质脱钙或溶骨,临床上可表现为骨质疏松、骨软化及骨骼变形。大量氟化钙还可以沉积于正在发育的牙组织中,致使牙釉质不能形成正常的棱晶结构,而产生不规则的球形结构,局部粗糙,有白垩状斑点、条纹或斑块,重者牙釉质松脆,易出现继发性缺损。

由于一些地区的环境中氟元素过多,而致生活在该地区的居民经饮用水、食物和空气等途径长期摄入过量氟,引起一种以氟骨症和氟斑牙为主要特征的生物地球化学性疾病,称为“地方性氟中毒”。氟骨症患者常出现持续性酸痛,严重者疼痛呈刺痛或刀割痛,随着病情发展可出现关节功能障碍及肢体变形,表现为脊柱生理弯曲消失,活动范围受限。地方性氟中毒是一种自远古时代以来一直危害人类健康的古老地方病,在世界各地区均有发生,流行于世界 50 多个国家和地区,可分为饮水型病区、燃煤污染型病区和饮茶型病区三大类。亚洲是氟中毒最严重的地区,我国是地方性氟中毒发病最广、波及人口最多、病情最重的国家之一。除上海市以外,全国各省、自治区、直辖市均有地方性氟中毒的发生和流行。截至 2014 年年底,28 个省份、存在饮水型病区,12 个省份存在不同程度的燃煤污染型病区,7 个省份(特别是在少数民族地区)存在饮茶型病区。在我国,地方性氟中毒病区主要分布于广大农村地区,高氟暴露人口约 1.1 亿,分布在 127 006 个自然村。我国地方性氟中毒病区的主要类型是饮水型病区,北方地区(如东北地区、内蒙古、山西、陕西、甘肃、宁夏、青海、新疆、河北、河南、山东、天津、北京等)以饮水型病区为主,南方以燃煤污染型病区为主,病区交汇区大致在长江以北,秦岭、淮河以南。四川、西藏、青海等中西部地区和内蒙古等习惯饮茶的民族聚居区主要是饮茶型病区。

地方性氟中毒的发生与摄入氟的剂量、时间长短、个体排氟能力、对氟敏感性、蓄积量、生长发育状况及病理状况等多种因素有关。人群氟中毒的发病时间与接触氟的剂量有关,接触剂量越高,氟骨症潜伏期越短。氟中毒时间长者可达 10～30 年,而重病区 2～3 年即可发病。在饮水型和燃煤污染型病区,氟中毒的发病与民族、职业无关,而主要与摄氟量有关,居民的生活条件和生活习惯可影响氟的摄入量。在燃煤污染型病区,农村居民摄氟量多于城市居民,在发病率上存在差异。在饮茶型病区,氟中毒的发病与民族有关,嗜饮高氟砖茶的民族发病率高于饮茶量少者,当地汉族几乎不发病。牧民比农民饮茶多,因而其发病率也较高。

不论临床表现类型如何,地方性氟中毒的发生率和严重程度均与氟摄入量呈正相关。不同类型病区发病程度不同,但此规律是一致的。以饮水型病区为例,水中氟含量达到 0.5 mg/L 时开始出现氟斑牙,达到 1.0 mg/L 时氟斑牙发生率可达 20%～30%,高于 1.5 mg/L 时氟斑牙发生率明显增加,超过 10.0 mg/L 时可能会发生重度氟骨症。流行病学调查发现,燃煤中氟含量在 200 mg/kg 以下时,长期暴露不会引起氟中毒。此外,地方性氟中毒的发病率及严重程度还与年龄、性别、居住时间及饮食营养因素有关。

正常人体内含氟总量约 2.6 g,主要存在于骨骼和牙齿中。氟主要从尿中排出。一般情况下,尿氟水平与当地水氟浓度相当,约为 1 mg/L。针对氟中毒的防治,我国制定了尿氟水平的正常值,儿童群体尿氟水平不大于 1.4 mg/L,成人群体尿氟水平不大于 1.6 mg/L。中国营养学会推荐成人氟的适宜摄入量为 1.5 mg/d,可耐受最高摄入量为 3.5 mg/d。

6.5.2.2　其他

环境中的致癌元素也会引起骨骼、骨髓以及其他部位肿瘤,后者可发生骨转移,引起骨肿瘤。有研究人员认为,环境中硒水平过低或饮水导致有机物中毒等可能是大骨节病的病因。

6.5.3 生物性因素对骨骼系统疾病的影响

6.5.3.1 化脓性细菌

常见的生物因素对骨骼系统疾病的影响主要是由化脓性细菌(如溶血性金黄色葡萄球菌、乙型链球菌、大肠埃希菌、流感嗜血杆菌、产气荚膜杆菌、肺炎球菌、白色葡萄球菌等)感染引起的化脓性关节炎和化脓性骨髓炎,后者包括骨膜、骨皮质、骨松质及骨髓组织炎症。化脓性细菌的感染途径主要有三种。

(1)血源性感染:致病菌可由身体其他部位的感染性病灶,如上呼吸道感染、皮肤疖肿、毛囊炎、泌尿生殖系统等部位,经血液循环散播至骨骼。

(2)创伤后感染:如开放性骨折或骨折术后可能会出现感染,这类感染又称为"创伤后骨髓炎"。

(3)邻近感染灶:邻近软组织感染可能会直接蔓延至骨骼,如脓性指头炎引起指骨骨髓炎,慢性小腿溃疡可引起胫骨骨髓炎,糖尿病可引起足部骨髓炎等,这类感染又称为"外源性骨髓炎"。

另外,化脓性关节炎的致病原因还包括医源性感染,如关节手术后发生感染和关节内注射药物后发生感染。若细菌毒力较轻,或机体抵抗力较强,脓肿被包围在骨质内,呈局限性骨内脓肿,这种感染称为"布劳德脓肿"。布劳德脓肿通常发生于长骨的干骺端,多见于胫骨、股骨和肱骨。若病变部位骨质有较广泛增生,使髓腔消失,循环较差,则发生坚实性弥散硬化性骨髓炎。

6.5.3.2 结核分枝杆菌

骨与关节结核是由结核分枝杆菌(主要是人型分枝杆菌)侵入骨或关节而引起的一种继发性感染性疾病,中医称为"骨痨"。在过去生活水平较低的时期,骨与关节结核比较常见,随着人们生活水平的提高、抗结核药物的出现以及科学技术的进步,骨与关节结核的发病率明显下降。但是近年来,由于人口数量的快速增长、流动人口的大量增加以及耐药菌的出现,骨与关节结核的发病率有回升的趋势。骨与关节结核是最常见的肺外继发性结核,其原发灶绝大多数源于肺结核,占结核患者总数的 5%～10%,其中脊柱结核最常见,约占 50%,膝关节结核和髋关节结核各占 15%。骨与关节结核的好发部位都是一些负重大、活动多、易发生损伤的部位,患者常出现疼痛、肌肉痉挛、冷脓肿等临床表现。

如果人群生活水平较低,所处的环境卫生条件较差、污染较严重,细菌、病毒等微生物易滋生,则人群暴露于化脓性细菌和结核分枝杆菌的风险增加,可直接或间接地引起骨骼系统的感染。尤其是在医院环境中,若消毒灭菌工作不到位,易导致患者发生医院感染。特别是开放性骨折术后、骨折切开复位或其他骨关节手术后的患者,可能会出现化脓性骨髓炎、关节炎等骨骼系统疾病,若为耐药细菌的感染则治疗更加困难,预后也不理想。由于骨质本身的结核或骨髓炎等病变导致骨骼易因轻伤而断裂的,称为"病理性骨折",对骨骼系统的健康影响巨大。

6.5.4　案例介绍

1992 年,经调查发现,湖南省灰圹地区饮用水含氟量为 8～11 mg/L(正常饮用水含氟量小于1 mg/L)。研究者在普查的基础上选择了 23 名当地饮用此水 40 年以上的慢性中毒患者进行 X 线分析。诊断标准是:①患者长期生活在高氟区;②均有肢端麻木、手足肌肉抽搐、骨痛、氟斑牙等临床表现;③血氟高于正常值;④X 线检查有氟骨症表现;⑤无肝、肾、胶原组织疾病或其他可引起骨骼改变的疾病。

(1)一般资料:23 名患者的年龄为 41～62 岁,其中男性 16 名,女性 7 名。临床表现出骨关节疼痛的患者有 23 名,不同程度及不同部位抽搐的患者有 20 名,肢体偏瘫的患者有 3 名,感觉异常(包括肢体麻木、肢体沉重、烧灼感、紧束感等)的患者有 23 名。实验室检查显示,23 名患者的血清氟含量为 0.08～0.165 mg/L,血清钙含量为1.25～2.38 mmol/L(5.0～9.5 mg/dL),血清磷含量为 1.23～1.49 mmol/L(1.38～4.6 mg/dL)。

(2)X 线表现:23 名患者中,骨质无改变者 10 名,骨膜增生、骨间膜骨化、骨皮质增厚者 23 名。其中,尺桡骨出现病变者 23 名,胫腓骨出现病变者 18 名,闭孔者 5 名,普遍性骨质疏松且骨纹理粗疏、骨纹理呈粗网状者 3 名,普遍性骨质疏松但不伴有骨纹理粗疏者 5 名,广泛性骨质增生及硬化者 2 名,肋间膜骨化者 6 名,椎旁韧带骨化呈竹节样改变者 8 名,骨间膜骨化十分显著且呈冰凌状者 4 名,轻度双凹椎者 7 名,长骨干骺端出现多条生长停滞线者 11 名,膝关节半月板钙化者 1 名,肺内出现多发性散在钙化者 6 名,患肾结石者 2 名,患输尿管、膀胱结石者各 1 名,患胆囊结石者 1 名,患退行性骨关节病者 23 名。

思考题

1.除本章介绍的环境因素外,还有哪些环境因素会对神经系统造成影响? 请详细阐述其对神经系统的影响机制和临床症状。

2.在司法鉴定过程中,神经系统损伤与环境因素之间的因果联系应如何确认?

3.放射线对泌尿生殖系统有什么影响?

4.地方性克汀病的临床表现有哪些?

5.请简述环境中砷的来源和对泌尿生殖系统的危害。

6.具有免疫抑制作用的化学物质有哪几类?

7.室内装修后应至少通风几个月才可入住?

第7章 环境污染健康损害的案例分析
——水俣病

7.1 背景

日本熊本县水俣湾位于日本九州岛西侧"不知火海"东岸,水俣湾外围的"不知火海"是被九州本土和天草诸岛围起来的内海,当地各类海产丰富,是渔民们赖以生存的主要渔场。由于水产品丰富,水俣湾地区有4万多人居住,形成了水俣市。1925年,日本最大的化工企业日本氮肥公司在熊本县水俣市设立工厂,使得水俣市由一个渔村逐步发展为以新日本氮肥厂为中心的市镇。自1932年开始,水俣氮肥厂主要生产乙醛。1955年前后,乙醛的生产量剧增,在1960年达到顶峰,当时日本大部分的乙醛都产自水俣氮肥厂。当时的水俣市不论在社会地位上还是在经济上都依赖于水俣氮肥厂,水俣氮肥厂及其工作人员上交的固定资产税和市民税占水俣市总税收的50%以上。1960年,水俣氮肥厂及其相关企业的从业人员占水俣市15岁以上从业人口的24%。

然而,1950年年初,水俣湾平静富饶的生活被打破,水域中出现鱼群异常游动、大量海洋生物奄奄一息地漂浮于海面、大量贝类腐烂死亡、海草逐渐枯萎等异常现象。1952年,当地居民发现乌鸦和某些海鸟在飞翔过程中会突然坠入海中,然后死亡。有时章鱼和乌贼呈半死状态漂浮于海面,以至于儿童可直接用手捕捞。1952年6月,水俣湾地区的猫开始出现"舞蹈症",病猫行走步态犹如醉酒,大量流涎,表情狰狞,突然痉挛或疯狂兜圈,或者东窜西跳。但是"猫舞蹈病"在水俣地区的流行并未引起人们足够的重视,水俣湾中的鱼类大部分仍能继续生存,渔民照样捕鱼,居民仍然以鱼类为主要食物,过着宁静规律的生活。直到1953年,在海岸边频繁发生猫发狂,然后跳海"自杀"的现象。经统计,仅1953年一年内,水俣镇有超过5万只猫投海"自杀",使得水俣湾附近地区的猫几近绝迹。接着当地猪、狗等一些家畜也出现类似发狂致死的症状。宠物、家禽无缘无故地发狂死亡使得水俣湾地区的居民开始惴惴不安,不祥的预感笼罩在人们心头。

7.2　水俣病暴发

上述诡异的现象似乎只是暴风雨前的预警。不久后,怪病的出现打破了水俣湾居民平静的生活。1956 年 4 月 23 日,在水俣湾附近居住的居民田中义光家中,5 岁 11 个月的女儿田中息子出现了走路不稳、手脚麻痹、言语不清、不能进食、狂躁不安等症状,随即被送往医院就诊,同天田中息子两岁的妹妹田中实子也出现了相同的症状。随后近邻中又有相同症状的患者入院。为详细了解疾病病史,该医院的院长细川一安排医院内科及儿科的医生至患者家中及周边地区进行初步调查。以田中义光家为中心,医生调查了附近20 户人家,结果惊人地发现这些居民家中的小孩几乎都出现了不同程度的言语障碍、行走及动手困难等症状。同年 5 月 1 日,该医院向水俣保健所报告,提出当地发生了一种不能确诊的中枢神经系统疾病的流行。由于病因不明,这种怪病被命名为"水俣病"。

最初发病的田中息子病情迅速恶化,紧接着出现双目失明、全身痉挛、呼吸困难,最终在入院 28 天后死亡。随后不断有相同症状的患者出现,由于这些人的症状和当地猫发生的"舞蹈病"症状相似;又因病因不明,患者多集中在水俣湾,且患者多为渔民及其家人,因此被当地人称为"猫舞蹈病"或"奇病",甚至有传言称这是一种传染病。

7.3　调查病因

为调查病因,1956 年 5 月 28 日,熊本县便设置了水俣市疾病对策委员会(下文简称"委员会"),成立了以水俣病保健所为中心,联合水俣市医师会、市医院、氮肥厂附属医院等多家机构和单位的调查小组。调查小组对当地病情进行了初步调查,共发现了 51 名患者,其中一部分自 1953 年就已经发病,并且多数患者住在渔村内,数名患者已经病故。这些患者的症状有语言表达障碍、行动障碍、饮咽困难、四肢僵直变形、视力障碍、头晕、手脚及嘴唇麻痹、频发痉挛、性情狂躁等,其中危重症状者表现出半身不遂,甚至死亡。由于过去对这些患者的诊断不一,有的被诊断为乙型脑炎,有的被诊断为酒精中毒、梅毒、先天性运动失调及其他疾病,并且患者发病时期正值各种传染病流行期,疾病也呈现为地方性和聚集性,故当时怀疑水俣病为一种传染病,并采取了相应的措施,一方面对患者和传染区进行隔离和消毒,另一方面展开详细的疫病学调查。然而研究结果并不乐观,疾病并未得到有效控制。

1956 年 8 月,委员会委托熊本大学医学部进行病因调查。1956 年 8 月 24 日,熊本大学成立了水俣病医学部研究班,从环境调查、临床、病理和动物实验等方面对流行原因进行了综合调查分析。通过对患者进行回溯调查,研究专家发现最早发生水俣病的一批患者都居住在水俣湾深处,患者住房也紧密相连。而最早发生水俣病的田中义光家建在"不知火海"的滩头上,位于水俣湾最深处,极易捕获到海鱼,其邻居江乡下的住房也是傍水而建,自江乡下的女儿首先发病后,其家人也陆续出现相同症状。研究班总结了流行病学调查结果发现:水俣病患者仅限于水俣湾沿岸从事农业和渔业的村落,大部分患者家庭从事渔业,且患病与性别、年龄无直接关系,患者多集中于家庭内,但无直接证据表明家庭之间存在传染链。因患者和当地猫出现了相同症状,所以研究专家认为这应该是长期暴露于某种致病物质的结果。

　　研究专家怀疑水俣病与海水有关,随即对患者所在区域进行了饮用水、海水、土壤、鱼贝类的取样,同时对入住医学部附属医院的患者进行严密的临床观察,并对死亡的患者和猫进行了病理解剖。专家们从微生物学、卫生学等角度进行了调查分析,结果显示:水俣湾的海水中多种重金属超标,且在死者和疯猫的内脏器官中发现了锰、硒、铊、汞等有毒物质。另外,专家们还从细菌学、病毒学等检查结果中判断,疾病的发生并不是由生物原因所导致的,因此研究班认为该地区的疾病不是传染性疾病,而是因为长期食用水俣湾中鱼贝类后引起的一种重金属中毒,毒物可能来自化工厂排出的废水,但鱼贝类被何种重金属污染尚未查明。研究人员进一步对工厂废水进行调查,发现废水中含有多种重金属,如锰、铊、砷、汞、硒、铜和铅等。当时研究班推测可能的致病重金属是锰、硒、铊,也可能是其中两者或三者的混合物,但是以猫为受试对象进行动物实验时却未出现与水俣病相同的症状。

　　虽然研究班未能找到致病物质,但在 1957 年,研究专家发现,从其他地区移至水俣湾的鱼类,体内很快便蓄积了大量的重金属,用这些鱼喂食健康的猫时,引发了水俣病。即对受试猫每日喂食三次,每次喂食捕自水俣湾中的小鱼 40 条,总量为 10 g。经过 51 天(平均),全部受试猫出现了水俣病相关症状。另外,对来自其他地区的猫喂食水俣湾的鱼贝类后,在 32～65 天内也全部发病。为查明致病重金属,研究班只能不断筛查可疑物质,检查患者临床症状,进行病理对照,然后进行动物实验。但由于耗时耗材,研究班未得到政府支持,因经费有限,研究工作进展非常缓慢。1958 年 1 月 25 日,研究班及日本各地医生学者在日本国立公共卫生院召开了一次水俣病研讨会,会议讨论结果为:水俣病是由于长期食用水俣湾中鱼贝类后引起的一种重金属中毒,毒物可能来自氮肥厂排出的废水。然而,因未能确认致病重金属,氮肥厂否认了水俣病与工厂的关系。

　　1958 年 9 月初,为了增加产量,氮肥厂扩大了规模。氮肥厂的废水排水口由水俣湾的百间港转移到水俣川河口,氮肥厂希望通过改变排水路线,利用大量的海水稀释废水,减少毒性,这一改变反而扩大了污染区域。于是废水随着河口的洋流进入整个"不知火海"，导致污染范围扩大，水俣病开始向整个"不知火海"沿岸蔓延开来。1958年9月，研究专家发现水俣病患者的临床和病理表现与此前英国研究专家报道的职业性甲基汞中毒病例相吻合，并提取了患者的组织测定汞含量，发现数值比常人高出百倍。因此，研究班使用甲基汞进行动物实验，结果发现，投喂了甲基汞的猫出现了与食用水俣湾中鱼贝类后发病的猫完全一致的症状。水俣氮肥厂却反驳说，生产工艺中根本不使用甲基汞，只是使用了无机汞，所以拒绝承认该工厂是污染来源。由于政府只做了调查研究，却未采取具体的防治措施，所以病例仍不断出现。

1959年年中，研究班对水俣湾中的汞分布情况进行了调查，结果显示在水俣湾海水、底泥、鱼贝类中检出了大量汞，并且发现氮肥厂废水排出口附近汞浓度最高，离排水口越远，汞浓度越低。经检测，水俣湾内海水中汞浓度达到了3～5 mg/L，而在鱼类组织中汞含量竟然达到了80～100 mg/kg，远高于日本环境法中规定的自然环境中的汞含量基准（1.0 mg/L）。1959年7月，熊本大学水俣病医学部研究班两位教授发表了"水俣病是摄入水俣湾中鱼贝类而引起的一系列神经系统疾病，污染鱼贝类的有毒物质极有可能是汞"的观点。

1959年7月22日，熊本大学研究班发表了《以病理学为主水俣病原因观察》，表示从研究班现阶段的实验结果来看，可以认为有机汞是水俣病产生的原因，虽然目前尚未有直接证据证明氮肥厂与水俣病有直接关联，但氮肥厂在生产过程中使用汞是确定的，且随着工厂产量的提高，水俣病患者的数量呈正相关增加。1959年8月，氮肥厂发表了"有机汞说缺乏理论依据，不符合化学常识"的反论，工厂提出了这样几点质疑：①熊本大学无视水俣病在世界范围内发生的特例性。②氮肥厂长期使用汞，为何在1956年突然暴发了水俣病？③整个日本还有十多家工厂也从事同样的工作，甚至从世界范围来看，数量更多，为何只在水俣市暴发了水俣病？④人们无法证明水俣湾中鱼贝类被毒化的路径。⑤对猫进行的实验研究对人体并没有适用性。1959年11月，熊本大学证实水俣病是由于氮肥厂排出的废水中含有的甲基汞所引起的中毒，此结论得到了美国科学家的支持。

直到1962年年末，熊本大学的实验室才确凿地发现工厂使用无机汞是在乙醛合成过程中转化为氯化甲基汞的，这些含有汞的废水未经处理便直接排放至水俣湾，造成了水体污染。并且，研究人员也从该厂排水沟的污泥中提取到了甲基汞。甲基汞被鱼贝类等水生生物吸收后在体内蓄积，人和猫食用了被污染的鱼贝类后引发慢性甲基汞中毒。上述事实证明水俣病的发生是由工厂排出的含甲基汞废水所致。

7.4　水俣病患者情况及认定

研究班在水俣湾周围地区和"不知火海"沿岸观察到的甲基汞中毒可分为急性中毒和慢性中毒两类。急性甲基汞中毒是由于 1953 年左右患者大量食用水俣湾中含较高浓度甲基汞的鱼类所导致。1959 年,发现水俣病病因后,水俣湾鱼贩协会便抵制水俣渔民合作社捕获的所有鱼类和贝类,此后居民停止食用被高度污染的鱼类。因此自 1960 年以来,便一直没有发现严重的急性中毒病例。1958 年,氮肥厂将污水排污口从水俣湾改为水俣川河口后,人为甲基汞污染便扩散到"不知火海"。然而这片海域从未禁止商业捕鱼,因此在近 20 年(1950—1968 年)内,由于周围居民食用了"不知火海"中受污染的鱼类,而引起了慢性甲基汞中毒。因此,陆续有慢性甲基汞中毒的病例出现。

自 1953 年首次爆发水俣病以来,至 1962 年年底,官方承认的水俣病患者有 121 人,其中死亡 46 人。进一步调查发现,患者家属中 84% 的人具有和水俣病有关的某些症状,55% 的人在日常生活中存在着某些精神和神经系统方面的障碍。研究人员对污染最严重的水俣地区进行了调查,结果显示:当地居民中 28% 的人出现了感觉障碍,24% 的人出现了协调障碍,12% 的人出现了语言障碍,29% 的人出现了听力障碍,13% 的人出现了视野缩小,10% 的人有震颤及其他神经症状。调查还发现了一些出现率较高,但过去却不认为是与水俣病有关的神经症状,如肌萎缩、癫痫性发作、四肢痛等。这些被认为是慢性甲基汞中毒的表现。1969 年,日本实施了有关措施,为水俣病的诊断指南制订了赔偿计划。截至 1974 年 12 月,已正式确认的患者有 798 名,其中死亡 107 人。另外,还有约 2800 人提出申请,等待确认。1992 年 3 月,日本官方确认的水俣病患者有 2252 人,其中死亡 1043 人,还有 12 127 人声称患有水俣病但未得到认可,有 1968 人正等待水俣病鉴定委员会的检查结果。截至 2000 年,受影响人数已达 2264 人。尽管如此,据估计至少有 20 万甲基汞中毒的疑似病例,因为 1960 年"不知火海"沿岸地区的人口约为 20 万。截至 2016 年 4 月,日本共认定水俣病患者 2289 人,其中死亡 1878 人,申请认定的总人数约 12 000 人。

7.5　氮肥厂和政府责任

自水俣病发生到暴发的多年内,氮肥厂不仅没有停止向水俣湾排放污水,还扩建工厂,提高工厂效益。1958 年,日本氮肥厂资本金达到 24 亿日元,销售额增加到 120 亿日元。另外,氮肥厂还利用自己的影响力,阻止水俣病真实信息的扩散,对拍摄水俣病相关内容的美国著名摄影师尤金·史密斯进行殴打,并且派人恐吓患者家属,不准他们进行任何抗议游行。1959 年 12 月,氮肥厂与患者组织——水俣病患者家庭互助会签订慰问金协议,患者从氮肥厂获得了少数的慰问金,并明确氮肥厂仅仅是"道义上的补偿",发给受害者的是"慰问金",氮肥厂不需要对污染事件负责,患者不得诉讼。另外,氮肥厂还在患者和非患者中制造隔阂,以城市形象、国家利益为借口分化他们,声称解决的前提必须是不伤害日本智索(Chisso)株式会社和其他化工企业,不得妨碍国家石化产业。日本政府甚至解散了水俣病研究,停止向研究小组支援经费。

从 1956 年熊本大学水俣病研究班发现病因,到 1959 年研究班向日本卫生福利部提交报告,氮肥厂一直拒绝承认水俣病与其工厂排出的废水有关。直到 1968 年,日本厚生省卫生部才正式做出了"日本熊本县水俣病是水俣氮肥厂产生的甲基汞化合物排放至水俣湾所致的公害病"的政府认定,该氮肥厂才停止向水俣湾排放废水,并派人到患者家中登门致歉,但并未给予患者赔偿。随后经水俣病患者家庭互助会讨论及律师的帮助,1969 年 6 月 14 日,渡边荣藏代表 29 户 112 名水俣病患者原告诉讼团,以氮肥厂为被告,联名向熊本地方法院提起诉讼,请求损害赔偿,总额为 15.92 亿日元。然而氮肥厂称对于作为副产物排放的甲基汞不知情,因此对于水俣病的发生没有责任。1973 年,熊本地方法院判决水俣病的发生是氮肥厂的责任,工厂接受判决。判决文如下:化学工厂向场外排放废水时,首先要确保其安全性。如果不能确保安全,则必须停产。化学工厂必须最大限度地保护居民的生命和健康安全。2004 年,日本最高法院判定,水俣病影响范围扩大是国家和熊本县的责任。对于未被认定为水俣病的患者,氮肥厂和国家以及熊本县也应该给予赔偿。最高法院判决内容如下:可认定 1959 年年末发生的危害居民健康的事件(水俣病)是由甲基汞引起的,其发生源是水俣氮肥厂。熊本县未依法保护居民健康的行为是违法的,所以 1960 年以后发生的危害健康的水俣病事件是国家和当地政府的责任。

随后,日本政府及氮肥厂投入了大量人力和财力用于水俣病的损害赔偿、水俣湾的环境改善等。数据显示,为防止氮肥厂公害的年平均投资额为 1.23 亿日元;因水俣病导致的损失费用每年可达 126.31 亿日元,其中包括健康损失(向患者支付赔偿的年均支出额为 76.71 亿日元)、环境污染损失(水俣湾疏浚事业年均支出额为 42.71 亿日元)、渔业损失(渔业损失偿还年均支出额为 6.89 亿日元)。

7.6 后期治理

1974 年,日本政府在水俣湾设置了隔离网。1977 年,为清除受汞污染的泥浆,日本政府开展了疏浚工程。1984 年,日本政府启动了一个清除汞污染的项目,将受污染的沉积物真空抽到一个密封区域,形成了一片面积为 582 000 m² 的填海土地。清除工作于 1990 年 3 月完成。直到 1997 年,水俣湾环境才达到日本国家标准,随着《水俣湾安全宣言》的发布,隔离网也被撤除。

7.7　汞含量变化

据估计,从 1932—1968 年,从水俣湾排放至"不知火海"的甲基汞废水总量为 70～150 t,推定其中甲基汞含量至少为 0.6～6 t。1968 年,氮肥厂停止向水俣湾排放废水后,当地鱼类和贝类的汞含量显著下降,甲基汞占总汞的比例趋于下降。

7.7.1　环境汞

日本政府开始疏浚工作前,水俣湾沉积污泥中总汞含量超过 25 mg/L,最高可达 553 mg/L。数据显示,1963 年水俣湾沉积污泥中汞含量为 29～713 mg/L(干重);1969 年,水俣湾沉积污泥中汞含量为 19～908 mg/L(干重);1970 年,水俣湾沉积污泥中汞含量为 8～253 mg/L(干重);1971 年,水俣湾沉积污泥中汞含量为 14～586 mg/L(干重)。1980 年,日本政府开始为清除受汞污染的泥浆而开展疏浚工作,直至 1987 年才填埋完成。此时,水俣湾沉积污泥中总汞含量大大降低,平均为 4.65 mg/L,最高为 12 mg/L。"不知火海"沉积物中汞的本底值水平一般为 0.1～0.2 mg/L。

7.7.2　鱼贝类汞

1959 年,水俣湾鱼贝类中汞的浓度非常高,贝类中汞浓度为 108～178 mg/L(干重),鱼类中汞浓度为 15 mg/L(湿重)。自 1966 年以来,鱼贝类中的汞浓度显著下降。1968—1969 年,研究专家进行了三次水俣湾中河底沉积物及鱼贝类中无机汞和甲基汞的含量调查,结果在小矢部(Oyabe)河的底泥中发现了大量的汞,从河里捕获的鱼体内总汞含量为 0.77 mg/L。生活在河底的鲶鱼中甲基汞含量最高,总汞含量为 1.10 mg/L,甲基汞含量为 0.66 mg/L。流经汞开采区的河流中的鱼类汞含量特别高。这表明,总汞含量越高,甲基汞含量越高。

1978—1989 年,熊本县政府对水俣湾内部及外部不同鱼类体内的总汞含量进行了调查。数据显示,1978—1988 年,水俣湾内部的鱼类体内总汞含量呈下降趋势,但均高于海湾外部鱼类体内的总汞含量。1989 年,水俣湾鱼类(87 种)的总汞含量为 0.01～1.74 mg/L,其中 16 种鱼类的汞含量超过 0.4 mg/L。部分数据如表 7.1 所示。

表 7.1　1978—1988 年水俣湾内部及外部部分鱼类体内总汞含量

	海湾内部				海湾外部	
检测鱼类	1980 年	1981 年	1988 年	检测鱼类	1980 年	1988 年
	mg/L（湿重）	mg/L（湿重）	mg/L（湿重）		mg/L（湿重）	mg/L（湿重）
黄鱼	—	1.2	0.6	黄鱼	0.06～0.66	0.06～0.34
石斑鱼	—	1.5	0.8	鱼鲻	0.04～0.73	0.05～0.02
斑鲅鱼	—	0.5	0.2	带鱼	0.04～0.4	0.05～0.12
黑海鲷鱼	0.8	—	0.4	竹荚鱼	0.03～0.05	0.02～0.05

7.7.3　发汞

1960 年，熊本县地方政府调查了 1644 名沿海地区居民头发中的总汞含量，其中位数为 23.4 mg/L（0～920 mg/L），部分数据如表 7.2 所示。

表 7.2　1960 年熊本县部分居民发汞残留

地区	中位数/ （mg/L）	四分位数间（IQR）/ （mg/L）	案例数	最小值/ （mg/L）	最大值/ （mg/L）
水俣市	30.0	39.8	199	N.D.	172
津奈木町	33.0	35.8	101	1.0	191
芦北町	48.6	33.7	40	1.5	192
御所浦	21.5	24.0	1160	N.D.	920
龙岳	17.5	19.3	87	0.5	167
熊本县	2.1	1.3	16	0.1	8

注：N.D.代表未检测到。

1968 年，研究人员对水俣市 201 名居民的发汞含量进行了测定，结果显示发汞水平有逐渐下降的趋势。然而，渔民及其家属的发汞含量仍高于普通人，48 人中有 4 人的发汞含量仍高于 20 mg/L。

另外，有研究显示，到 1960 年，水俣病患者的头发中仍含有高浓度的汞，最高含量可达 705 mg/L。1968 年,患者发汞的平均浓度为 10.6 mg/L,渔民发汞的平均浓度为 9.2 mg/L,普通居民发汞的平均浓度为 8.1 mg/L。1982 年,渔民发汞的平均浓度为 6.15 mg/L,普通居民发汞的平均浓度为 3.78 mg/L。可见,随着时间的推移,受染区居民头发中的汞含量逐渐降低。

7.7.4　脐带汞

日本家庭有保存一小块脐带以纪念出生的传统。脐带中汞含量与母体头发中汞含量有相关性。因此,居民脐带中的甲基汞浓度可以反映甲基汞污染的程度。研究专家对"不知火海"沿岸居民脐带内甲基汞的含量进行了测定,结果如图 7.1 所示。图 7.1 中折线表示 1950—1970 年"不知火海"沿岸居民脐带内甲基汞的浓度,甲基汞平均浓度为 (0.62 ± 0.07) mg/L(均数±标准误差)。1975 年,东京 24 名居民的脐带中甲基汞平均浓度为 (0.11 ± 0.03) mg/L(均数±标准误差)。

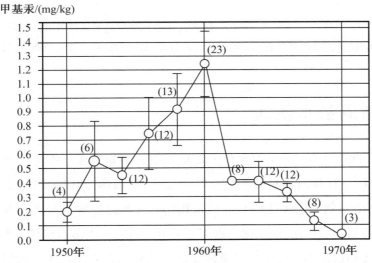

图 7.1　1950—1970 年"不知火海"沿岸居民脐带内甲基汞浓度的时间变化

注:每一点代表平均值,垂直条表示平均值的标准误,括号内的数字表示所测定的样本数。

7.7.5　脑汞

1956—1988 年,研究专家对 428 名因甲基汞中毒申请认证并去世的居民进行了病理解剖,并检测了这些居民大脑中的总汞浓度,研究结果如图 7.2 所示。

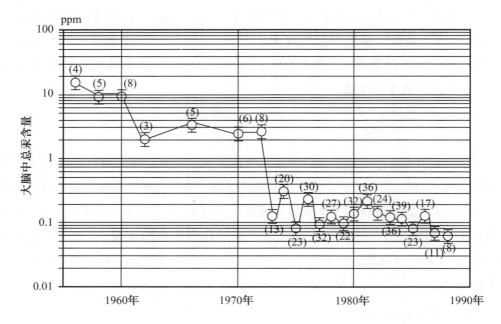

图 7.2　1956—1988 年"不知火海"沿岸居民大脑中总汞含量的变化趋势

注：圆点代表平均值，垂直条表示平均值的标准误差，括号内的数字表示所审查的样本数。

7.8　新潟县水俣病

1965 年，在熊本县水俣病引起公众广泛关注的时期，新潟县一名 31 岁的男子出现了甲基汞中毒症状，后经检测其发汞含量达 116 mg/L，被确诊为甲基汞中毒。后又出现两例男性患者，其中一例死于无法解释的精神疾病。这些患者均生活在日本阿贺野川附近。随后不断有新的病例出现，这便是世界上发生的第二起水俣病事件。之后日本政府宣布了新潟水俣病的出现。阿贺野川流域新潟水俣病的发生是由于日本昭和电工鹿濑工厂向阿贺野川排放了乙醛制造过程中产生的含有甲基汞化合物的工厂废液。有熊本县水俣病案例在前，这本是一起不应该发生的公害事件，但由于相关企业和政府部门的不作为，使得水俣病在新潟县再次出现。

至 1967 年 6 月 12 日，新潟水俣病患者及遗属（共 77 人）向新潟地方裁判所对昭和电工厂鹿濑工厂提起诉讼，请求的损害赔偿总额为 5.2267 亿日元。原告认为昭和电工鹿濑工厂使用低成本的汞作为催化剂用于制造乙醛，其间产生了大量含汞废水，工厂每天排放约 500 g 未经处理的汞。

厚生省特别研究班的研究人员在工厂制造设施和排水口附近的废水及底泥中均检

测到了汞,因此可以确认昭和电工鹿濑工厂是阿贺野川汞污染的污染源。1971 年 9 月,有关新潟水俣病的首次法院判决结果为原告胜诉,新潟地方裁判所基本全面认定了原告的主张,责令昭和电工鹿濑工厂向原告支付 2.7024 亿日元的损害赔偿金。这次胜诉给公害病患者及其家属带来了曙光,具有划时代的意义。1974 年,关于熊本水俣病原告胜诉的首次法院判决成立。继 1995 年新潟水俣病患者同昭和电工鹿濑工厂签订解决协议之后,1996 年,日本高级法院也作出了和解的判决,这成为水俣病患者争取合法权益道路上的一座里程碑。1968 年 9 月 26 日,日本厚生省将熊本水俣病和新潟水俣病认定为公害病。

参考文献

［1］孔志明. 环境毒理学［M］. 5 版. 南京：南京大学出版社，2012.

［2］孙贵范. 职业卫生与职业医学［M］. 北京：中国协和医科大学出版社，2019.

［3］曹守仁. 室内空气污染与测定方法［M］. 北京：中国环境科学出版社，1989.

［4］柯天华，谭长强，汪宝林，等. 临床医学多用辞典［M］. 南京：江苏科学技术出版社，2006.

［5］武广华. 中国卫生管理辞典［M］. 北京：中国科学技术出版社，2001. 49＋689.

［6］蔡新华，李艳萍，消化系统病学词典［M］. 郑州：河南科学技术出版社，2003.

［7］孙长颢. 营养与食品卫生学［M］. 8 版. 北京：人民卫生出版社，2017.

［8］邬堂春. 职业卫生与职业医学［M］. 8 版. 北京：人民卫生出版社，2017.

［9］陈孝平，汪建平. 外科学［M］. 9 版. 北京：人民卫生出版社，2018.

［10］詹思延. 流行病学［M］. 8 版. 北京：人民卫生出版社，2017.

［11］杨克敌. 环境卫生学［M］. 8 版. 北京：人民卫生出版社，2017.

［12］杨克敌. 我国环境卫生专业现状及发展趋势［J］. 环境与健康杂志，2004，21(1)：10-12.

［13］姚志文，吴晓宇，林巧雅，等. 环境激素与生殖健康［J］. 中国优生与遗传杂志，2001，9(1)：12-13.

［14］雷晓宁，修光利，王震东，等. 国外内分泌干扰物管理和筛选体系及优先名录的建立［J］. 化学世界，2017，58(1)：51-6.

［15］文萃. 饮用水的化学与微生物学危险因素：首届国际水消毒安全会议的议题［J］. 国外医学（卫生学分册），1993，10(1)：58-59.

［16］陈连生，孙宏. 我国环境与健康研究的现状及发展趋势［J］. 环境与健康杂志，2010，27(5)：454-456.

［17］程恒怡，钟延旭，陈杰，等. 广西居民食用植物油黄曲霉毒素 B_1 膳食暴露评估［J］. 应用预防医学，2017，23(6)：451-454.

[18]夏光辉,胡建安.外源化学物氧化代谢酶基因多态性与肿瘤易感性[J].中南大学学报(医学版),2017,42(12):1439-1446.

[19]胡冰芳,毕惠嫦,黄民.孕烷X受体及组成性雄甾烷受体的研究新进展[J].药学学报,2011,46(10):1173-1177.

[20]王敢峰,叶能权.职业接触的生物监测及展望[J].职业医学,1992,10(6):359-361.

[21]冷曙光,郑玉新.基于生物标志物和暴露组学的环境与健康研究[J].中华疾病控制杂志,2017,21(11):1079-1081,1095.

[22]蒙进怀,李少旦.苯接触人群的生物标志物研究进展[J].中国职业医学,2008,35(4):327-328.

[23]肖静,郑玉建.地方性砷中毒生物标志物研究进展[J].中国预防医学杂志,2005,6(6):550-552.

[24]吴顺华,郑玉建.地方性砷中毒生物标志物的研究概况及展望[J].新疆医科大学学报,2006,29(1):12-14.

[25]陈进星,周斌,刘斌,等.不同社会经济状况与中老年人群心血管疾病的关系[J].海南医学,2017,4(28):152-155.

[26]刘昊辰.热浪对心血管疾病影响的机理研究[D].南京:南京信息工程大学,2015.

[27]蒲志宏,刘艳群,王红.心血管病与气象条件的关系[J].中国社区医师,2019,35(15):6-7.

[28]王文,刘明波,隋辉,等.中国心血管病的流行状况与防治对策[J].中国心血管杂志,2012,17(5):321-323.

[29]高艳芳,何云.砷暴露的心血管毒性效应及其机制研究进展[J].毒理学杂志,2016,30(6):469-471.

[30]吉俊敏,谈立峰,李燕南,等.农药生产职业暴露对心血管及神经系统的影响[J].中国公共卫生,2005,21(9):1076-1077.

[31]秦文娟,管东方,史红娟,等.砷中毒对大鼠纹状体神经细胞与肝组织的毒性和氧化应激作用[J].石河子大学学报:自然科学版,2017,35(3):339-343.

[32]张雪梅,周志俊.有机磷农药对心血管系统的损伤[J].环境与职业医学,2004,21(2):153-156.

[33]陈川,黄育北,刘雪鸥,等.中国5个地区45～65岁女性吸烟及被动吸烟现况分析[J].中华流行病学杂志,35(7):797-801.

［34］林在生，王恺，林少凯，等. PM₂.₅对小学生肺功能影响的调查研究［J］. 中国预防医学杂志，2019,20(12)：1167-1170.

［35］李艳辉，宋德彪，胡家昌，等. 急性有机磷农药中毒致呼吸衰竭相关临床因素的探讨［J］. 中国急救医学，2007,27(6)：489-491.

［36］叶俏. 肺损伤剂的毒理学机制及中毒救治［J］. 中国药理学与毒理学杂志，2016,30(12)：1424-1430.

［37］程世祥，莫其鸿，何汉松. 办公室噪声对人群健康的影响［J］. 环境与健康杂志，2000,17(3)：154-155.

［38］吴铭权. 室内噪声的危害与控制［J］. 环境与健康杂志，2006,23(2)：189-192.

［39］张恒，周梅，毛玉明，等. 工业稳态噪声对职业工人神经内分泌系统影响的探讨［J］. 昆明医学院学报，2010,31(2)：12-15,19.

［40］胡怡秀，刘家驹，张振凯，等. 噪声对大白鼠尿中香草基扁桃酸（VMA）含量的影响［J］. 工业卫生与职业病，1988,14(1)：51-52.

［41］麦卫华，郭永谊，苏广校，等. 噪声作业工人职业健康检查结果分析［J］. 工业卫生与职业病，2014,40(5)：395-396.

［42］蒋斌，郭集军，郑玲玲，等. 职业性噪声接触与代谢综合征关系分析［J］. 中国职业医学，2017,44(4)：518-20.

［43］李雪，王朝阳，范红敏，等. 高温和噪声与571名某钢轧厂工人代谢综合征的关系研究［J］. 卫生研究，2015,44(1)：77-81,90.

［44］胡迎芬. 噪声对人体某些营养素代谢的影响研究［J］. 青岛大学学报（自然科学版），1999,12(2)：61-63.

［45］曾科，牛挺. 电离辐射的危害及放射线检查的健康风险［J］. 华西医学，2011,26(12)：1814-1817.

［46］龚守良，尉军，徐桂珍，等. 大剂量X射线头部和全身照射后神经内分泌功能的变化［J］. 中国病理生理杂志，1994,10(6)：603-606.

［47］乔梵，姚雪婷，冀培刚. 电离辐射对大鼠脑组织代谢物影响的初步研究［J］. 临床医学研究与实践，2018,3(20)：6-8.

［48］辛元尧，年永琼，李向阳. 辐射影响细胞色素P450的研究进展［J］. 药学研究，2019,38(5)：280-285.

［49］乔一杰，辛元尧，周雪姣，等. 辐射影响药物代谢的研究进展［J］. 药学学报，2017,52(6)：871-878.

［50］任仁.《斯德哥尔摩公约》禁用的12种持久性有机污染物［J］. 大学化学，2003,

18(3):37-41.

[51]张金良,王舜钦.中国DDT污染及毒性研究现况和分析[C]//上海市疾病预防控制中心.第四届环境与职业医学国际学术研讨会论文集,环境与职业医学,2006:568-572.

[52]李孟楠,雷磊,刘欣.DDT毒性及毒理机制的研究进展[J].绿色科技,2011(10):114-116.

[53]李书书,王稀琛,杨璐,等.有机氯农药与脂联素基因交互作用对2型糖尿病患病的影响[C]//中国毒理学会,湖北省科学技术协会.中国毒理学会第七次全国毒理学大会暨第八届湖北科技论坛论文集,2015:36.

[54]李敏嫣,黄德寅,刘茂.母乳中2,3,7,8-四氯二苯并二噁英对婴儿的健康风险影响评价[C]//中国职业安全健康协会.中国职业安全健康协会学术年会,2011:458-466.

[55]方丽,刘斌,吴克,等.一株多氯联苯降解菌株分离及其的酶学性质初步研究[C]//广东省生物工程药物重点实验室,基因工程药物国家工程研究中心,中国微生物学会酶工程专业委员会.第八届中国酶工程学术研讨会论文集,2011:76-78.

[56]蒋可,陈荣莉,王极德,等.PCB残留物的"各峰和"定量法[J].环境工程学报,1982,3(5):29-35.

[57]段小丽,赵振华,丁中华,等.大同市居民尿中1-羟基芘的十年变化趋势[J].中国环境监测,2003,19(5):51-53.

[58]刘金林,胡建英,万祎,等.海河流域和渤海湾沉积物和水样中五氯酚的分布[J].环境化学,2006,25(5):539-542.

[59]许文青,樊柏林,陈明,等.五氯苯酚和五氯苯酚钠毒性作用研究进展[J].中国药理学与毒理学杂志,2011,25(6):596-600.

[60]刘莉,陈涵一,姚国英,等.五氯酚的甲状腺干扰效应[J].中华预防医学杂志,2010,44(4):334-339.

[61]张吉洋,耿世彬.我国大气环境$PM_{2.5}$来源、分布、危害现状分析[J].洁净与空调技术,2014(1):45-50.

[62]赵太云,王倩,李绵阳,等.短期内空气质量改变对健康青年生物学指标的影响[J].中国优生与遗传杂志,2009,17(7):8-10,25.

[63]牛草草,于鹏鑫,丁世彬,等.空气污染与糖尿病的关系研究进展[J].新乡医学院学报,2018,35(7):641-645.

[64]陈兴兴,刘敏,陈滢.淡水环境中微塑料污染的研究进展[J].化工进展,2020,39(8):1-13.

[65]孙承君,蒋凤华,李景喜,等.海洋中微塑料的来源、分布及生态环境影响研究进展[J].海洋科学进展,2016,34(4):449-61.

[66]齐宗利,张瑜庆,胡军.病毒感染与Ⅰ型糖尿病[J].生命的化学,2016,36(1):45-49.

[67]李梨平,覃亚斌,祝兴元,等.婴幼儿巨细胞病毒感染器官损害与基因型[J].中国感染控制杂志,2013,12(2):81-87.

[68]张君,江晓静.巨细胞病毒感染与糖尿病发病机制研究进展[J].中国感染控制杂志,2016,15(1):68-72.

[69]张冬冬,张军.小肠结肠炎耶尔森氏菌与Graves病[J].中国医药导刊,2012,14(2):2.

[70]赵家军,高聆.Graves病患者与肠道细菌感染的关系及抗生素的应用[J].山东医药,1999,39(6):213-214.

[71]陈春荣,赵家军,许曼音.小肠结肠炎耶尔森氏菌致Graves′病作用的实验研究[J].中华内分泌代谢杂志,1998,(3):159-162.

[72]曹磊.某输水隧洞作业人员氡累积暴露量与致肺癌关系的初步研究[J].中国辐射卫生,2017,26(4):461-463.

[73]曹霞飞,曹智丽,郑翔,等.甲醛致胎鼠肝微核率及染色体畸变的研究[J].卫生研究,2009,38(6):667-671.

[74]陈英.辐射所致DNA损伤与肿瘤风险[J].癌变·畸变·突变,2011,23(6):473-475.

[75]杜晖,程明亮.高砷煤所致皮肤角化继发皮肤癌的观察[J].中国地方病学杂志,2000,19(1):60-61.

[76]段佳丽,吕若然,赵海,等.北京市2008—2014年大中学生烟草使用行为[J].中国学校卫生,2016,37(7):968-972.

[77]黄艳平,韩建文,孙志强,等.慢性砷中毒伴多发皮肤恶性肿瘤一例[J].中国麻风皮肤病杂志,2017,33(9):535-535.

[78]雷淑洁,李小亮,张守志,等.我国居民室内钍射气(^{220}Rn)的水平[J].中国辐射卫生,2017,26(6),740-744.

[79]李景刚,蒋正杰,刘辉,等.电磁辐射对相关特种作业人员健康的影响及防护研究进展[J].转化医学电子杂志,2018,5(3):17-23.

[80]梁瑞峰,原福胜,白剑英,等.甲醛吸入对小鼠免疫系统毒性作用[J].中国公共卫生,2007,23(6):734-735.

[81]刘伟,郭重山,林蓉,等. 广州市 2008 及 2013 年青少年吸烟和饮酒行为比较[J]. 中国学校卫生,2015,36(6):834-836.

[82]王小玲,原福胜,张志红,等. 甲醛吸入对小鼠学习记忆能力的影响[J]. 环境与健康杂志,2008,25(5):400-402.

[83]辛崇萍,戴寿桂,孙中友,等. 江苏省 2008 年与 2005 年青少年吸烟行为比较[J]. 中国学校卫生,2010,31(5):595-597.

[84]杨丹凤,袭著革,张华山,等. 甲醛吸入染毒致大鼠多组织器官氧化损伤效应研究[J]. 环境科学学报,2004,24(1):174-176.

[85]杨明杰. 微核实验的分子生物学研究进展[J]. 癌变·畸变·突变,2000,12(4):237-241.

[86]杨焱,南奕,屠梦吴,等.《2015 中国成人烟草调查报告》概要[J]. 中华健康管理学杂志,2016,10(2):85-87.

[87]曾子尧. 紫外线与皮肤癌[J]. 中国科技纵横 2019,2(1),167-168.

[88]周晴,席淑华. 饮水砷暴露与肿瘤相关性的 Meta 分析[J]. 中华地方病学杂志. 2018,37(2):155-158.

[89]邹小农,贾漫漫,王鑫,等. 中国肺癌和烟草流行及控烟现状[J]. 中国肺癌杂志,2017,20(8):505-510.

[90]庄振宏,张峰,李燕云,等. 黄曲霉毒素致癌机理的研究进展[J]. 湖北农业科学,2011,50(8):20-23.

[91]滕卫平. 普遍食盐碘化与甲状腺功能亢进症[J]. 中华内分泌代谢杂志,2000,16(3):137-138.

[92]苏晓辉,张志毅,孙殿军,等. 2005 年全国碘缺乏病监测资料汇总分析[J]. 中华地方病学杂志,2007,26(1):67-69.

[93]陈祖培. 尿碘的测定及其临床意义[J]. 中国地方病学杂志,1997(1):37-39.

[94]陈祖培,阎玉芹. 碘的膳食参考摄入量[J]. 中华内分泌代谢杂志,2005,(2):188-192.

[95]张思维,陈万青,孔灵芝,等. 中国部分市县 2003 年恶性肿瘤发病年度报告[J]. 中国肿瘤,2007,16(7):494-507.

[96]李红. 室内空气污染物与儿童哮喘相关关系的研究[D]. 北京:中国疾病预防控制中心,2009.

[97]张晶晶. 早产和低出生体重的影响因素研究[D]. 兰州:兰州大学,2013.

[98]陈望军. 噪声污染对大鼠神经内分泌系统的影响[D]. 兰州:甘肃政法学

院,2019.

[99]梁骏华. 二氯二苯三氯乙烷(DDT)对神经系统氧化—抗氧化系统的影响及抗氧化剂 tBHQ 的干预作用[D]. 武汉:华中科技大学,2006.

[100]严茂胜. PCB153、P,P'-DDE 单独及联合对新生期大鼠甲状腺激素的干扰作用及机制探讨[D]. 武汉:华中科技大学,2013.

[101]何金铜. 铸造工人 PCDD/Fs 暴露水平与氧化损伤关联分析[D]. 武汉:华中科技大学,2016.

[102]张杭君,蒋晓军,王佳,等. 一种能高效降解多氯联苯的念珠藻及其应用:CN103834566B[P]. 2016.

[103]黄苑. PCB118 和 4-OH-CB107 对 GT1-7 细胞分泌 GnRH 的影响及机制研究[D]. 北京:中国农业科学院,2019.

[104]王芳. 苯并[a]芘对神经行为功能的影响及与脂质过氧化关系的研究[D]. 太原:山西医科大学,2006.

[105]张明. $PM_{2.5}$ 对大鼠甲状腺 PI3K/AKT 信号通路的影响及其机制研究[D]. 新乡:新乡医学院,2018.

[106]寇璐璐. 不同浓度 PM2.5 对大鼠凝血纤溶系统的影响[D]. 石家庄:河北医科大学,2013.

[107]罗文雅. 长三角地区不同水域环境中微塑料污染特征研究[D]. 上海:华东师范大学,2019.

[108]魏玉梅. 二甲基甲酰胺(DMF)人群暴露评估及其健康风险的研究[D]. 杭州:浙江大学,2011.

[109]王磊. 内质网应激在二甲基甲酰胺致小鼠肝脏损伤中的作用及机制[D]. 北京:中国疾病预防控制中心,2019.

[110]庞晓倩. 环境激素五氯酚(PCP)的荧光定量 PCR 检测研究[D]. 上海:东华大学,2009.

[111]CALABRESE E J. Overcompensation stimulation:a mechanism for hormetic effects[J]. Critical reviews in toxicology,2001,31(4-5):425-470.

[112] QU Q,SHORE R,LI G,et al. Hematological changes among Chinese workers with a broad range of benzene exposures[J]. Am J Ind Med,2002,42(4):275-285.

[113] ADAR S D,FILIGRANA P A,Clements N ,et al. Ambient Coarse Particulate Matter and Human Health:A Systematic Review and Meta-Analysis. Curr

Environ Health Rep,2014,1(3),258-274.

[114]ARGACHA J F,COLLART P,Wauters A,et al. Air pollution and ST-elevation myocardial infarction:A case-crossover study of the Belgian STEMI registry 2009—2013[J]. International Journal of Cardiology,2016,15(223):300-305.

[115]ATKINSON R W,BUTLAND B K,DIMITROULOPOULOU C,et al. Long-term exposure to ambient ozone and mortality:a quantitative systematic review and meta-analysis of evidence from cohort studies[J]. BMJ Open,2016,6(2):e009493.

[116] BARTOIL C R, WELLENIUS G A, COULL B A, ET AL. CONCENTRATED AMBIENT PARTICLES ALTER MYOCARDIAL BLOOD FLOW DURING ACUTE ISCHEMIA IN CONSCIOUS CANINES[J]. ENVIRONMENTAL HEALTH PERSPECTIVES,2009,117(3):333-337.

[117]BEELEN R,RAASCHOU-NIELSEN O,STAFOGGIA M,et al. Effects of long-term exposure to air pollution on natural-cause mortality:an analysis of 22 European cohorts within the multicentre ESCAPE project. Lancet,2014,383(9919):785-795.

[118] CESARONI G, FORASTIERE F, STAFOGGIA M, et al. Long term exposure to ambient air pollution and incidence of acute coronary events:prospective cohort study and meta-analysis in 11 European cohorts from the ESCAPE Project[J]. BMJ,2014,348:f7412.

[119]COSSELMAN K E,NAVAS-ACIEN A,KAUFMAN J D. Environmental factors in cardiovascular disease. Nat Rev Cardiol,2015,12(11),627-642.

[120]GARDNER B,LING F,HOPKE P K,et al. Ambient fine particulate air pollution triggers ST-elevation myocardial infarction,but not non-ST elevation myocardial infarction:a case-crossover study[J]. Particle and Fibre Toxicology,2014,11(1):1.

[121]HART,JAIME E,CHIUVE,et al. Roadway Proximity and Risk of Sudden Cardiac Death in Women[J]. Circulation,2014,130(17):1474-1482.

[122]MILLS I C,ATKINSON R W,KANG S,et al. Quantitative systematic review of the associations between short-term exposure to nitrogen dioxide and mortality and hospital admissions[J]. BMJ Open,2015,5(5):e006946.

[123]THOMAS,MÜNZEL,TOMMASO,et al. Effects of gaseous and solid constituents of air pollution on endothelial function[J]. European heart journal,2018,39(38):3543-3550.

[124]PUN V C,YU T S,HO K F,et al. Differential Effects of Source-Specific Par-

ticulate Matter on Emergency Hospitalizations for Ischemic Heart Disease in Hong Kong[J]. Environ Health Perspect,2014,122(4):391-396.

[125] AURIBA R, TOM B, GETAHUN B B, et al. Short-term effects of air pollution on out-of-hospital cardiac arrest in Stockholm[J]. European Heart Journal, 2014,35(13):861-868.

[126]SHAH A S V,LEE K K,MCALLISTER D A,et al. Short term exposure to air pollution and stroke: systematic review and meta-analysis [J]. BMJ, 2015, 350 (8001):12.

[127]XIE W,GANG L,ZHAO D,et al. Relationship between fine particulate air pollution and ischaemic heart disease morbidity and mortality[J]. Heart,2015,101(4): 257-263.

[128]YORIFUJI T,SUZUKI E,KASHIMA S. Cardiovascular emergency hospital visits and hourly changes in air pollution[J]. Stroke,2014,45(5):1264-1268.

[129]ZHANG L,CHEN X,XUE X,et al. Long-term exposure to high particulate matter pollution and cardiovascular mortality: a 12-year cohort study in four cities in northern China[J]. EnvironmentInternational,2014,62(Jan):41-47.

[130]MSB PEÑA,ROLLINS A. Environmental Exposures and Cardiovascular Disease: A Challenge for Health and Development in Low and Middle-Income Countries[J]. Cardiology Clinics,2017,35(1):71.

[131]RAJIV C,ANNA R,LM O'KEEFFE,et al. Environmental toxic metal contaminants and risk of cardiovascular disease: systematic review and meta-analysis[J]. BMJ Clinical Research,2018,362:k3310.

[132]EMMANUEL,OBENG-GYASI. Lead Exposure and Oxidative Stress: A Life Course Approach in U. S. Adults[J]. Toxics,2018,6(3):42.

[133] OBENG-GYASI E. Cholesterol and Oxidative Stress in U. S. Pregnant Women Exposed to Lead[J]. Medical Sciences,2019,7(3):42.

[134]THOSAR,SAURABH S,BUTLER,et al. Role of the circadian system in cardiovascular disease[J]. The Journal of Clinical Investigation: The Official Journal of the American Society for Clinical Investigation,2018,128(6),2157-2167.

[135]VOIGT R M,FORSYTH C B,GREEN S J,et al. Circadian rhythm and the gut microbiome[J]. International review of neurobiology,2016,131:193-205.

[136]MENSAH G A,WEI G S,SORLIE P D,et al. Decline in cardiovascular mor-

tality:possible causes and implications[J]. Circulation research,2017,120(2):366-380.

[137]REN J,GUO X L,LU Z L,et al. Ideal cardiovascular health status and its association with socioeconomic factors in Chinese adults in Shandong, China[J]. BMC Public Health,2016,16(1):1-7.

[138]BHATNAGAR A. Environmental determinants of cardiovascular disease[J]. Circulation research,2017,121(2):162-180.

[139] BURTSCHER M. Effects of living at higher altitudes on mortality: a narrative review[J]. Aging and disease,2014,5(4):274-280.

[140]DADVAND P,BARTOLL X,BASAGAÑA X,et al. Green spaces and general health:roles of mental health status,social support,and physical activity[J]. Environment international,2016,91:161-167.

[141]GASCON M, TRIGUERO-MAS M,MARTÍNEZ D,et al. Residential green spaces and mortality: a systematic review[J]. Environment International, 2016, 86: 60-67.

[142]JAMES P,BANAY R F,Hart J E,et al. A review of the health benefits of greenness[J]. Current epidemiology reports,2015,2(2):131-142.

[143]JOO W,LEE C J,OH J,et al. The association between social network betweenness and coronary calcium:A baseline study of patients with a high risk of cardiovascular disease[J]. Journal of atherosclerosis and thrombosis,2018,25(2),131-141.

[144]LACHOWYCZ K,JONES A P. Towards a better understanding of the relationship between greenspace and health:Development of a theoretical framework[J]. Landscape and Urban Planning,2013,118:62-69.

[145]LENG H,LI S,YAN S,et al. Exploring the relationship between green space in a neighbourhood and cardiovascular health in the winter city of China:A study using a health survey for harbin[J]. International journal of environmental research and public health,2020,17(2):513.

[146]SHANAHAN D F,LIN B B,BUSH R,et al. Toward improved public health outcomes from urban nature[J]. American journal of public health, 2015, 105 (3): 470-477.

[147]WANG H,DAI X,WU J,et al. Influence of urban green open space on residents' physical activity in China[J]. BMC Public Health,2019,19(1):1-12.

[148] WILKER E H, WU C D, Mcneely E, et al. Green space and mortality

following ischemic stroke[J]. Environmental Research,2014,133:42-48.

[149]Wolf K L,Robbins A. Metro Nature,Environmental Health,and Economic Value[J]. Environmental Health Perspectives,2015,123(5),390-398.

[150]CLAUDEL S E,ADU-BRIMPONG J,BANKS A,et al. Association between neighborhood-level socioeconomic deprivation and incident hypertension:A longitudinal analysis of data from the Dallas heart study[J]. American heart journal,2018,204:109-118.

[151]VAN DEN BERGH B R H,VAN DEN HEUVEL M I,LAHTI M,et al. Prenatal developmental origins of behavior and mental health:The influence of maternal stress in pregnancy[J]. Neuroscience & Biobehavioral Reviews,2020,117:26-64.

[152]CARTER E,ARCHER-NICHOLLS S,NI K,et al. Seasonal and diurnal air pollution from residential cooking and space heating in the Eastern Tibetan Plateau[J]. Environmental science & technology,2016,50(15):8353-8361.

[153]DIEZ-ROUX A V,NIETO F J,MUNTANER C,et al. Neighborhood environments and coronary heart disease:A multilevel analysis[J]. American journal of epidemiology,2017,185(11):1187-1202.

[154]PETERS A,MCEWEN B S. Introduction for the allostatic load special issue[J]. Physiol Behav,2012,106(1),1-4.

[155]GELDENHUYS S,HART P H,ENDERSBY R,et al. Ultraviolet radiation suppresses obesity and symptoms of metabolic syndrome independently of vitamin D in mice fed a high-fat diet[J]. Diabetes,2014,63(11):3759-3769.

[156]LINDQVIST P G,EPSTEIN E,NIELSEN K,et al. Avoidance of sun exposure as a risk factor for major causes of death:a competing risk analysis of the Melanoma in Southern Sweden cohort[J]. Journal of internal medicine,2016,280(4):375-387.

[157]MANSON J A E,COOK N R,LEE I M,et al. Vitamin D supplements and prevention of cancer and cardiovascular disease[J]. New England Journal of Medicine,2019,380(1):33-44.

[158]ZHANG Y,FANG F,TANG J,et al. Association between vitamin D supplementation and mortality:systematic review and meta-analysis[J]. BMJ,2019,366:l4673.

[159]BABISCH,WOLFGANG. Updated exposure-response relationship between road traffic noise and coronary heart diseases:A meta-analysis[J]. Noise and Health,

2014,16(68):1-9.

[160]FUKS K B,GUDRUN W,XAVIER B,et al. Long-term exposure to ambient air pollution and traffic noise and incident hypertension in seven cohorts of the European study of cohorts for air pollution effects (ESCAPE)[J]. European Heart Journal, 2017(13):983-990.

[161]OMAR,HAHAD,SWENJA,et al. The Cardiovascular Effects of Noise[J]. Deutsches Arzteblatt international,2019,116(14):245-250.

[162]HALONEN J I,HANSELL A L,GULLIVER J,et al. Road traffic noise is associated with increased cardiovascular morbidity and mortality and all-cause mortality in London[J]. European heart journal,2015,36(39):2653-2661.

[163]VAN KEMPEN E,CASAS M,PERSHAGEN G,et al. WHO environmental noise guidelines for the European region：a systematic review on environmental noise and cardiovascular and metabolic effects：a summary[J]. International journal of environmental research and public health,2018,15(2):379.

[164]STANSFELD S A. Noise effects on health in the context of air pollution exposure[J]. International journal of environmental research and public health, 2015, 12(10):12735-12760.

[165]VIENNEAU D,SCHINDLER C,PEREZ L,et al. The relationship between transportation noise exposure and ischemic heart disease：a meta-analysis[J]. Environmental research,2015,138:372-380.

[166]GANDHI S K, RICH D Q, OHMAN-STRICKLAND P A, et al. Plasma nitrite is an indicator of acute changes in ambient air pollutant concentrations[J]. Inhalation toxicology,2014,26(7):426-434.

[167]LEE M S,EUM K D,FANG S C,et al. Oxidative stress and systemic inflammation as modifiers of cardiac autonomic responses to particulate air pollution[J]. International journal of cardiology,2014,176(1):166-170.

[168]MONTEZANO A C,TOUYZ R M. Reactive oxygen species,vascular Noxs, and hypertension：focus on translational and clinical research[J]. Antioxidants & redox signaling,2014,20(1):164-182.

[169]RÜCKERL R,HAMPEL R,BREITNER S,et al. Associations between ambient air pollution and blood markers of inflammation and coagulation/fibrinolysis in susceptible populations[J]. Environment international,2014,70:32-49.

[170]ANDERSON G B, DOMINICI F, YUN W, et al. Heat-related Emergency Hospitalizations for Respiratory Diseases in the Medicare Population[J]. American Journal of Respiratory & Critical Care Medicine,2013,187(10):1098-1103.

[171] DO ÅSTRÖM, FORSBERG B, J ROCKLÖV. Heat wave impact on morbidity and mortality in the elderly population:A review of recent studies[J]. Maturitas,2011,69(2):99-105.

[172]BASU R,SAMET D. Temperature and mortality among the elderly in the United States:a comparison of epidemiologic methods[J]. Epidemiology,2005,16(1):58-66.

[173]BUNKER A,WILDENHAIN J,VANDENBERGH A,et al. Effects of air temperature on climate-sensitive mortality and morbidity outcomes in the elderly:a systematic review and meta-analysis of epidemiological evidence[J]. EBioMedicine,2016,6:258-268.

[174]DONALDSON G C,SEEMUNGAL T, JEFFRIES D J,et al. Effect of temperature on lung function and symptoms in chronic obstructive pulmonary disease[J]. European Respiratory Journal,1999,13(4):844-849.

[175]LIN S,LUO M,WALKER R J,et al. Extreme high temperatures and hospital admissions for respiratory and cardiovascular diseases [J]. Epidemiology, 2009, 20(5):738.

[176]SCHWARTZ J. Who is sensitive to extremes of temperature?:A case-only analysis[J]. Epidemiology,2005,16(1):67-72.

[177]TSENG C M, CHEN Y T, OU S M,et al. Theeffect of cold temperature on increased exacerbation of chronic obstructive pulmonary disease:a nationwide study[J]. PLOS ONE, 8(3): e57066.

[178]ANALITIS A, KATSOUYANNI K, BACCINI M,et al. Effects of Cold Weather on Mortality:Results From 16 European Cities Within the PHEWE Project[J]. Epidemiology,2006,17(6):585.

[179]LEITTE A M,PETRESCU C,FRANCK U,et al. Respiratory health,effects of ambient air pollution and its modification by air humidity in Drobeta-Turnu Severin, Romania[J]. Science of the Total Environment,2009,407(13):4004-4011.

[180]NEVALAINEN J,PEKKANEN J. The effect of particulate air pollution on life expectancy[J]. Science of the total environment,1998,217(1-2):137-141.

[181]BRUCE N，DHERANI M，LIU R，et al. Does household use of biomass fuel cause lung cancer? A systematic review and evaluation of the evidence for the GBD 2010 study[J]. Thorax,2015,70(5):433-441.

[182] SARAH C，DAVID V R，CHEN H，et al. Evidence ofbiomass smoke exposure as a causative factor for the Development of COPD[J]. Toxics,2017,5(4):36.

[183]EAPEN M S，MYERS S，WALTERS E H，et al. Airway inflammation in chronic obstructive pulmonary disease (COPD):a true paradox[J]. Expert Review of Respiratory Medicine,2017,11(10):827-839.

[184]FITZMAURICE C,DICKER D,PAIN A,et al. The global burden of cancer 2013[J]. JAMA oncology,2015,1(4):505-527.

[185]FOROUZANFAR M H，AFSHIN A，ALEXANDER L T，et al. Global,regional,and national comparative risk assessment of 79 behavioural,environmental and occupational,and metabolic risks or clusters of risks,1990—2015:a systematic analysis for the Global Burden of Disease Study 2015 [J]. The lancet, 2016, 388 (10053):1659-1724.

[186]KURMI O P，ARYA P H，LAM K，et al. Lung cancer risk and solid fuel smoke exposure:a systematic review and meta-analysis[J]. European Respiratory Journal,2012,40(5):1228-1237.

[187]LIN H H,SUK C W,LO H L,et al. Indoor air pollution from solid fuel and tuberculosis:a systematic review and meta-analysis[J]. The International journal of tuberculosis and lung disease,2014,18(5):613-621.

[188] MCINTYRE A，GANTI A K. Lung cance——a global perspective [J]. Journal of surgical oncology,2017,115(5):550-554.

[189]MIELE C H,JAGANATH D,MIRANDA J J,et al. Urbanization and daily exposure to biomass fuel smoke both contribute to chronic bronchitis risk in a population with low prevalence of daily tobacco smoking[J]. COPD:Journal of Chronic Obstructive Pulmonary Disease,2016,13(2):186-195.

[190]QUANSAH R,SEMPLE S,OCHIENG C A,et al. Effectiveness of interventions to reduce household air pollution and/or improve health in homes using solid fuel in low-and-middle income countries:A systematic review and meta-analysis[J]. Environment International,2017,103:73-90.

[191]SIDDHARTHAN T,GRIGSBY M R,GOODMAN D,et al. Association Be-

tween Household Air Pollution Exposure and Chronic Obstructive Pulmonary Disease Outcomes in 13 Low- and Middle-income Country Settings[J]. American journal of respiratory and critical care medicine,2018,197(5):611-620.

[192]SMITH K R,MCCRACKEN J P,WEBER M W,et al. Effect of reduction in household air pollution on childhood pneumonia in Guatemala (RESPIRE): a randomised controlled trial[J]. The Lancet,2011,378(9804):1717-1726.

[193]VOGELMEIER C F, CRINER G J, MARTINEZ F J,et al. Global Strategy for the Diagnosis,Management,and Prevention of Chronic Obstructive Lung Disease 2017 Report. GOLD Executive Summary[J]. American Journal of Respiratory and Critical Care Medicine,2017,195(5):557-582.

[194]YAMAMOTO S S,YACYSHYN E,JHANGRI G S,et al. Household air pollution and arthritis in low-and middle-income countries:Cross-sectional evidence from the World Health Organization's study on Global Ageing and Adult Health[J]. Plos one,2019,14(12):e0226738.

[195]BRUCE N,DHERANI M,LIU R,et al. Does household use of biomass fuel cause lung cancer? A systematic review and evaluation of the evidence for the GBD 2010 study[J]. Thorax,2015,70(5):433-441.

[196]EISNER,M D. Exposure to indoor combustion and adult asthma outcomes: environmental tobacco smoke, gas stoves, and woodsmoke [J]. Thorax, 2002, 57(11):973.

[197]FABER T, BEEN J V, REISS I K,et al. Smoke-free legislation and child health[J]. npj Primary Care Respiratory Medicine,2016,26(1):16067.

[198]STANAWAY J D,AFSHIN A,GAKIDOU E,et al. Global,regional,and national comparative risk assessment of 84 behavioural,environmental and occupational,and metabolic risks or clusters of risks for 195 countries and territories,1990—2017:a systematic analysis for the Global Burden of Disease Study 2017[J]. The Lancet,2018, 392(10159):1923-1994.

[199] GREER J R, ABBEY D E, BURCHETTE R J. Asthma related to occupational and ambient air pollutants in nonsmokers[J]. Journal of Occupational & Environmental Medicine,1993,35(9):909-915.

[200]GUAN W J,ZHENG X Y,CHUNG K F,et al. Impact of air pollution on the burden of chronic respiratory diseases in China:time for urgent action[J]. The Lancet,

2016,388(10054):1939-1951.

[201]KINGE B A, MIRZA S A, Babb S D. A cross-country comparison of second-hand smoke exposure among adults: findings from the Global Adult Tobacco Survey (GATS)[J]. Tobacco Control,2013,22(4):e5.

[202]LEUENBERGER P, SCHWARTZ J, ACKERMANN-LIEBRICH U,et al. Passive smoking exposure in adults and chronic respiratory symptoms (SAPALDIA Study). Swiss Study on Air Pollution and Lung Diseases in Adults, SAPALDIA Team[J]. American Journal of Respiratory & Critical Care Medicine, 1994, 150 (5):1222.

[203]MAKADIA L D,ROPER P J,ANDREWS J O,et al. Tobaccouse and smoke exposure in children: new trends,harm,and srategies to improve health outcomes[J]. Current Allergy & Asthma Reports,2017,17(8):55.

[204]PEACOCK A,LEUNG J,LARNEY S,et al. Global statistics on alcohol,tobacco and illicit drug use:2017 status report[J]. Addiction,2018,113(10):1905-1926.

[205]VANKER A,GIE R P,ZAR H J. The association between environmental tobacco smoke exposure and childhood respiratory disease:a review[J]. Expert review of respiratory medicine,2017,11(8):661-673.

[206]BEELEN R,HOEK G,VAN DEN BRANDT P A,et al. Long-term effects of traffic-related air pollution on mortality in a Dutch cohort (NLCS-AIR study)[J]. Environmental health perspectives,2008,116(2):196-202.

[207]CAO L M,ZHOU Y,ZHANG Z,et al. Impacts of airborne particulate matter and its components on respiratory system health[J]. Zhonghua yu Fang yi xue za zhi [Chinese Journal of Preventive Medicine],2016,50(12):1114-1118.

[208]DONG G H,ZHANG P,SUN B,et al. Long-term exposure to ambient air pollution and respiratory disease mortality in Shenyang,China: a 12-year population-based retrospective cohort study[J]. Respiration,2012,84(5):360-368.

[209]FUERTES E,BRACHER J,FLEXEDER C,et al. Long-term air pollution exposure and lung function in 15 year-old adolescents living in an urban and rural area in Germany:the GINIplus and LISAplus cohorts[J]. International journal of hygiene and environmental health,2015,218(7):656-665.

[210]GAO H,WANG K,W AU W,et al. A systematic review and meta-analysis of short-term ambient ozone exposure and COPD hospitalizations[J]. International journal

of environmental research and public health,2020,17(6):2130.

[211]HALES S,BLAKELY T,WOODWARD A. Air pollution and mortality in New Zealand:cohort study[J]. J Epidemiol Community Health,2012,66(5):468-473.

[212]HOEK G,KRISHNAN R M,BEELEN R,et al. Long-term air pollution exposure and cardio- Respiratory mortality:A review[J]. Environmental Health,2013,12(1):43.

[213]KO F W S,TAM W,WONG T W,et al. Temporal relationship between air pollutants and hospital admissions for chronic obstructive pulmonary disease in Hong Kong[J]. Thorax,2007,62(9):780-785.

[214] KO F,TAM W,WONG T W,et al. Effects of air pollution on asthma hospitalization rates in different age groups in Hong Kong[J]. Clinical & Experimental Allergy,2010,37(9):1312-1319.

[215]NAFSTAD P,HÅHEIM L L,WISLØFF T,et al. Urban air pollution and mortality in a cohort of Norwegian men[J]. Environmental health perspectives,2004,112(5):610-615.

[216]RICE M B,LJUNGMAN P L,WILKER E H,et al. Short-term exposure to air pollution and lung function in the Framingham Heart Study[J]. American journal of respiratory and critical care medicine,2013,188(11):1351-1357.

[217]SCHRAUFNAGEL D E,BALMES J R,COWL C T,et al. Air pollution and noncommunicable diseases:A review by the Forum of International Respiratory Societies' Environmental Committee,Part 2:Air pollution and organ systems[J]. Chest,2019,155(2):417-426.

[218]TZIVIAN L. Outdoor air pollution and asthma in children[J]. Journal of Asthma,2011,48(5):470-481.

[219]URMAN R,MCCONNELL R,ISLAM T,et al. Associations of children's lung function with ambient air pollution:joint effects of regional and near-roadway pollutants[J]. Thorax,2014,69(6):540-547.

[220] ZHANG J,MAUZERALL D L,ZHU T,et al. Environmental health in China:progress towards clean air and safe water[J]. The lancet,2010,375(9720):1110-1119.

[221]HULSE E J,CLUTTON R E,DRUMMOND G,et al. Translational toxicological research:investigating and preventing acute lung injury in organophosphorus in-

secticide poisoning[J]. Journal of the Royal Army Medical Corps,2014,160(2): 191-192.

[222]MEKONNEN Y, AGONAFIR T. Lung function and respiratory symptoms of pesticide sprayers in state farms of Ethiopia[J]. Ethiop Med J,2004,42(4):261-266.

[223]MESSNER B,KNOFLACH M,SEUBERT A,et al. Cadmium is a novel and independent risk factor for early atherosclerosis mechanisms and in vivo relevance[J]. Arteriosclerosis,thrombosis,and vascular biology,2009,29(9):1392-1398.

[224]TELLEZ-PLAZA M,JONES M R,DOMINGUEZ-LUCAS A,et al. Cadmium exposure and clinical cardiovascular disease:a systematic review[J]. Curr Atheroscler Rep,2013,15(10):356.

[225]XU S,LIU W,S.T. Emission of polycyclic aromatic hydrocarbons in china [J]. Environmental Science & Technology,2006,40(3):702-708.

[226]MUMFORD J. L,HE X. Z,AL. C R S E. Lung cancer and indoor air pollution in Xuan Wei,China[J]. Science,1987,235:217-220.

[227]BOZLAKER A,MUEZZINOGLU A,ODABASI M. Atmospheric concentrations,dry deposition and air-soil exchange of polycyclic aromatic hydrocarbons (PAHs) in an industrial region in Turkey[J]. Journal of Hazardous Materials,2007,153(3): 1093-1102.

[228]SHEU H L,LEE W J. Particle size distributions of PAH content on the dry deposition materials[J]. Journal of Aerosol Science,1997,28:5587-5588.

[229]M. J G,VANROOIJ,M. M,et al. Estimation of Individual Dermal and Respiratory Uptake of Polycyclic Aromatic Hydrocarbons in 12 Coke Oven Workers[J]. British Journal of Industrial Medicine,1993,50(7):623-632.

[230]A. R,WALKER S A,AL H D E. Bioavailability and risk assessment of orally ingested polycyclic aromatic hydrocarbons[J]. Internetional journal of toxicology,2004, 23(5):301-333.

[231]HOSEINI M,NABIZADEH R,DELGADO-SABORIT J M,et al. Environmental and lifestyle factors affecting exposure to polycyclic aromatic hydrocarbons in the general population in a Middle Eastern area[J]. Environmental Pollution,2018,240: 781-792.

[232]ANTONELLA BENA,MANUELA ORENGIA,ENNIO CADUM,et al. Biomonitoring and exposure assessment of people living near or working at an Italian waste

incinerator:methodology of the SPoTT study[J]. Environmental Monitoring and Assessment,2016,88 (11):1-11.

[233]THOMSON B,LAKE R,LILL R. The Contribution of Margarine to Cancer Risk from Polycyclic Aromatic Hydrocarbons in the New Zealand Diet[J]. Polycyclic Aromatic Compounds,2008,11(1-4):177-184.

[234]PERICO A,GOTTARDI M,BODDI V,et al. Assessment of exposure to polycyclic aromatic hydrocarbons in police in Florence,Italy,through personal air sampling and biological monitoring of the urinary metabolite 1-hydroxypyrene[J]. Archives of Environmental Health,2001,56(6):506.

[235]ZHANG Y,DONG S,WANG H,et al. Biological impact of environmental polycyclic aromatic hydrocarbons (ePAHs) as endocrine disruptors[J]. Environmental Pollution,2016,809-824.

[236]HUTCHEON D E,KANTROWITZ J,GELDER R,et al. Factors affecting plasma benzo[a]pyrene levels in environmental studies[J]. Environmental Research,1983,32(1):104-110.

[237]IRIGARAY P,OGIERV,JACQUENET S E A. Benzo[a] pyrene impairs β-adrenergic stimulation of adipose tissue lipolysis and causes weight gain in mice. A novel molecular mechanism of toxicity for a common food pollutant[J]. FEBS,2006,273(7):1362-1372.

[238]YU L Q,ZHAO G F,FENG M,et al. Chronic exposure to pentachlorophenol alters thyroid hormones and thyroid hormone pathway mRNAs in zebrafish[J]. Environmental Toxicology & Chemistry,2014,33(1):170-176.

[239]GUO Y,ZHANG Z,LIU L,et al. Occurrence and Profiles of Phthalates in Foodstuffs from China and Their Implications for Human Exposure[J]. Journal of Agricultural & Food Chemistry,2012,60(27):6913-6919.

[240] FREDERIKSEN H, AKSGLAEDE L, SORENSEN K, et al. Urinary excretion of phthalate metabolites in 129 healthy Danish children and adolescents:estimation of daily phthalate intake[J]. Environmental Research,2011,111(5):656-663.

[241]R PLANELLÓ, HERRERO O,JL MARTÍNEZ-GUITARTE,et al. Comparative effects of butyl benzyl phthalate (BBP) and di(2-ethylhexyl) phthalate (DEHP) on the aquatic larvae of Chironomus riparius based on gene expression assays related to the endocrine system,the stress response and ribosomes[J]. Aquatic Toxicology,2011,

105(1):62-70.

[242]KASAHARA E,SATO E F,MIYOSHI M,et al. Role of oxidative stress in germ cell apoptosis induced by di(2-ethylhexyl)phthalate[J]. The Biochemical journal, 2002,365(3):849-856.

[243] DESDOITS-LETHIMONIER C, ALBERT O, LE BIZEC B, et al. Human testis steroidogenesis is inhibited by phthalates[J]. Human Reproduction,2012,27(5): 1451-1459.

[244] ALAM M S, OHSAKO S, MATSUWAKI T, et al. Induction of spermatogenic cell apoptosis in prepubertal rat testes irrespective of testicular steroidogenesis:a possible estrogenic effect of di(n-butyl) phthalate[J]. Reproduction (Cambridge,England),2010,139(2):427-437.

[245]MANGALA PRIYA V,MAYILVANAN C,AKILAVALLI N,et al. Lactational exposure of phthalate impairs insulin signaling in the cardiac muscle of F1 female albino rats[J]. Cardiovascular toxicology,2014,14(1):10-20.

[246]GAYATHRI N S,DHANYA C R,INDU A R,et al. Changes in some hormones by low doses of di (2-ethyl hexyl) phthalate (DEHP),a commonly used plasticizer in PVC blood storage bags & medical tubing[J]. The Indian journal of medical research,2004,119(4):139-44.

[247]STAHLHUT R W,VAN WIJNGAARED E,DYE T D,et al. Concentrations of urinary phthalate metabolites are associated with increased waist circumference and insulin resistance in adult U.S. males[J]. Environmental health perspectives, 2007, 115(6):876-82.

[248]SVENSSON K, HERNÁNDEZ-RAMÍREZ R U,BURGUETE-GARCÍA A, et al. Phthalate exposure associated with self-reported diabetes among Mexican women[J]. Environmental Research,2011,111(6):792-796.

[249] GUALTIERI M, ØVREVIK J, MOLLERUP S, et al. Airborne urban particles (Milan winter-$PM_{2.5}$) cause mitotic arrest and cell death:Effects on DNA,mitochondria,AhR binding and spindle organization[J]. Mutation Research/Fundamental and Molecular Mechanisms of Mutagenesis,2011,713(12):18-31.

[250]GOLDBERG M S,BURNETT R T,III J,et al. The association between daily mortality and ambient air particle pollution in Montreal,Quebec. 2. Cause-specific mortality[J]. Environmental Research,2001,86(1):12-25.

[251]DUGANDZIC R,DODDS L, STIEB D,et al. The association between low level exposures to ambient air pollution and term low birth weight:A retrospective cohort study[J]. Environmental Health A Global Access Science Source,2006,5(1):3-12.

[252]HAPPO M S, SIPPULA O, JALAVA P I,et al. Role of microbial and chemical composition in toxicological properties of indoor and outdoor air particulate matter[J]. Particle & Fibre Toxicology,2014,11(1):60-68.

[253]ZIGLER C M, KIM C, CHOIRAT C,et al. Causal Inference Methods for Estimating Long-Term Health Effects of Air Quality Regulations[J]. Research report (Health Effects Institute),2016(187):5-49.

[254]FENDALL L S,SEWELL M A. Contributing to marine pollution by washing your face:microplastics in facial cleansers[J]. Marine Pollution Bulletin,2009,58(8):1225-1228.

[255]BROWNE M A,CRUMP P,NIVEN S J,et al. Accumulation of microplastic on shorelines woldwide:sources and sinks[J]. Environmental Science & Technology,2011,45(21):9175-9179.

[256]ZHAO S,ZHU L,TENG W,et al. Suspended microplastics in the surface water of the Yangtze Estuary System,China:First observations on occurrence,distribution[J]. Marine Pollution Bulletin,2014,86(1-2):562-568.

[257]ZHAO S, ZHU L, LI D. Microplastic in three urban estuaries, China[J]. Environment Pollution,2015,206:597-604.

[258]ROBERTS B W,CECH I. Association of type 2 diabetes mellitus and seroprevalence for cytomegalovirus[J]. Southern medical journal,2005,98(7):686-692.

[259]MOCARSKI JR E S. Immunomodulation by cytomegaloviruses:manipulative strategies beyond evasion[J]. Trends in microbiology,2002,10(7):332-339.

[260]SINDRE H,ROLLAG H,OLAFSEN M K V,et al. Human cytomegalovirus induces apoptosis in the hematopoietic cell line MO7e[J]. Apmis,2000,108(3):223-230.

[261]VIVES-PI M,SOMOZA N,FERNANDEZ-ALVAREZ J,et al. Evidence of expression of endotoxin receptors CD14,toll-like receptors TLR4 and TLR2 and associated molecule MD-2 and of sensitivity to endotoxin (LPS) in islet beta cells[J]. Clinical & Experimental Immunology,2003,133(2):208-218.

[262]OSAME K,TAKAHASHI Y,TAKASAWA H,et al. Rapid-onset type 1 diabetes associated with cytomegalovirus infection and islet autoantibody synthesis[J]. In-

ternal Medicine,2007,46(12):873-877.

[263]HIEMSTRA H S,SCHLOOT N C,VAN VEELEN P A,et al. Cytomegalovirus in autoimmunity: T cell crossreactivity to viral antigen and autoantigen glutamic acid decarboxylase[J]. Proceedings of the National Academy of Sciences,2001,98(7): 3988-3991.

[264]BRIX T H,HANSEN P S,HEGEDÜS L,et al. Too early to dismiss Yersinia enterocolitica infection in the aetiology of Graves' disease: evidence from a twin case-control study[J]. Clinical Endocrinology,2008,69(3):491-496.

[265]EL-ESHMAWY M M,EL-HAWARY A K,GAWAD S S A,et al. Helicobacter pylori infection might be responsible for the interconnection between type 1 diabetes and autoimmune thyroiditis[J]. Diabetology, Metabolic Syndrome, 2011, 3(1): 28-34.

[266]BUGDACI M S,ZUHUR S S,SOKMEN M,et al. The Role of Helicobacter pylori in Patients with Hypothyroidism in Whom Could Not be Achieved Normal Thyrotropin Levels Despite Treatment with High Doses of Thyroxine[J]. Helicobacter, 2011,16(2):124-130.

[267]BANIK S,BANDYOPADHYAY S,GANGULY S. Bioeffects of microwave: a brief review[J]. Bioresource technology,2003,87(2):155-159.

[268]BENBRAHIM-TALLAA L,BAAN R A,GROSSE Y,et al. Carcinogenicity of diesel-engine and gasoline-engine exhausts and some nitroarenes[J]. The lancet oncology,2012,13(7):663-664.

[269]DJORDJEVIC V R,WALLACE D R,SCHWEITZER A,et al. Environmental cadmium exposure and pancreatic cancer: Evidence from case control,animal and in vitro studies[J]. Environment international,2019,128:353-361.

[270]DOLL R,PETO R,BOREHAM J,et al. Mortality in relation to smoking: 50 years' observations on male British doctors[J]. BMJ,2004,328(7455):1519.

[271]FLANAGAN S V,JOHNSTON R B,ZHENG Y. Arsenic in tube well water in Bangladesh: health and economic impacts and implications for arsenic mitigation[J]. Bulletin of the World Health Organization,2012,90:839-846.

[272]HARDELL L, HOLMBERG B, MALKER H,et al. Exposure to extremely low frequency electromagnetic fields and the risk of malignant diseases——an evaluation of epidemiological and experimental findings[J]. European journal of cancer prevention:

the official journal of the European Cancer Prevention Organisation (ECP),1995,4(1):
3-107.

[273]JÄRUP L,ÅKESSON A. Current status of cadmium as an environmental health problem[J]. Toxicology and applied pharmacology,2009,238(3):201-208.

[274]KHANJANI N,JAFARNEJAD A B,TAVAKKOLI L. Arsenic and breast cancer:a systematic review of epidemiologic studies[J]. Reviews on environmental health,2017,32(3):267-277.

[275]KUO C C,MOON K A,WANG S L,et al. The association of arsenic metabolism with cancer,cardiovascular disease,and diabetes:a systematic review of the epidemiological evidence[J]. Environmental health perspectives,2017,125(8):087001.

[276]NARAYANAN D L,SALADI R N,FOX J L. Ultraviolet radiation and skin cancer[J]. International journal of dermatology,2010,49(9):978-986.

[277]NAZHAND A,DURAZZO A,LUCARINI M,et al. Characteristics,occurrence,detection and detoxification of aflatoxins in foods and feeds[J]. Foods,2020,9(5):644.

[278]QI Y,LI H,ZHANG M,et al. Autophagy in arsenic carcinogenesis[J]. Experimental and Toxicologic Pathology,2014,66(4):163-168.

[279]QUANSAH R,ARMAH F A,ESSUMANG D K,et al. Association of arsenic with adverse pregnancy outcomes/infant mortality:a systematic review and meta-analysis[J]. Environmental health perspectives,2015,123(5):412-421.

[280] ROSADO I V,LANGEVIN, FRÉDÉRIC, CROSSAN G P,et al. Formaldehyde catabolism is essential in cells deficient for the Fanconi anemia DNA-repair pathway[J]. Nature Structural & Molecular Biology,2011,18(12):1432-1434.

[281]SABARWAL A, KUMAR K, SINGH R P. Hazardous effects of chemical pesticides on human health – Cancer and other associated disorders[J]. Environmental Toxicology and Pharmacology,2018,63(OCT.):103-114.

[282]XU J,ZHAO M,PEI L,et al. Oxidative stress and DNA damage in a long-term hexavalent chromium-exposed population in North China: A cross-sectional study[J]. BMJ Open,2018,8(6):e021470.

[283]ZIMTA A A,SCHITCU V,GURZAU E,et al. Biological and molecular modifications induced by cadmium and arsenic during breast and prostate cancer development[J]. Environmental Research,2019,178:108700.

［284］C ZO CC HETTI. Very low frequency electromagnetic fields and leukemia in children:analysis of the most recent evidence［J］. Medicina Del Lavoro,2001,92（1）:77-82.

［285］MARTI R,SCOTT A,TIEN Y C,et al. Impact of manure fertilization on the abundance of antibiotic-resistant bacteria and frequency of detection of antibiotic resistance genes in soil and on vegetables at harvest［J］. Applied and environmental microbiology,2013,79(18):5701-5709.

［286］CRAIG P J. Environmental Aspects of Organometallic Chemistry［J］. Comprehensive Organometallic Chemistry,1982,16(4):979-1020.

［287］MIDORIKAWA S,ARAI T,HARINO H,et al. Concentrations of organotin compounds in sediment and clams collected from coastal areas in Vietnam［J］. Environmental Pollution,2004,131(3):401-408.

［288］BAUR X,DEWAIR M,RÖMMELT H. Acute airway obstruction followed by hypersensitivity pneumonitis in an isocyanate (MDI) worker［J］. Journal of occupational medicine.:official publication of the Industrial Medical Association, 1984, 26 (4):285-287.